高等学校实验课系列教材

模拟电子线路
实验与实践教程

EXPERRIMENTATION

主　编　陈　礼

副主编　曾　浩　吴　华

主　审　谢礼莹

重庆大学出版社

内容简介

本书主要由模拟电路实验技术基本原理、模拟电路的经典电路验证实验、单元电路设计性实验、课程综合设计实验、计算机仿真等部分构成,并且包含了元器件识别、电子仪器的原理及操作等内容。特别是单元电路设计性实验、模拟电路综合设计部分都是重新设计的,并在教学中实际使用过的创新性的题目,教学反响不错。题目新颖、切合模拟电子技术理论,难度适中,能很好地培养学生的动手能力。

本书可作为高等院校电气、电子、信息、通信、自动化、测控、计算机等专业的本、专科教材,也可作为参加各类电子设计竞赛的自学参考书,以及相关工程技术人员的参考用书。

图书在版编目(CIP)数据

模拟电子线路实验与实践教程 / 陈礼主编. --重庆 :
重庆大学出版社,2023.6
高等学校实验课系列教材
ISBN 978-7-5689-3931-7

Ⅰ.①模… Ⅱ.①陈… Ⅲ.①模拟电路—电子技术—
实验—高等学校—教材 Ⅳ.①TN710-33

中国国家版本馆 CIP 数据核字(2023)第 093105 号

模拟电子线路实验与实践教程

MONI DIANZI XIANLU SHIYAN YU SHIJIAN JIAOCHENG

主 编 陈 礼
副主编 曾 浩 吴 华
主 审 谢礼莹

策划编辑:杨粮菊

责任编辑:姜 凤 版式设计:杨粮菊
责任校对:邹 忌 责任印制:张 策

*

重庆大学出版社出版发行
出版人:饶帮华
社址:重庆市沙坪坝区大学城西路 21 号
邮编:401331
电话:(023) 88617190 88617185(中小学)
传真:(023) 88617186 88617166
网址:http://www.cqup.com.cn
邮箱:fxk@ cqup.com.cn(营销中心)
全国新华书店经销
重庆华林天美印务有限公司印刷

*

开本:787mm×1092mm 1/16 印张:15.75 字数:396 千
2023 年 6 月第 1 版 2023 年 6 月第 1 次印刷
印数:1—2 000
ISBN 978-7- 5689-3931-7 定价:45.00 元

前 言

"电子技术基础"是一门实践性很强的课程,其任务是使学生掌握电子技术方面的基本理论、基本知识和基本技能,培养学生分析问题和解决问题的能力。

进入21世纪后,电子技术的发展呈现出系统集成化、设计化、用户专用化和测试智能化的态势,为了培养21世纪电子技术人才和适应电子信息时代的发展要求,高等院校的电子技术课程体系结构也随之改革,模拟电路实验技术的内容也亟待拓展和更新。

本书编写的指导思想:夯实基本实验技能,突出电子电路基本分析方法和调试方法,引入现代电子新技术、新器件、新电路;同时精选内容,着重创新;编写时更力求思路清晰、深入浅出、文字通顺、图文并茂,便于阅读。

本书的特点:在保证基本验证性和训练性实验的基础上,重点讲了综合性、设计性实验,拓展了利用 Multisim 软件的仿真实验内容;对设计性的课题进行了详细介绍,并对模拟电子技术教材上没有提到的或讲得比较浅显的内容进行详细分析,题目新颖、趣味性强、更能引起学生兴趣。所有题目都用硬件电路搭接成功,完成两轮的教学实践。书中引入的电子电路计算机辅助分析与设计技术可以使各位读者体会到这类仿真实验在很大程度上弥补了硬件实验对电路的温度分析、参数分析、性能分析以及最坏情况分析方面的不足。全书强调对实验结果的分析和调试,注重引导学生把传统的验证性测试实验转变为主动调试与研究性实验,充分激发学生在实践环节中的自主学习热情。

总之,模拟电路实验应突出基本技能,强调设计性综合应用能力、创新能力和计算机应用能力的训练,以适应培养新时代人才的要求。

本书在主要内容上,按照模拟电路实验的性质将所有实验分为基础验证性实验、设计性实验和综合性实验三大类;按照实验材料和实验平台将整个课程的实验分为硬件实验和计算机辅助分析实验两大类。

其中,基础验证性实验主要是训练学生熟练掌握常用电子仪器来完成基本的单元电路;综合性、设计性实验则通过较系统的实践能力锻炼,使学生初步具有模拟电子线路的工程设计、安装调试技能,提高其独立分析和处理实际问题的能力;而利用 Multisim 软件的仿真实验则使学生掌握电路仿真分析、设计、调试的技能,拓展并延续了模拟电子技术的集成化、设计化、用户专用化和测试智能化实验思路。

本书的教学基本要求:书中的每个基本实验需 3~4 学时完成,综合性设计实验则需安排较多的学时数。为了达到实验目的,应要求学生做好实验前的预习,实验中应独立思考,认真完成实验规定的内容。实验结束后,能写出完整的实验报告,分析实验数据,提出实验处理建议,以加强对实验效果的分析和理解。

本书适用于高等院校各种层次专业(电类、非电类)的模拟电路实验课程教学;其最大优点是适合这类课程的开放式教学,因为教材在实验内容、实验材料、实验平台和实验学时的安排上可以使教师和学生有很宽松的参考选择余地。

本书的参考教学时数:硬件实验 12~36 学时,仿真实验 8~20 学时,课程设计为一到两周或 16~32 学时。

本书由陈礼担任主编,谢礼莹担任主审。具体编写分工:第 1—4 章由陈礼编写;第 5 章由曾浩编写;第 6 章由吴华编写;全书由陈礼负责统稿。

本书得到重庆大学教务处以及微电子与通信工程学院和国家电工电子基础实验教学示范中心各级领导的大力支持,在此表示衷心的感谢!

由于编者水平有限,书中难免存在疏漏和不足之处,恳请广大读者批评指正!

编　者

2023 年 1 月

模拟电路实验技术基本符号说明

1) 命名原则

(1) 电流和电压(以基极电流为例)

$I_B(AV)$	表示直流平均值
I_B, $I_{(BQ)}$	大写字母、大写下标,表示直流量(或静态电流)
i_B	小写字母、大写下标,表示包含直流量的瞬时总量
I_b	大写字母、小写下标,表示交流有效值
i_b	小写字母、小写下标,表示交流瞬时值
$\dot{I}_B$	表示交流复数值
ΔI_B	表示直流变化量
Δi_B	表示直流瞬时值的变化量

(2) 电阻

R	电路中的电阻或等效电阻
r	器件内部的等效电阻

2) 基本符号

(1) 电流和电压

I, i	电流的通用符号
U, u	电压的通用符号
I_f, U_f	反馈电流、电压
I_i, U_i	交流输入电流、电压
I_o, U_o	交流输出电流、电压
I_Q, U_Q	电流、电压静态值
I_R, U_R 或 I_{REF}, U_{REF}	参考电流、电压
i_P, u_P	集成运放同相输入电流、电压
i_N, u_N	集成运放反相输入电流、电压
u_{ic}	共模输入电压

u_{id}	差模输入电压
Δu_{ic}	共模输入电压增量
Δu_{id}	差模输入电压增量
U_s	交流信号源电压
U_T	电压比较器的阈值电压
U_{OH}	电压比较器的输出高电平
U_{OL}	电压比较器的输出低电平
V_{BB}	基极回路电源电压
V_{CC}	集电极回路电源电压
V_{DD}	漏极回路电源电压
V_{EE}	发射极回路电源电压
V_{SS}	源极回路电源电压

（2）功率

P	功率通用符号
p	瞬时功率
P_O	输出交流功率
P_{OM}	最大输出交流功率
P_T	晶体管耗散功率
P_V	电源消耗的功率

（3）频率

f	频率通用符号
$f_{b\omega}$	通频率
f_C	使放大电路增益为 0 dB 时的信号频率
f_H	放大电路的上限截止频率
f_L	放大电路的下限截止频率
f_p	滤波电路的截止频率
f_0	电路的振荡频率、中心频率
ω	角频率通用符号

（4）电阻、电导、电容、电感

R	电阻通用符号
G	电导通用符号
C	电容通用符号
L	电感通用符号
R_i	放大电路的输入电阻
R_{if}	负反馈放大电路的输入电阻
R_L	负载电阻
R_N	集成运放反相输入端外接的等效电阻
R_P	集成运放同相输入端外接的等效电阻
R_o	放大电路的输出电阻

R_{of}	负反馈放大电路的输出电阻
R_s	信号源内阻

（5）放大倍数、增益

A	放大倍数或增益的通用符号
A_c	共模电压放大倍数
A_d	差模电压放大倍数
A_u	电压放大倍数的通用符号，$A_u = U_o/U_i$
A_{uh}	高频电压放大倍数
A_{ul}	低频电压放大倍数
A_{um}	中频电压放大倍数
A_{up}	有源滤波电路的通带放大倍数
A_{us}	考虑信号源内阻时的电压放大倍数的通用符号，其 $A_{us} = U_o/U_s$
A_{uu}	第 1 个下标为输出量，第 2 个下标为输入量，电压放大倍数符号；A_{ui}, A_{iu}, A_{ii} 类似
F	反馈系数通用符号
$\dot{F}_{uu}$	反馈系数，第 1 个下标为反馈量，第 2 个下标为输出量，$F_{uu} = U_f/U_o$；$\dot{F}_{ui}, \dot{F}_{iu}, \dot{F}_{ii}$ 类似

3）器件参数符号

（1）P 型、N 型半导体和 PN 结

C_b	势垒电容
C_d	扩散电容
C_j	结电容
N	电子型半导体
n	电子浓度
n_{p0}	PN 结 P 区达到动态平衡时的电子浓度
P	空穴半导体
p	空穴浓度
U_T	温度的电压当量

（2）二极管

VD	二极管
VD_z	稳压二极管
I_D	二极管的电流
$I_D(AV)$	二极管的整流平均电流
I_F	二极管的最大整流平均电流
I_R	二极管的反向电流
I_S	二极管的反向饱和电流
r_d	二极管导通时的动态电阻
r_z	稳压管工作在稳压状态下的动态电阻

| U_{on} | 二极管的开启电压 |
| U_{BR} | 二极管的击穿电压 |

（3）双极型管

VT	晶体管
b	基极
c	集电极
e	发射极
C_{ob}	共基接法时晶体管的输出电容
C_{μ}	混合 π 等效电路中集电结的等效电容
C_{π}	混合 π 等效电路中发射结的等效电容
f_{β}	晶体管共射接法电流放大系数的上限截止频率
f_{α}	晶体管共基接法电流放大系数的上限截止频率
f_T	晶体管的特征频率,即共射接法下使电流放大系数为 1 的频率
g_m	跨导
$h_{11e}, h_{12e}, h_{21e}, h_{22e}$	晶体管共射接法 h 参数等效电路的 4 个参数
I_{CBO}	发射极开路时 b-c 间的反向电流
I_{CEO}	发射极开路时 c-e 间的穿透电流
I_{CM}	集电极最大允许电流
P_{CM}	集电极最大允许耗散功率
$r_{bb'}$	基区体电阻
$r_{b'e}$	发射结微变等效电阻
$U_{(BR)CES}$	b-e 间短路时 b-c 间的击穿电压
$U_{(BR)CBO}$	发射极开路时 b-c 间的击穿电压
$U_{(BR)CBR}$	b-e 间加电阻时 c-e 间的击穿电压
$U_{(BR)CEO}$	基极开路时 c-e 间的击穿电压
U_{CES}	晶体管饱和管压降
U_{on}	晶体管 b-e 间的开启电压
α	晶体管共基交流电流放大系数
$\bar{\alpha}$	晶体管共基直流电流放大系数
β	晶体管共射交流电流放大系数
$\bar{\beta}$	晶体管共射直流电流放大系数

（4）单极型管

T	场效应管
d	漏极
g	栅极
s	源极
C_{ds}	d-s 间的等效电容
C_{gs}	g-s 间的等效电容

c_{gd}	g-d 间的等效电容
g_m	跨导
I_D	漏极电流
I_{DO}	增强型 MOS 管 $U_{GS}=2\,U_{GS(th)}$ 时的漏极电流
I_{DSS}	耗尽型场效应管 $U_{GS}=0$ 时的漏极电流
I_S	场效应管的源极电流
P_{DM}	漏极最大允许耗散功率
r_{ds}	d-s 间的微变等效电阻
$U_{GS(off)}$ 或 U_P	耗尽型场效应管的夹断电压
$U_{GS(th)}$ 或 U_T	增强型场效应管的开启电压

（5）集成运放

A	集成运放
A_{od}	开环差模增益
dI_{IO}/dT	I_{IO} 的温漂
dU_{IO}/dT	U_{IO} 的温漂
f_c	单位增益带宽
f_h	-3 dB 带宽
I_{IB}	输入级偏置电流
I_{IO}	输入失调电流
K_{CMR}	共模抑制比
r_{id}	差模输入电阻
SR	转换速率
U_{IO}	输入失调电压

4）其他符号

D	非线性失真系数
K	热力学温度的单位
N_F	噪声系数
Q	静态工作点
S	整流电路的脉动系数
S_r	稳压电路中的脉动系数
T	温度,周期
η	效率,等于输出功率与电源提供的功率之比
τ	时间常数
φ	相位角

目录

第1章
概述

目前,电子技术正在飞速地发展,而且在电子工程、通信、信号处理、自动控制等领域有着广泛应用,电子技术实验及其实践环节的重要性更加突出。

模拟电路实验技术就是在模拟电子技术基础理论指导下的实验技术。利用模拟电路实验技术可以分析元器件、电子电路的工作原理;验证模拟电路实验技术的功能,并对其进行调试、分析;排除电子电路故障;还可以测试元器件、电子电路的性能指标;最终设计并制作各种实用电子电路的样机。

模拟电路实验技术按其性质可分为:验证性和训练性实验、综合性实验、设计性实验三大类;按其实验环境和实验平台又可分为:硬件安装调试实验和计算机软件仿真分析实验。

尽管模拟电子技术各类实验的实验目的和实验内容各不相同,但都是为了培养学生良好的学风,充分发挥学生的自主学习精神,促使其独立思考、独立完成实验并有所创新。因此,模拟电路实验的基本技术可归纳为以下3个方面:实验中的基本要求、实验的基本调试技术和基本抗干扰技术。

1.1 模拟电路实验技术的目的和基本要求

"模拟电路及其实验"是重要的专业基础课程,是有关"硬件"的入门课程之一。它所涉及的模拟电子应用技术是电子工程师所必须掌握的重要技能。电子实验的目的就是要熟悉电子线路,在理论和实践相结合的基础上掌握电子线路的设计、安装、调试和测量技术。实验既可以验证模拟电路理论的正确性和实用性,又可以找出理论的近似性和局限性,发现新问题,启发新思路,产生新设想。通过学习和实践,在电子技术领域的能力有所锻炼和提高,思维有所创新和发展,这就是实验课的基本目的。通过实验,学习者不仅要巩固和深化电子技术的基本概念和基础理论,更要树立理论联系实际的良好学风和严谨求实的科学态度,培养勤于动手、勇于创新的工程素质和探索精神,以适应新技术发展和未来服务于社会的需要。

1.1.1 实验的5个核心点

要想通过实验提高自己的工程素质和硬件能力,我们对实验的目标进行分解,主要应重点关注以下 5 个核心能力的培养。

1) 器件认知

熟悉电子元器件是电子工程师所必需的能力。电子元器件是构成电子线路和电子系统的基础,如建筑大厦的基石。随着电子信息技术的飞速发展,特别是 IC(Integrated Circuit,集成电路)设计和制造技术的不断提高,各类新型器件不断涌现,集成度和性能指标不断提高。采用一个元件可以实现一个功能电路,甚至可形成一个系统,即 SoC(System on Chip,片上系统)。通过实验环节熟悉和掌握各种典型的和新型的电子器件十分重要,还需要注意元器件选择和参数标准化。

2) 仪器使用

电子仪器、仪表是电子工程师手中的工具。这些工具对于工程师来说,就像战场上战士手中的武器一样。"工欲善其事,必先利其器",因此,熟悉和掌握各种仪器、仪表,特别是几种最基本的工具,如万用表和示波器等,对于电子工程师来说是至关重要的。

3) 电路识别

电路识别是指对各种基本单元电路的认识。这些单元电路是教科书上学习的基本内容,也是构造电子电路与系统的基本单元。通过实验锻炼"识图"能力,熟练掌握典型电路的结构、特点性能以及各种电路的组合,探索其构造方法和规律,并且能在此基础上有所创新和提高。

4) 调试能力

调试能力是指对电子电路和电子系统的测试和调试方法的认识和实践。从一个电子技术的"门外汉"到行家里手,主要看调试和检修的"手上功夫"。这不但是一门"技术",还是一门"艺术"。对电子设备的调试和检修,就像医院里的医生对病人的诊断与治疗一样,既要像内科大夫判断准确和对症下药,还要像外科大夫技术高明和手到病除。这一切不是仅从书本上就可以学到的,还要取决于实践锻炼和经验积累。

5) 设计能力

设计能力是指对电子应用电路和电子系统的设计。具备同时符合功能、成本、可靠性等多种苛刻要求的设计能力是电子工程师的至高境界,也是电子行业对人才培养的迫切需求,但设计能力的提高不是一日之功。设计的基础是分析,分析和综合是设计问题的两个方面。要根据技术要求进行设计方案论证和选择;要对电路结构和元器件参数进行分析和计算;还要对实际电路进行调试和数据处理;最后写出设计报告和备齐设计资料。以上这些是电子工程师所应该具备的能力。除此传统方法外,随着科技的发展,还要进一步学习掌握先进的设计技术和设计方法,如 EDA,DSP 以及 ARM 嵌入式系统等。

以上实验的 5 个核心能力培养,可以分为两个层次:前四个是初级要求或基本要求,第五个是高级要求或追求目标。本书以实验为主,也会涉及一些有关电路设计的内容,但更多的是要在课程设计和毕业设计阶段进行有关设计的专门训练。同学们可以根据以上要求有意识地锻炼和提高自己,同时以上要求也是实验课考核的内容和标准。

1.1.2 实验程序

电子线路实验一般可分为实验预习、实验操作和实验报告 3 个环节。

1) 实验预习

实验前的准备和预习绝非可有可无。实验能否顺利进行并达到预期目的,在很大程度上取决于实验前的准备工作是否充分。实验前要仔细阅读实验教材和参考资料,明确实验目的和任务,掌握实验的理论和方法,了解实验的内容和设备的使用方法,还要掌握有关思考题。在此基础上,写出实验预习报告。预习报告除一般格式外,应拟定详细的实验步骤,包括实验电路的调试步骤、测试内容与方法,并需要设计相应的数据记录表格。

为避免盲目性,实验者应对实验内容进行前期预习。具体步骤如下:

①必须要明确实验目的要求,掌握有关电路的基本原理(设计性实验则要明确需要完成的设计任务和指标)。

②拟出实验方法和步骤,设计最能体现实验结果的实验表格。

③初步估算(或分析)实验结果(包括参数和波形)。

④对思考题做出解答,最后写出预习报告。

2) 实验操作

学生或者参与实验者一旦进入实验室进行实验时,必须达到以下要求:

①参加实验者要自觉遵守实验室规则,服从实验指导教师的安排。

②根据实验内容合理布置实验现场,适当安装仪器设备和实验装置,按实验方案搭接实验电路和测试电路。

③认真记录实验条件和所得数据、波形(同时分析判断所得数据、波形是否正确)。实验电路发生故障时,应独立思考,寻找原因,必要时再求助于老师。

④发生事故时应立即切断电源,并报告指导教师和实验室有关人员,等候处理。

⑤实验完成后,可将实验记录送交指导教师审阅签字。经教师审查后,才能拆除线路,清理实验现场。

因此,在实验进行中师生的共同愿望是做好实验,保证实验质量。做好实验,并不是要求学生在实验过程中不发生问题,一次成功。实验过程不顺利不一定是坏事,实验者常常可从分析故障中增强独立工作能力;相反,"一帆风顺"也不一定就有收获。因此,做好实验就是要独立解决实验中所遇到的问题,把实验做成功。

3) 实验报告

作为一个电子技术的工程人员,必须具有撰写实验报告这种技术文件的能力。

(1)实验报告内容

①列出实验条件,包括何日何时与何人共同完成什么实验,当时的环境条件,使用仪器的名称及仪器编号等。

②认真整理和处理测试的数据和用坐标纸描绘波形,并列出表格或用坐标纸画出曲线。

③对测试结果进行理论分析,做出简明扼要的结论。找出产生误差的原因,提出减少实验误差的措施。

④记录产生故障的情况,说明排除故障的过程和方法。

⑤撰写本次实验的心得体会,以及改进实验的建议。

(2)实验报告撰写要求

①文理通顺,书写简洁;

②符号准确,图标齐全;
③讨论深入,结论简明。

1.2 模拟电路实验的安装、焊接及基本调试技术

在长期的实践过程中我们发现:电子电路装置不能正常工作,如果设计正确,那么主要问题就是安装和调试环节存在不足。例如,元器件型号不对,元器件反向安装,插接不稳或出现虚焊等问题。

大多数的电子电路装置,即使按照设计的电路参数进行安装,通常也难以达到预期的性能指标。这是因为人们在设计时,不可能周全地考虑各种复杂的客观因素(如元件值的误差、器件参数的分散性、电路分布参数的影响等),只有通过安装后的测试和调整,才能发现和纠正设计方案的不足,然后采取措施加以改进,使装置达到预定的技术指标。因此,掌握电子电路的调试技术对于每个从事电子技术及其有关领域的工作人员来说,是非常重要的。

在模拟电路实验中,经常用来进行实验和调试的常规仪器有万用表、稳压电源、示波器和信号发生器以及用作仿真实验的计算机系统。

下面分别介绍模拟电路实验中的安装和调试技术事项。

1.2.1 实验电路的安装

安装和调试实验电路的工作,一般应先在无焊接实验电路板(俗称"面包板")上或在通用实验箱上进行。这样做的优点是比较方便灵活地改变电路布局和改换元件。可以待电路参数选定和实验调试成功后再制作 PCB 进行焊接,或使用 EDA 技术制作 IC 芯片。面包板的种类和规格有很多,但其结构和使用方法大致相同。面包板的结构一般如图 1.1 所示。

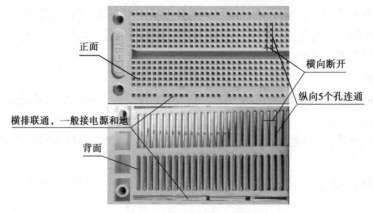

图 1.1 面包板的结构图

面包板上有许多插孔供接插元件管脚所用,插孔内有弹簧片可以夹住管脚。面包板中央有一凹槽,是为了方便集成电路的安装所设置的。凹槽两边各有数列小孔,而每列小孔中的 5 个插孔的底部是连通的,相当于一个焊点可以连接 5 个管脚。面包板的上、下各有一排(行)互相连通的小孔,一般用作电源线和地线插孔。但要注意不同型号的面包板可能插孔的连通方式有所不同,为保险起见,最好在使用前先用万用表进行测试。还需说明的是,由于面包板

的分布电容较大,故并不适合做高频电路实验。注意,在使用面包板时要保持清洁,避免灰尘和焊锡等异物掉入插孔造成短路或接触不良。另外,插孔内部弹簧夹可能松动使连接不可靠,所以为了保险起见,插入连接后应养成使用万用表测试的习惯。

安装前,要养成对所使用元件进行检测的习惯,以保证所用元器件准确并且质量没有问题。

元器件的互连由导线完成,合理"布线"的基础是合理"布件",即确定元器件在电路板上的合理位置。元器件的安装方式可根据电路的复杂程度灵活掌握,通常按电路板从左到右按输入级、中间级、输出级的顺序进行安装。同一实验板上相同元件要采用同一安装方式,"立式"或"卧式",元件安装高度要大概一致,并且元件的型号和标称值要方向一致,便于识别。集成电路的定位标志也要一致。集成电路由于管脚较多,在插入和拔起时要小心谨慎,注意平行和平均用力,最好使用专用工具。对屏蔽元件,例如,中频变压器外壳需接地。

要有正确的操作顺序。安装电路一般先接电源线、地线等固定电平连接线,再根据实际信号流向以及电路排列顺序依次安装并连线。要注意避免把信号输出级和信号输入级安装在一起,信号电流强和信号电流弱的引线要分开,要防止相邻线之间的相互影响和寄生干扰。输入线可以采用隔离导线或同轴电缆线。根据实验电路的特点,可以采用合理的和简洁的接线步骤,如"先串联后并联""先接主路再接辅助电路"。对规模较大的电路,也可以先接好每个单元模块,再进行互连。一般应避免两条或多条引线互相平行,应避免形成圈状或在空间形成网状。在集成电路上不允许有导线或元件跨越。

所有引线应尽量短且粗细要有选择,导线最好分色,以区别不同用处和便于识别,如正电源(一般取红)、负电源、地(一般取黑)、输入和输出线等。

电路安装完毕不要急于通电做实验,先要认真检查,主要看接线是否正确,避免接线上的失误包括错线、少线和多线错误。多线一般是因接线时看错引脚,或者改接线时忘记去掉原来的旧线造成的。

检查完连线,还需再进行一次直观检查。这时,主要检查电源、地线、信号线、元件引脚之间有无短路;连线处有无接触不良;管子引脚和其他有极性的元件如电解电容引脚有无错接;集成电路是否插入正确等。

1.2.2 硬件电路调试前先做直观检查

电路安装完毕,通常不宜急于通电,先要认真检查,检查内容包括:

①连线是否正确。检查电路连线是否正确,包括错线(连线一端正确,另一端错误)、少线(安装时完全漏掉的线)和多线(连线的两端在电路图上都是不存在的)。

检查电路连线的方法通常有两种:一是按照电路图检查安装的线路。这种方法的特点是根据电路图连线,按照一定的顺序(如按信号传输流程)逐一检查安装好的线路,因此,可以很容易查出错线和少线。二是按照实际线路来对照原理电路进行查线。这是一种以元件为中心进行查线的方法。把每个元件(包括器件)引脚的连线一次查清,检查每个去处在电路上是否存在,这种方法不但可以查出错线和少线,还可以查出多线。

为了防止出错,对已查过的线通常应在电路图上作出标记,最好用指针式万用表"Ω×1"挡,或数字式万用表"Ω挡"的蜂鸣器来测量,而且直接测量元器件引脚,同时还可以发现接触不良的地方。

②元、器件安装情况。检查元、器件引脚之间有无短路;连接处有无接触不良;二极管、三极管、集成电路元件和电解电容的极性等是否连接有误。

③电源供电(包括极性)、信号源连接是否正确。

④电源端对地是否存在短路,具体方法是:在通电前,断开一根电源线,用万用表检查电源端对地是否存在短路。

若所安装的电路经过上述检查,确认无误后,即可转入调试。

1.2.3　基本调试方法

所谓电子电路的调试,是以达到电路设计指标为目的而进行的一系列"测量—判断—调整—再测量"反复进行的过程。

为了使调试顺利进行,设计的电路图上应标明各点的电位参数值、相应的波形图以及其他主要数据。电子电路的调试包括测试和调整两个方面。

1) 调试

调试方法通常采用先分调后联调(总调):模拟电路一般采用此方法。

任何复杂电路都是由一些基本单元电路组成的,因此,调试时可以循着输入信号的流程,逐级调整各单元电路,使其参数基本符合设计指标。这种调试方法的核心是:把组成电路的各功能块(或基本单元电路)先调试好,并在此基础上逐步扩大调试范围,最后完成整机调试。

采用先分调后联调的优点是:能及时发现问题和解决问题。模拟电路、数字电路和微机系统的大型电子装置更应采用这种方法进行调试。因为只有把3个部分分开调试后分别达到设计指标,并经过信号及电平转换电路后才能实现整机联调。否则,由于各电路要求的输入、输出电压和波形不匹配,盲目进行联调就可能造成大量的器件损坏。

2) 调整

除了上述方法外,对已定型的产品和需要相互配合才能运行的产品也可采用一次性调试。

1.2.4　具体调试步骤

1) 通电观察

把经过准确测量的电源接入电路。观察有无异常现象,包括有无冒烟,是否有异常气味,手摸元器件是否发烫,电源是否有短路现象等。如果出现异常,应立即切断电源,待排除故障后才能再通电。然后测量各路总电源电压和各器件的引脚电源电压,以保证元器件正常工作。

通过通电观察,认为电路初步工作正常就可转入正常调试。

在这里,需要指出的是,一般实验室中使用的稳压电源是一台仪器,它不仅有一个"+"端,一个"−"端,还有一个"地"接在机壳上。当电源与实验板连接时,为了能形成一个完整的屏蔽系统,实验板的"地"一般要与电源的"地"连起来,而实验板上用的电源可能是正电压,也可能是负电压,还可能正、负电压都有,因此,电源是"正"端接"地",还是"负"端接"地",使用时应先考虑清楚。如果要求电路浮地,则电源的"+"与"−"端都不与机壳相连。

2) 静态调试

交、直流并存是电子电路工作的一个重要特点。

一般情况下,直流为交流服务,直流是电路工作的基础。因此,电子电路的调试有静态调试和动态调试之分。

静态调试一般是指在没有外加信号的条件下所进行的直流测试和调整过程。例如,通过静态模拟电路的静态工作点、数字电路的各输入端和输出端的高、低电平值及逻辑关系等,可及时发现已经损坏的元器件,判断电路工作情况,并及时调整电路参数,使电路工作状态符合设计要求。

对运算放大器,静态检查除测量正、负电源是否接上外,还要检查在输入为零时,输出端是否接近零电位,调零电路是否起作用。当运放输出直流电位始终接近正电源电压值或负电源电压值时,说明运放处于阻塞状态,可能是外电路没有接好,也可能是运放已经损坏。如果通过调零电位器不能使输出为零,除了运放内部对称性差外,也可能是由于运放处于振荡状态,因此,实验板直流工作状态的调试,最好接上示波器进行监视。

3) 动态调试

动态调试是在静态调试的基础上进行的。调试方法是在电路的输入端接入适当频率和幅值的信号,并循着信号的流向逐级检测各有关点的波形、参数和性能指标。发现故障现象,应采取不同的方法缩小故障范围,最后设法排除故障。

测试过程中不能凭感觉和印象,要始终借助仪器观察。使用示波器时,最好把示波器的信号输入方式置于"DC"挡,通过直流耦合方式,可同时观察被测信号的交、直流成分。

1.2.5 调试中的注意事项

通过调试,最后检查功能块和整机的各种指标(如信号的幅值、波形形状、相位关系、增益输入阻抗和输出阻抗等)是否满足设计要求。必要时,再进一步对电路参数提出合理的修正。调试结果的正确性很大程度受测量正确与否和测量精度的影响。为了保证调试的效果,必须减小测量误差,提高测量精度。因此,必须注意以下几点:

①正确使用测量仪器的接地端。凡是使用低端接机壳的电子仪器进行测量的,仪器的接地端应和放大器的接地端连接在一起,否则,仪器机壳引入的干扰不仅会使放大器的工作状态发生变化,而且会使测量结果出现误差。根据这一原则,调试发射极偏置电路时,若需测量 V_{CE},则不应把仪器的两端直接接在集电极和发射极上,应分别对地测出 V_C、V_E,然后将二者相减得 V_{CE}。若使用干电池供电的万用表进行测量,由于电表的两个输入端是浮动的,因此允许直接跨接到测量点之间。

②在信号比较弱的输入端,尽可能地用屏蔽线连线。屏蔽线的外屏蔽层要接到公共地线上。在频率比较高时要设法隔离连接线分布电容的影响,例如,用示波器测量时应使用有控头的测量线,以减少分布电容的影响。

③测量电压所用仪器的输入阻抗必须远大于被测处的等效阻抗。因为,若测量仪器输入阻抗小,则在测量时会引起分流,给测量结果带来很大的误差。

④测量仪器的带宽必须大于被测电路的带宽。例如,MF-20 型万用表的工作频率为 20～20 000 Hz。如果放大器的 $f_H = 100$ kHz,则不能用 MF-20 来测试放大器的幅频特性,否则,测试结果就不能反映放大器的真实情况。

⑤要正确选择测量点。用同一台测量仪进行测量时,测量点不同,仪器内阻引进的误差大小也不同。

⑥测量方法要方便可行。需要测量某电路的电流时,一般尽可能测电压而不测电流,因为测电压不必改动被测电路,便于测量。若需知道某一支路的电流值,可通过测取该支路上电阻两端的电压,经过换算而得到。

⑦在调试过程中,不但要认真观察和测量,还要善于记录。记录的内容包括实验的条件、观察的现象、测量的数据、波形和相位关系等。只有有了大量的、可靠的实验记录并与理论结果加以比较,才能发现电路设计上的问题,从而逐步完善设计方案。

⑧调试出现故障时,要认真查找故障原因,切忌一遇到无法解决的故障就拆掉线路重新安装。因为重新安装的线路仍可能存在各种问题,如果是原理上的问题,即使重新安装也解决不了问题。应当把查找故障、分析故障原因当作一次学习机会,这样可以不断地提高自己分析问题和解决问题的能力。

1.2.6　印制电路板设计与元器件焊接

当实验电路调试成功后,如果要制成正式的电子产品或电子设备,需要制作印制电路板(Printed Circuit Board,PCB)。PCB 的设计制作是电子产品设计的一项重要内容,我们需要了解这方面的模拟电路实验的目的、要求和基础知识。专业的 PCB 设计普遍采用 Altium Designer 等专用工具软件布图布线。专业制作 PCB 采用丝网印制蚀刻或光化学法,专业厂家直接承接此项业务。厂家一般是按照电路板的面积计费。这里简单介绍业余的制作方法,适用于校内实验课和课程设计教学训练。

1)印制电路板设计原则与布件、布线方法

印制电路板是以平面绝缘的敷铜板为基材做成的电路组装板,在上面采用特定的方法有选择地加工和制造出导电图形。具体来讲,印制电路板就是将电气布线图"印制"在敷铜板上。印制电路板设计和制作是现代电子设备、电子产品不可缺少的部分。印制电路板的设计质量不仅关系到电路的布局、布线是否合理,也关系到元器件焊接、装配、调试是否方便,而且直接影响整机的内在质量。

设计时要力求合理布局和正确布线。布局是指元器件在电路板上的位置安排。需要研究和确定元器件在电路板上的最佳位置,要考虑元器件的尺寸、重量、电气上的相互关系及散热效果等。元件之间的距离应根据它们之间的电压来确定,最小不少于 0.5 mm。个别安装距离密的元件应加套管或绝缘纸保护。要考虑防干扰的基本原则,一般来说,电源变压器要远离放大器第一级的输入电路;还要考虑使用方便,一般将公共地线布置在电路板边缘;电源线、地线和零线的引出脚要统一,便于连线和测试。电源、滤波、控制等直流、低频导线和元件应尽量靠边缘布置;位于边上的元器件离电路板的边缘至少应大于 2 mm。高频导线和元器件可以布置在电路板的中间部位,以减小其对地或机壳的分布电容。对为减少噪声等原因必须分离的地线,应根据电路设计的要求分开。一般在布局时优先考虑信号线,再考虑电源线和地线,因为后者的长短可以不受限制。有些元器件还会使用地线作为静电屏蔽或散热器。

电路板的尺寸应根据元器件的数量、大小和合理排列来计算所需的电路板面积,要考虑电路板之间的连接方式。电路板之间一般是通过插座连接的,所以要预留出连接插座的位置以及固定支架、定位螺丝的位置。设计印制电路板时,一般做法是将元器件按电路信号流程直接排列在纸上(即排件)。元器件必须安排在同一面上,称为元件面或正面。分立元件安放可以采用卧式,也可以采用立式。力求元器件密集,电路安排紧凑,以缩短引线(对高频和宽带电路尤其重要),然后用铅笔画出连线(即排线)。排件和排线都要兼顾合理性和均匀性。集成电路的管脚排列尺寸是严格的,布线时应特别注意。可根据封装形式不同选用不同的管座,这样可以方便焊接和维修时替换。重量大的元件要用专门支架或卡子固定;发热的元件要安排在通风处并考虑使用散热器;高压元件要安排在调试时手不易触及的地方;电位器、可调电容等可调元件的位置要方便调节;应尽可能地缩短高频元件之间的连接;易受干扰的元器件不能离得太近;输入和输出元件应尽量远离。

正确布线主要考虑线条的粗细、形状、长短以及线与线的间距。布线原则是输入线和输出线、交流线和直流线、强电线和弱电线分开走线,且避免平行走线;输入级引线应尽量短;地线的安排要合理等。

根据传导电流的大小确定印制导线的宽度。电源线可按 3 mm/A 左右加宽线条,小电流主要考虑机械强度,一般宽度为 1.5 mm,微小型设备线条宽可取 0.5 mm 或更窄。对焊点处要加大面积,一般取焊点直径为 3 mm 左右。印制导线间距一般取 1.5 mm,间距过小会使抗电强度下降且分布电容增大。当输出和输入信号导线平行时容易发生寄生反馈,这时可以适当加宽线间距离,或在输入和输出线之间加一根地线可起到一定的隔离作用。在线间电位差较高时也应增大线间距离以增强绝缘强度。地线和直流电源线的宽度以减小分布电阻和减小寄生耦合为依据,必要时可以全部保留印制电路板空位边缘部分的铜箔作为地线,既能加大地线面积,又能起到增强屏蔽隔离的作用。

注意以上主要是针对低频电路而言的,设计高频电路板的考虑有所不同,通常要加宽导线宽度才有效。布局、布线的要求也更加严格。

设计印制板的主要矛盾是怎样解决导线的交叉问题。在单面板上的做法主要是依靠元器件的空位。对较复杂电路,当元件太多无法有效解决导线的交叉问题时,可采用双面敷铜板。

当然,采用 Altium Designer 等工具软件布图布线,是 PCB 制版保证质量和提高效率最有效的手段,有条件的应掌握这种 EDA 的专门技术。这方面的知识可以参见专门的教材。

2) 印制电路板的加工

印刷电路板的专业制作采用光学照相制版化学腐蚀法,学校实验采用手工制版简易腐蚀方法。制作印制电路板一般要经过以下几个步骤:

①描版,先根据需要面积裁好电路板尺寸,用细砂纸或少量去污粉将电路板表面氧化物或油污清除,洗净擦干。然后把设计好的印刷电路图用复写纸印在电路板上,焊点处用圆点加重表示。

描版方法有两种:一种是使用描图用的鸭嘴笔蘸黑色调和漆在电路板上照图描线。如果调和漆太稠,可加入稀料或丙酮溶液稀释。注意清洁和线条边缘整齐划一。另一种常用的快捷方法是使用胶带纸粘贴,将需要保留的线段覆盖住。也可先贴好再用刀刻。注意胶带纸一定要压紧贴实。

②腐蚀,腐蚀采用三氯化铁溶液。可采用与水 1∶2 的质量比率配制。溶液的浓度和温度(小于 50 ℃)决定腐蚀的速度。注意容器要使用不怕腐蚀的物件,如塑料盆。将已描图的电路板面朝上(便于观察)置于溶液中,待电路板裸露的铜箔部分完全腐蚀干净后,及时取出用清水洗净。除去胶带纸或用稀料或丙酮除去保护漆,再洗净擦干待用。腐蚀时要小心,不要把腐蚀液溅到身上或别的物品上。

③钻孔,使用小台钻在电路板上的管脚、插座或其他焊点处钻孔。钻头大小根据插入要

求选用,一般管脚采用 0.8~1 mm 直径的小钻头。钻好后再检查一遍有无漏掉的孔,最后用细砂纸磨平洗干净,涂上松香溶液,即可焊接。

3) 电子元器件的焊接常识

(1)焊接工具和材料

电烙铁是焊接工具。根据加热方式分为内热式和外热式,还有一种方便拆卸元件的吸锡式电烙铁,按功率大小分,有 15,20,30,45,75,100 W 等多种规格,可按照使用时所需的功率选用。一般弱电应用的晶体管电路和小功率元件焊接,选用 15 W 或 20 W 即可。第一次使用的和久置未用的电烙铁需要用板锉对烙铁头(紫铜)加以修理,锉出新面并成一定的形状,以便于焊接。注意应马上蘸松香和镀焊锡(挂锡),避免焊头氧化。长寿头是对烙铁头进行了电镀,即在紫铜表面镀以纯铁或镍,其寿命比普通头高 20 倍左右,且不易变形。注意,长寿头不能打磨,只能用干净、干燥的布擦拭干净。

焊锡是锡铅合金,作为电路板和元器件的焊接材料使用,导电性能良好且熔点低。一般选用 200 ℃ 的焊锡丝,有的焊锡丝中心加有助燃剂材料。

焊接时最常见的焊剂是松香。焊剂可以起润滑作用,能提高焊料的流动性。配用 20%松香、78%的无水乙醇和 2%的三乙醇胶制成溶液,效果显著。工业用酸性焊油具有腐蚀性,不宜用于电子电路的焊接操作。

(2)手工焊接方法及注意事项

小功率电烙铁一般采用握笔法或握刀法。焊接的关键是掌握好焊接的温度和时间。温度低流不开,易造成焊点"拉毛"或造成"虚焊",焊点成渣状;反之,温度过高或焊接时间过长,焊点表面处被氧化,也容易造成"虚焊"。虚焊表面可能看不出太大问题,但关键是内部没有可靠焊接,所以说"虚焊"是焊接的大忌,"虚焊"将给电路造成严重的隐患,特别是为今后的故障检修带来很大的麻烦。一般焊接时,烙铁温度应控制在 200~240 ℃,有经验的师傅用烙铁蘸松香,听发出的声音和看所冒烟的形状就能判断电烙铁的温度情况。如果选用温控烙铁就方便得多。

焊接操作有两种方法:一种是用电烙铁先"挂"焊锡,再焊电路板上的元件。注意"吃锡"一定要尽量少。另一种是一手拿烙铁,一手拿焊锡丝,在电路板的焊接元件处同时操作。焊接时间要视温度和焊接元件的情况而定。经验表明,当看到焊锡在焊点周围熔化流动附着良好,就应迅速抬起烙铁。良好的焊点应是锡量适当、光洁圆润。

焊接时,如果烙铁头挂不住锡,一般有两种原因:可能是烙铁温度不够,但大多数情况是元器件表面氧化或清洁不好。这时去焊,往往会烫坏元件和铜箔,也无法焊好,所以要做"预处理"工作,即用砂纸或小刀对焊接元件腿和导线进行清洁处理。有时为了可靠起见,还需预先对元件和导线进行"预焊"(搪锡)。但对一些镀金的插件和元件管脚则不要进行此项处理,否则会适得其反,弄巧成拙。

焊接时的要领,主要是焊接牢靠,无虚焊;同时还要动作敏捷,避免时间长而烫坏元件和烫开铜箔。最好用镊子或尖嘴钳在板子的正面夹住管脚的根部,以利于散热保护同时起到固定元件的作用。注意焊接时元件一定不能发生晃动;否则,很容易产生虚焊。

其次,需要注意焊点的大小、形状以及光洁度等。另外,印制板设计时是从正面考虑排件,但布线(单面板)在反面。焊接时元件从正面插入,从反面焊接。注意管脚不要弄错了,如晶体管的 B、C、E 很容易插错或焊错。在焊接 MOS 场效应管或集成电路时,电烙铁外壳必须接地,并且当电烙铁达到一定温度后先断电,再进行焊接。导线焊接时要先剥掉外皮,对多股导线要先将其拧紧后再焊接。

1.3　模拟电路的基本故障检查方法

电路故障是不期望但又不可避免的电路异常工作状况。分析、寻找和排除故障是电子技术工程人员必备的实际技能。

对于一个复杂的系统来说,要在大量的元器件和线路中迅速、准确地找出故障是很不易的。一般的故障诊断过程,就是从电路故障现象出发,通过反复测试,作出分析判断,逐步找出故障的过程。

1.3.1　故障现象和产生故障的原因

1) 常见的故障现象

①放大电路没有输入信号,而有输出波形。

②放大电路有输入信号,但没有输出波形,或者波形异常。

③串联稳压电源无电压输出,或输出电压过高且不能调整,或输出稳压性能变坏、输出电压不稳定等。

④振荡电路不产生振荡。

⑤计数器输出波形不稳,或不能正确计数。

⑥收音机中出现"嗡嗡"的交流声和"啪啪"的汽船声等。

以上是最常见的故障现象,还有很多奇怪的现象,在此不一一列举。

2) 产生故障的原因

产生故障的原因有很多,情况也很复杂,有的是由一种原因引起的简单故障,有的是多种原因相互作用引起的复杂故障。因此,引起故障的原因很难简单分类。这里只能进行一些粗略的分析。

①对定型产品使用一段时间后出现故障,故障原因可能是元器件损坏,连线发生短路或断路(如焊点虚焊,接插件接触不良,可变电阻器、电位器、半可变电阻等接触面表面镀层氧化等),或使用条件发生变化(如电网电压波动、过冷或过热的工作环境等)影响电子设备的正常运行。

②对于新设计安装的电路来说,故障原因可能是:实际电路与设计的原理图不符;元器件使用不当或损坏;设计的电路本身就存在某些严重缺点,不满足技术要求;连线发生短路或断路等。

③仪器使用不正确引起的故障,如示波器使用不正确而造成的波形异常或无波形,共地问题处理不当而引入的干扰等。

④各种干扰引起的故障(有关噪声、干扰问题等)。

1.3.2　检查故障的一般方法

检查故障的顺序可从输入到输出,也可从输出到输入。检查故障一般方法有以下几种。

1) 直接观察法

直接观察法是指不用任何仪器,利用人的视、听、嗅、触等作为手段来发现问题,寻找和分析故障。

直接观察包括不通电检查和通电观察。

检查仪器的选用和使用是否正确;电源电压的等级和极性是否符合要求;电解电容的极性、二极管和三极管的管脚、集成电路的引脚有无错接、漏接、互碰等情况;布线是否合理;印制电路板有无断线;电阻电容有无烧焦和炸裂等。

通电观察元、器件有无发烫、冒烟,变压器有无焦味,电子管、示波管灯丝是否亮,有无高压打火等。

此方法简单、有效,可用作初步检查,但对较隐蔽的故障无能为力。

2) 用万用表检查静态工作点

电子电路的供电系统,电子管或半导体三极管、集成块的直流工作状态(包括元、器件引脚、电源电压)、线路中的电阻值等都可用万用表测定。当测得值与正常值相差较大时,经过分析可找到故障。现以两级放大器为例,正常工作时的电路分析如图1.2所示。

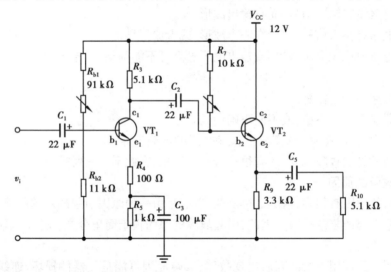

图 1.2 两级放大电路故障分析图一

静态(即$v_i = 0$)时,理论分析:VT$_1$管、VT$_2$管的各极电压及相应支路电流:$V_{B1} = 1.3$ V,$I_{C1} = 1$ mA,$V_{C1} = 6.9$ V,$I_{C2} = 1.6$ mA,$V_{E2} = 5.3$ V。但实测结果$V_{B1} = 0.01$ V,$V_{C1} \approx V_{CE1} \approx V_{CC} = 12$ V。考虑正常放大工作时,硅管的V_{BE}为$0.6 \sim 0.8$ V,现在VT$_1$显然处于截止状态。实例$V_{C1} \approx V_{CC}$,也证明VT$_1$管是截止的(或损坏),VT$_1$管的截止要从影响V_{B1}的电阻R_{b1}和R_{b2}中去寻找。进一步检查发现,R_{b2}本应为11 kΩ,但安装时却用的是1.1 kΩ的电阻,将R_{b2}换上正确阻值的电阻,故障即消失。

除用万用表直流挡外,静态工作点也可用示波器"DC"输入方式测定。用示波器的优点是内阻高,能同时看到直流工作状态和被测点上的信号波形以及可能存在干扰信号及噪声电压等,更有利于分析故障。

3) 信号寻迹法

对各种较复杂的电路,可在输入端接入一个一定幅值、适当频率的信号(例如,对多能放大器,可在其输入端接入 $f=1\,000$ Hz 的正弦信号),用示波器由前级到原型级(或者相反),逐级观察波形及幅值的变化情况,如哪一级异常,则故障就在该级。这是深入检查电路的方法。

4) 对比法

怀疑某一电路存在问题时,可用对比法将此电路的参数与工作状态相同的正常电路的参数(或理论分析的电流、电压、波形等)进行一一对比,从中找出电路中的不正常情况进而分析故障原因,判断故障点。

5) 部件替换法

有时故障比较隐蔽,不能一眼看出,如你手头有与故障仪器同型号的仪器时,可将仪器中的部件、元件、插件板等替换有故障仪器中的相应部件,以便确定故障范围,进而查找故障。

6) 旁路法

当有寄生振荡现象时,可利用适当容量的电容器,选择适当的检查点,将电容临时跨接在检查点与参考接地点之间,如果振荡消失,就表明振荡是产生在此附近或前级电路中。否则就在后面,再移动检查寻找即可。

7) 短路法

短路法就是指临时性短接一部分电路来寻找故障的方法。例如,如图 1.3 所示的放大电路,用万用表测量 VT_2 管的集电极对地无电压。

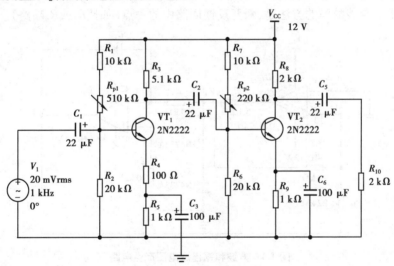

图 1.3　两级放大电路故障分析图二

怀疑可调电阻 R_{P2} 断路,则可将 R_{P2} 两端短路,如果此时有正常的 v_{B2} 值,则说明故障发生在 R_{P2} 上。短路法对检查断路性故障最有效。但要注意的是,对电源(电路)不能采用短路测试法。

8) 断路法

断路法是用于检查短路故障的最有效方法之一,也是一种使故障怀疑点逐步缩小范围的方法。例如,某稳压电源因接入一带有故障的电路,使输出电流过大,采取依次断开电路的某一支路的办法来检查故障。如果断开该支路后,电流恢复正常,则故障就发生在此支路。

9) 暴露法

有时故障不明显,或时有时无,一时难以确定,这时应采用暴露法。检查虚焊时对电路进行敲击也是暴露法的一种。另外，还可让电路长时间工作，如几个小时，然后再检查电路是否正常。这种情况下，通常有些临界状态的元器件无法长时间工作，就会暴露出问题，然后对症进行处理。

实际调试时，寻找故障原因的方法多种多样，以上仅列举了几种常用方法。这些方法的使用可根据设备的条件、故障的情况灵活掌握，对简单故障用一种方法即可查找出故障点，但对较复杂的故障则需采取多种方法互相补充、互相配合，才能找出故障点。一般情况下，寻找故障的常规做法如下：

①先用直接观察法，排除明显的故障。

②再用万用表（或示波器）检查静态工作。

③信号寻迹法是对各种电路普遍适用而且简单直观的方法，在动态调试中广泛应用。

应当指出的是，对反馈环内的故障诊断是比较困难的，在这个闭环回路中，只要有一个元器件（或功能块）出故障，则通常整个回路中处处都存在故障现象。寻找故障的方法是先把反馈回路断开，使系统成为一个开环系统，然后再接入适当的输入信号，利用信号寻迹法逐一寻找发生故障的元器件（或功能块）。例如，图 1.4 是一个带有反馈的方波和锯齿波电压产生的电路，集成运放 U_{1A} 的输出信号 V_{o1} 作为集成运放 U_{1B} 的输入信号，U_{1B} 的输出信号 V_{o2} 作为 U_{1A} 的输入信号，也就是说，不论 U_{1A} 组成的过零比较器或 U_{1B} 组成的积分器发生故障，都将导致 V_{o1}、V_{o2} 无输出波形。寻找故障的方法是，断开反馈回路中的一点（如使 R_2 或 R_p 断路）。

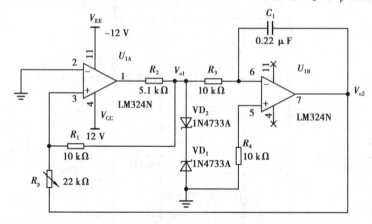

图 1.4　方波和锯齿波电压产生电路

假设断开 R_p 点，并从 R_p 处输入适当幅值的锯齿波，用示波器观测 V_{o1} 输出波形应为方波，V_{o2} 输出波形应为锯齿波，如果 V_{o1}（或 V_{o2}）没有波形或波形出现异常，则故障就发生在 U_{1A} 组成的过零比较器（或 U_{1B} 组成的积分器）电路上。

1.4　电子电路抗干扰的基本抑制技术

电子电路工作时，通常在有用信号外还存在一些令人头痛的干扰电压（或电流），即干扰信号。如何克服这些干扰信号对电路不可忽视的干扰是在设计、制造电子电路（设备）时考虑的主要问题之一。

电子电路的工作可靠性是由多种因素决定的,其中,电路的抗干扰性能是电子电路可靠性的重要指标。因此,研究抗干扰技术也是模拟电路实验技术的重要内容。

在分析干扰时,要弄清形成干扰的三要素,即干扰源(噪声源)、接收电路和它们之间的耦合方式(干扰的传输途径)。

常见的干扰类型有供电系统的电源干扰、电磁场干扰和通道干扰等。

抑制干扰主要从形成干扰的 3 个方面采取措施,主要包括消除和抑制噪声源、破坏干扰通道、削弱接收电路对噪声干扰信号的敏感性。

在解决电路的抗干扰问题时,必须做好以下工作:

1.4.1　查找干扰来源及干扰途径

干扰信号产生于干扰源。干扰源有的在电子电路(设备)外部,也有的在电子电路(设备)内部。

1)电子电路设备外部干扰源

①电弧机、日光灯、弧光灯、辉光放电管、火花点火装置等产生的干扰。

②直流发电机及电动机,交流整流子电动机等旋转设备,以及继电器、开关等产生的干扰。

③由大功率输电线产生的工频干扰。

④无线电设备辐射的电磁波等。

2)电子电路设备内部产生的干扰

①交流热噪声。

②不同信号的互相感应。

③寄生振荡。

④绕线电位器的动点、电子元件的引线和印刷电路板布线等各种金属的接点间,由于温度差而产生的热电动势等。

⑤在数字电路中,由于传输线各部分的特性阻抗不同或与负载阻抗不匹配,所传输的信号在终端部位发生一次或多次反射,使信号波形发生畸变或产生振荡等。

1.4.2　采取对应的抑制措施

对以上干扰源的干扰可以对症采取相应的屏蔽、滤波和接地等电磁兼容技术。目前,广泛采用的抗干扰措施有以下几种。

1)供电系统抗干扰措施

任何电源及输电线路都存在内阻,正是这些内阻引进了电源的噪声干扰。如果无内阻存在,任何噪声都会被电源短路吸收,在线路中不会建立任何干扰电压。

为保证电子线路正常工作,防止从电源引入干扰,可采取以下措施:

(1)采用交流稳压器供电

用交流稳压器供电可保证供电的稳定性,防止电源系统的过压与欠压,有利于提高整个系统的可靠性。

(2)采用隔离变压器供电

由于高频噪声通过变压器引入电路,主要不是靠初、次级线圈的互感耦合,而是靠初、次级之间寄生的电容耦合,故隔离变压器的初级和次级之间均用屏蔽层隔离,以减少其分布电容,提高抗共模干扰的能力。

(3)加装滤波器

①低通滤波器。电源系统的干扰源大部分是高次谐波,因此,采用低通滤波器滤去高次谐波以改善电源波形。

②交流电源进线对称滤波器。根据要求可采用对高频噪声干扰抑制有效的高频干扰电压对称滤波器,也可采用低频干扰电压对称滤波器。

③直流电源出线滤波器。为减弱公用电源内阻在电路之间形成的噪声耦合,在直流电源输出端需加装低通滤波器。

④去耦滤波器。一个直流电源同时对几个电路供电,为了避免通过电源内阻造成几个电路之间互相干扰,应在每个电路的直流电源进线之间加装 Π 型 RC 或 LC 去耦滤波器。

(4)采用分散独立电源功能块供电

在每个功能电路上用三端稳压集成块(如 7805,7905,7812,7912 等)组成稳压电源。每个功能块单独有电压过载保护,不会因某块稳压电源故障而使整个系统破坏,而且也减少了公共阻抗的相互耦合以及和公共电源的相互耦合,大大提高了供电的可靠性,也有利于电源散热。

(5)采用高抗干扰稳压电源及干扰抑制器

采用超隔离变压器稳压电源。这种电源具有高的共模抑制比和串模抑制比,能在较宽的频率范围内抑制干扰。

采用反激变换器的开关稳压电源。利用该电源变换器的储能作用,在反激时把输入的干扰信号抑制掉。

采用频谱均衡法原理制成的干扰抑制器,把干扰的瞬变能量转换成多种频率能量,达到均衡的目的。其优点是抗电网瞬变干扰能力强。

2)屏蔽技术

防止静电或电磁的相互感应所采用的方法称为"屏蔽"。屏蔽的目的就是隔断"场"的耦合。

(1)静电屏蔽

静电屏蔽是利用与大地相连的导电性良好的金属容器,使静电场的电力线在接地的导体处中断,即内部电力线不外传而外部电力线也不影响其内部电力线,从而起到隔离电场的作用。

静电屏蔽能防止静电场的影响,在实际布线中,如果在两导线之间敷设一条接地导线,可削弱两导线之间由寄生分布电容耦合而产生的干扰,也可将具有静电耦合的两个导体在间隔保持不变的条件下靠近大地,其耦合也将减弱。

(2)电磁屏蔽

采用导线性能良好的金属材料做成屏蔽层,利用高频电磁场对屏蔽金属的作用,使高频干扰电磁场在屏蔽金属内产生涡流,而此涡流产生的磁场又抵消或减弱了高频干扰磁场的影响。

这种利用涡流反磁场作用的电磁屏蔽在原理上与屏蔽体是否接地无关,但实际使用时屏蔽体经常接地,这样又可起到静电屏蔽的作用。

（3）低频磁屏蔽

采用高导磁材料作屏蔽层，以便将干扰磁通限制在磁阻很小的磁屏蔽体的内部，防止其干扰。一般选取坡莫合金类、对低频磁通具有高导磁率的铁磁材料，同时要有一定的厚度以减小磁阻。目前，铁氧体压制成的罐形磁芯也用作低频磁屏蔽或电磁屏蔽。设计磁屏蔽罩时，要注意其开口和接缝不要横过磁力线的方向以免增加磁阻，破坏屏蔽性能。

（4）屏蔽规则

①静电屏蔽罩必须与被屏蔽电路的零信号基准电位线相接。

②零信号基准电位线的相接点必须保证干扰电流不流经信号线。由此可见，要求屏蔽的连接应使屏蔽线上的寄生电流直接泄漏到接地点。

3）接地技术

接地是抑制干扰的重要方法，如能将接地和屏蔽正确地结合起来，就可解决大部分干扰问题。接地技术也是最为简单有效的抗干扰抑制措施，尤其适用于低频模拟电路。

在电子电路中，地线有系统地、机壳地（屏蔽地）、数字地（逻辑地）和模拟地等。

（1）接地的目的

①安全接地。一般实验室中安全接地有3种方法：一是把3孔插座的地线与电源线的中线直接连接，这种接法不是绝对安全的；二是把地线连到一座大楼的钢骨架上；三是在实验室的地下深埋一块面积较大的金属板，用与金属板焊接的粗铜线接到实验室作信号地线。第一种地线可能引入较大的50 Hz交流信号干扰；第二种用大楼钢骨架作地线的方法，由于其电阻大，接地不好，可能感应各种干扰电压（含50 Hz交流信号）；只有第三种地线上的干扰信号才是最小的，也是最理想的。

当机壳与大地相连后，如果电子设备漏电或机壳不慎碰到高压电源线时，即使人体触摸到机壳，由于机壳电阻小，短路电流经机壳直接流入大地，可避免发生人体触电危险。另外，机壳接地还可屏蔽雷击闪电的干扰，因而保护了人、机安全。接地符号，如图1.5所示。

②工作接地。电子设备在工作和测量时，要求有公共的电位参考点。这个参考点一般是把直流电源的某一端作公共点，称为工作接地点。工作接地点一般是指接机壳或底板，并不一定要与大地相连。合理设计接地点是抑制干扰的重要措施之一。工作接地符号，如图1.6所示。

图1.5 接地符号 图1.6 工作接地符号

（2）接地的方法

①信号接地。信号接地是指信号电路、逻辑电路、控制电路的接地。设计接地点要尽可能地减少各支路电流过公共地阻抗产生的耦合干扰。信号地的连接方法主要有3种：单点接地、多点接地和平面接地，低频模拟电路大多采用单点接地技术。这里仅阐述单点接地的方法。

如果一个电路有两点或两点以上的接地，则由两点之间的对地电位差引起干扰，因此，一般采用"单点接地"。

多级电路通过公共接地母线后再在一点接地，如图1.7（a）所示。该图虽然避免了多点接地因地电位差引起的干扰，但在公共地线上却存在着A,B,C 3点不同的对地电位差。如果各

17

级电平相差不大,这种接地方式可以使用;反之,则不能使用,因为高电平会产生较大的地电流,并且使这个干扰窜入到低电平电路中去。这种接地方式仅限于级数不多、各级电平相差不大或抗干扰能力较强的数字电路。

如图 1.7(b)所示是另一种单点接地方式,此时,A,B,C 3 点对地电位只与本电路的地电流和地线阻抗有关,各电路之间的电流不形成耦合,该种接地方式一般用于工作频率在 1 MHz 以下的电路。

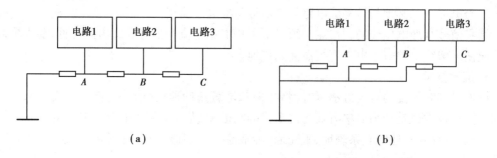

(a)   (b)

图 1.7   多级电路的单点接地

②数字、模拟电路的接地分开。一个系统既有高速逻辑电路,又有线性电路,为避免数字电路对模拟电路的工作造成干扰,不要将两者地线相混,而应分别与电源端地线相连。

③系统接地。一般情况下,把信号电路地、功率电路地和机械地都称为系统地。为了避免大功率电路流过地线回路的电流对小信号电路产生影响,通常功率地线和机械地线必须自成一体,接到各自的地线上,再一起接到机壳地上,如图 1.8 所示。

系统接地的另一种方法是系统浮地,即信号地和功率地接到直流电源地线上,而机壳单独安全接地(接大地)。同样起到抑制干扰和噪声的作用,如图 1.9 所示。

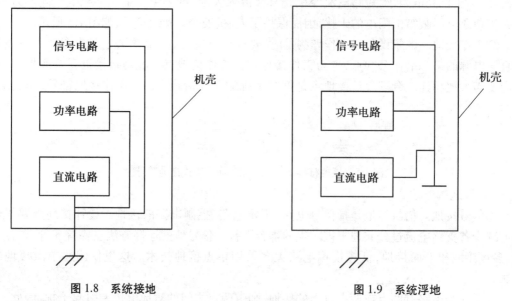

图 1.8   系统接地   图 1.9   系统浮地

4)传输通道的抗干扰措施

在电子电路信号的长线传输过程中会产生通道干扰。为了保证长线传输的可靠性,主要措施有光电耦合隔离、双绞线传输等。

（1）光电耦合隔离

采用光电耦合器可有效切断对环路电流的干扰,如图 1.10 所示。信号源和输出回路之间采用光电耦合,可把两个电路的地电位完全隔离,即使两个电路的地电位不同也不至于造成干扰。

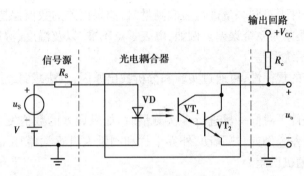

图 1.10 光电耦合电路

光电耦合隔离的主要优点是能有效抑制尖峰脉及各种噪声干扰,具有较强的抗干扰能力。

（2）双绞线传输

系统的长线传输中,双绞线是常用的一种传输线。其缺点是频带较窄,优点是波阻抗高,抗共模噪声能力强。双绞线能相互抵消各个小环路的电磁感应干扰;其分布电容为几皮法（pF）,距离信号源近,可起到积分作用,故双绞线对电磁场具有一定的抑制效果。

5）电路抗干扰的其他常用方法

为了减少设备内部产生的干扰,电路设计人员应注意以下 7 点:

①元、器件布置不可过密。

②改善电子设备的散热条件。

③分散设置稳压电源,避免通过电源内阻引起干扰。

④在配线和安装时,尽量减少不必要的电磁耦合。

⑤尽量减少公共阻抗的阻值。

⑥在电路的关键部位配置去耦电容。

⑦按钮、继电器、接触器等元件的接点在动作时均会产生火花,必须用 RC 电路加以吸收。

1.5 实验误差分析

被测量有一个真实值,简称为真值,它由理论给定或由计量标准规定。在实际测量该被测量时,由于受测量仪器精度、测量方法、环境条件或测量者能力等因素的限制,测量值与真值之间不可避免地存在误差,这种误差称为测量误差。我们学习有关测量误差和测量数据处理知识的目的就在于在实验中合理选用测量仪器和测量方法,并对实验数据进行正确分析和处理,以便获得符合误差要求的测量结果。

1.5.1　测量误差产生的原因及分类

根据误差的性质及产生的原因,测量误差可分为三大类。

1) 系统误差

在规定的测量条件下对同一量进行多次测量时,如果误差的数值保持恒定或按某种确定规律变化,则称这种误差为系统误差。例如,电表零点不准,以及温度、湿度、电源电压等变化造成的误差,均属于系统误差。

系统误差有一定的规律性,可通过实验和分析找出原因,设法减弱或消除系统误差。

2) 随机误差

在规定的测量条件下对同一量进行多次测量时,如果误差的数值发生不规则的变化,则称这种误差为随机误差。例如,热骚动、外界干扰和测量人员感觉器官无规律的微小变化等引起的误差,均属于随机误差。

尽管随机误差的变化是不规则的,但是实践证明,如果测量的次数足够多,随机误差平均值的极限就趋于零。所以只要多次测量某量的结果,它的算术平均值就会接近于其真值。

3) 粗大误差

粗大误差是指在一定的测量条件下,测量值显著偏离其真实值时的误差。从性质上看,粗大误差可能属于系统误差,也可能属于随机误差,但是它的误差值一般都明显地超过相同条件下的系统误差和随机误差。例如,读错刻度、记错数字、计算错误以及测量方法不对等引起的误差,均属于粗大误差。通过分析,确认是粗大误差的测量数据,应予以剔除。

1.5.2　误差的表示方法

1) 绝对误差

如果用 x_0 表示被测量的真值,x 表示测量仪器的示值(标准值),于是绝对误差 Δx 为

$$\Delta x = x - x_0$$

若用高一级标准的测量仪器测得的值作为被测量的真值,则在测量前,测量仪器应由高一级标准的仪器进行校正。校正量常用修正值表示。对某被测量,高一级标准的仪器的示值减去测量仪器的示值所得的值,就称为修正值。实际上,修正值就是绝对误差,只是它们的符号相反。例如,用某电流表测量电流时,电流表的示值为 10 mA,修正值为+0.04 mA,则被测电流的真值为 10.04 mA。

2) 相对误差

相对误差 γ 是绝对误差与被测真值的比值,用百分数表示,即

$$\gamma = \frac{\Delta x}{x_0} \times 100\%$$

当 $\Delta x \ll x_0$ 时,

$$\gamma \approx \frac{\Delta x}{x} \times 100\%$$

例如,用频率计测量频率,频率计的示值为 500 MHz,频率计的修正值为−500 Hz,则

$$\gamma \approx \frac{500}{500 \times 10^6} \times 100\% = 0.000\ 1\%$$

又如,用修正值为-0.5 Hz 的频率计测得频率为 500 Hz,则

$$\gamma \approx \frac{0.5}{500} \times 100\% = 0.1\%$$

从上面两个例子可以看出,尽管后者的绝对误差小于前者,但是后者的相对误差却远远大于前者,因此,前者的测量准确度实际上比后者高。

3) 容许误差

测量仪器的准确度一般用容许误差表示,它根据技术条件的要求规定了某一类仪器的误差不应超过的最大范围。通常仪器(包括量具)技术说明书所标明的误差都是指的容许误差。

在指针式仪表中,容许误差就是满刻度相对误差γ_m,定义为

$$\gamma_m = \frac{\Delta x}{x_m} \times 100\%$$

式中,x_m是满刻度读数。指针式仪表的误差主要取决于它本身的结构和制造精度,而与被测量值的大小无关。因此,用上式表示的满刻度相对误差实际上是绝对误差与一个常数的比值。我国电工仪表按γ_m值分为 0.1,0.2,0.5,1.0,1.5,2.5 和 5 共 7 级。

例如,用一只满刻度为 150 V、1.5 级的电压表测量电压,其最大绝对误差为 150 V×(±1.5%) =±2.25 V。若表头的示值为 100 V,则被测电压的真值为 97.75～102.25 V;若表头的示值为 10 V,则被测电压的真值为 7.75～12.25 V。

在无线电测量仪器中,容许误差又分为基本误差和附加误差两大类。基本误差是指仪器在规定工作条件下,在测量范围内出现的最大误差。规定工作条件又称为定标条件,一般包括环境条件(温度、湿度、大气压力、机械振动和冲击等)、电源条件(电源电压、电源频率、直流供电电压和纹波等)、预热时间、工作位置等。附加误差是指定标条件的一项或几项发生变化时,仪器附加产生的误差。附加误差又分为两大类:一类是使用条件(如温度、湿度、电源等)发生变化时产生的误差;另一类是被测对象参数(如频率、负载等)发生变化时产生的误差。

1.5.3 消除系统误差的主要措施

对随机误差和粗大误差的消除方法,前面已作过简要介绍,这里只讨论消除系统误差的措施。产生系统误差的原因有以下 4 个方面。

1) 仪器误差

仪器误差是仪器本身的电气或机械性能不完善所造成的误差,例如,仪器校准不好、刻度不准等。清除方法是要预先校准或确定其修正值,以便在测量结果中引入适当的补偿值来消除它。

2) 装置误差

装置误差是测量仪器和其他设备放置不当或使用不正确,以及由外界环境条件改变所造成的误差。为了消除这类误差,测量仪器的安放必须遵守使用规定,例如,三用表应水平放置,电表之间必须远离,并注意避开过强的外部电磁场影响等。

3) 人身误差

人身误差是测量者个人特点所引起的误差。例如,有人读指示刻度总是超过或欠少,或回路总不能调到真正的谐振点上等。为了消除这类误差,应提高测量技能,改变不正确的测

量习惯和改进测量方法。

4）方法误差或理论误差

方法误差是因测量方法所依据的理论不够严格，或采用不当的简化和近似公式等所引起的误差。例如，用伏安法测量电阻时，若直接以电压表的示值和电流表的示值之比作为测量结果，而不计电表本身内阻的影响，就会引起此类误差。

系统误差按其表现特性还可分为固定的和变化的两大类：在一定条件下，多次重复测量时给出的误差是固定的，称为固定误差；给出的误差是变化的，称为变化误差。对固定误差，可以用一些专门的测量方法加以抵消，这里只介绍常用的替代法和正负误差抵消法。

①替代法。在测量时，先对被测量进行测量，记取测量数据；然后用一已知标准量代替被测量，改变已知标准量的数值，使测量仪器恢复到原来记取的测量数值。这时，已知标准量的数值就应是被测量的数值。由于两者的测量条件相同，因此，可消除包括仪器内部结构、各种外界因素和装置不完善引起的系统误差。

②正负误差抵消法。该方法在相反的两种情况下分别进行测量，使两次测量所产生的误差等值而异号，然后取两次测量结果的平均值便可将误差抵消。例如，在有外磁场影响的场合测量电流值，可把电流表转动180°再测一次，然后取两次测量数据的平均值，可抵消外磁场影响引起的误差。

1.5.4 一次测量时的误差估计

在许多工程测量中，通常对被测量只进行一次测量，这时，测量结果中可能出现的最大误差与测量方法有关。

测量方法有直接法和间接法两种。直接法是直接对被测量进行测量并取得数据的方法；间接法是通过测量与被测量有一定函数关系的其他量，然后换算得到被测量数值的方法。当采用直读式仪器并按直接法进行测量时，其可能出现的最大测量误差就是仪器的容许误差。

例如，前面提到的用满刻度为150 V、1.5级指针式电压表测量电压时，若被测电压为100 V，则相对误差为

$$\gamma = \frac{2.25}{100} \times 100\% = 2.25\%$$

若被测电压为10 V，则相对误差为

$$\gamma = \frac{2.25}{10} \times 100\% = 22.5\%$$

因此，为了提高测量准确度，减小测量误差，应使被测量出现在接近满刻度区域。当采用间接法进行测量时，应先由直接法估计出直接测量时各量的最大可能误差，然后根据函数关系找出被测量的最大可能误差。下面举例说明。

[**例1.1**] $x = A^m B^n C^p$。

式中，x为被测量，A,B,C为直接测得的各量，m,n,p为正或负的整数或分数。为了求得误差之间的关系，将上式两边取对数

$$\ln x = m \ln A + n \ln B + p \ln C$$

再进行微分，得

$$\frac{\mathrm{d}x}{x} = m\frac{\mathrm{d}A}{A} + n\frac{\mathrm{d}B}{B} + p\frac{\mathrm{d}C}{C}$$

将上式微变量近似用增量代替后,有

$$\frac{\Delta x}{x} = m\frac{\Delta A}{A} + n\frac{\Delta B}{B} + p\frac{\Delta C}{C}$$

即 $\gamma_x = m\gamma_A + n\gamma_B + p\gamma_C$。

上式中,A,B,C 各量的相对误差 $\gamma_A,\gamma_B,\gamma_C$ 可能为正也可能为负,因此,在求 x 的最大可能误差 γ_x 时,应取其最不利的情况,即使 γ_x 的绝对值达到最大。

[例1.2] $x = A + B$。

由上式可得,

$$x + \Delta x = (A + \Delta A) \pm (B \pm \Delta B)$$

因此,

$$\Delta x = \Delta A + \Delta B$$

该式说明,不论 x 等于 A 和 B 的和或差,x 的最大可能误差都等于 A,B 最大误差的算术和。这时欲求的相对误差为

$$\gamma_x = \frac{\Delta x}{x} = \frac{\Delta A + \Delta B}{A + B}$$

必须指出的是,当 $x = A - B$ 时,如果 A,B 两量相近,相对误差就可能达到很大的数值。所以在选择测量方法时,应尽量避免用两个量之差来求第三个量。

根据上述两个例子,间接法测量的误差估计可归纳为表1.1所示的计算公式。

表1.1 使用间接法测量的误差表

函数关系式	绝对误差	相对误差
$x = A + B$	$\Delta x = \Delta A + \Delta B$	$\Delta x / x$
$x = A - B$	$\Delta x = \Delta A + \Delta B$	$\Delta x / x$
$x = A \cdot B$	$\Delta x = A \cdot \Delta A + B \cdot \Delta B$	$\Delta x / x$
$x = kA$	$\Delta x = k \cdot \Delta A$	$\Delta x / x$
$x = A^k$	$\Delta x = kA^{k-1}\Delta A$	$\Delta x / x$

1.5.5 测量数据的处理

1)有效数字的概念

测量所得的结果都是近似值,这些近似值通常用有效数字的形式来表示。所谓有效数字,是指从数据左边第一个非零数字开始直到右边最后一个数字为止所包含的数字。例如,测得的频率为 0.023 4 MHz,它是由"2""3""4"3 个有效数字表示的频率值。其左边的两个"0"不是有效数字,因为该值可通过单位变换写成 23.4 kHz。数值中末位数字"4"是在测量读数时估计出来的,因此,称其为"欠准"数字,其左边的各有效数字均是准确数字。准确数字和欠准数字对测量结果都是不可缺少的,它们都是有效数字。

在记录和计算数据时,必须掌握对有效数字的正确取舍。不能认为一个数据中小数点后面的位数越多,这个数据就越准确;也不能认为计算测量结果时保留的位数越多,准确度就越高。

2) 有效数字的表示

①有效数字中,只应保留一个欠准数字,因此,在记取测量数据时,只有最后一位有效数字是"欠准"数字,这样记取的数据表明被测量可能在最后一位数字上变化±1 个单位。例如,用一只刻度为 50 分度、量程为 50 V 的电压表测得的电压为 41.6 V,则该电压是用三位有效数字来表示的,"4"和"1"两个数字是准确的,而"6"是欠准的,因为它是根据最小刻度估计出来的,它可能被估读为 5,也可能被估读为 7,所以测量结果也可表示为(41.6±0.1)V。

②欠准数字中,要特别注意"0"的情况。例如,测量某电阻的阻值为 13.600 kΩ 表明前面 4 个位数"1""3""6""0"是准确数字,最后一个位数"0"是欠准数字;如果改写成 13.6 kΩ,则表明前面两个位数"1""3"是准确数字,最后一个位数"6"是欠准数字。这两种写法,尽管表示同一数值,但实际上却反映了不同的测量准确度。

③如果用 10 的方幂来表示一个数据,则 10 的方幂前面的数字都是有效数字。例如,上面的数值写成 13.60×10^3 Ω,则表明它的有效数字为 4 位。

④对于 π,$\sqrt{2}$ 等具有无限位数的常数,在运算时可根据需要取适当位数的有效数字。

3) 有效数字的处理

对计量测定或通过计算获得的数据,在规定的精确度范围以外的那些数字一般按照"四舍五入"的规则进行处理,即如果只取 n 位有效数字,那么第 $n+1$ 位及其以后的各位的数字都应舍去。传统的"四舍五入"法则对第 $n+1$ 位为"5"的数字则都是只入不舍的,这样就会产生较大的累计误差。目前,广泛采用的"四舍五入"法则对"5"的处理是:当被舍的数字等于 5,而 5 之后有非零数字时,则可舍 5 进 1;若 5 之后无数字或为"0"时,这时只有在 5 之前为奇数时才能舍 5 进 1,如 5 之前为偶数(包括零),则舍 5 不进位。

第 **2** 章
常用的仪器仪表

模拟电路(低频实验)常用测量仪器、仪表包括示波器、信号发生器、电子电压表(毫伏表)、直流稳压电源、晶体管特性图示仪以及万用表等。这是从事电子工程技术最基本的测量工具,我们应熟悉其工作原理并能熟练应用。常用电子测量仪器的使用是实验的基本内容,也是电子工程师必须掌握的基本功。

2.1　电子示波器原理与使用

电子示波器是最常用的一种电子测量仪器。使用示波器可直接观察和分析电信号的动态变化波形。还可定量测量信号的电压、电流、频率、周期、相位差、调幅度、脉冲宽度、上升时间及下降时间等参数。若配上传感器,能够对温度、压力、声、光、热、振动、密度及磁效应等非电量进行测量。示波器广泛应用于工业、农业、医学、通信、国防科学及宇航等各个领域。

由于电子科学的迅速发展,性能更好、功能更多的数字存储示波器逐渐取代了用示波管显示的模拟示波器。但要理解示波器原理还是要从模拟示波器说起。

2.1.1　示波管及波形显示原理

示波器采用阴极射线示波管进行显示。示波管由电子枪、偏转系统和荧光屏 3 个部分组成,基本结构如图 2.1 所示。

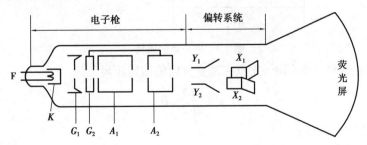

图 2.1　示波管结构示意图

示波管工作时,电子枪产生并向荧光屏发射聚焦良好的高速电子束,荧光物质被电子束击中的部位会发出荧光。偏转系统在被测信号的作用下控制电子束的上下左右移动,从而控制电子束打到荧光屏上的位置。

(1)示波管的电子枪

电子枪由灯丝 F、阴极 K、栅极 G_1 和 G_2、阳极 A_1 和 A_2 所组成。当灯丝加热阴极后,涂有氧化物的阴极发射大量电子。控制栅极 G_1 包围着阴极,在面向荧光屏方向开一小孔,使电子得以通过并射向荧光屏。G_1 对 K 的负电位是可变的,通过电位控制可以改变通过小孔的电子数目,从而可以调节荧光屏上光点的亮度。G_1 的电位越负,通过小孔打到荧光屏上的电子数越少,光点越暗。调节 G_1 电位的电位器在示波器面板上称为"辉度"(或"亮度")旋钮。G_2,A_1 和 A_2 的电位均远高于 K,它们与 G 组成聚焦系统,对电子束进行聚焦和加速,使得高速运动的电子打击到荧光屏上时恰好能聚成很细的一束,即电子束的焦点恰好落在荧光屏上。焦点位置的调节通过调节第一阳极 A_1 的电位来实现,调节 A_2 电位的电位器在示波器面板上称为"聚焦"旋钮。

(2)示波管的偏转系统

示波管的偏转系统由水平偏转板(X 偏转板)和垂直偏转板(Y 偏转板)构成,这是两对相互垂直的偏转板。每对偏转板包括两块基本平行的金属板,每对偏转板的两板之间相对电压的变化将影响电子运动的轨迹。当两对偏转板上的电压差都为零时,电子束打到荧光屏的正中,Y 偏转板上的电位相对变化。

Y 偏转板影响电子在垂直方向的运动,控制光点在荧光屏上的垂直位置。而 X 偏转板则只能控制光点的水平位置。这两对偏转板的共同作用,决定了任一瞬间光点在荧光屏上的位置。

图 2.2 为 Y 偏转板对电子束的影响示意图。下面以 Y 偏转板为例,讨论影响光点在荧光屏上所在位置的相关因素。

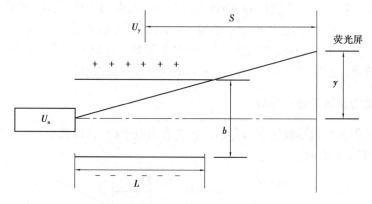

图 2.2 电子束的偏转

在垂直偏转电压 U_y 的作用下,光点在垂直方向的偏转距离 y 为

$$y = \frac{LS}{2b\,U_a} U_y$$

式中　L——偏转板的长度;

　　　S——偏转板中心到荧光屏中心的距离;

　　　b——两偏转板之间的距离;

U_a——第二阳极电压。

当示波管制成后，L,S,b 均为常数，第二阳极的电压 U_a 也基本不变，所以垂直方向的偏转距离 y 正比于偏转板上的偏转电压 U_y，即

$$y = h_y \cdot U_y$$

比例系数 h_y 称为示波管的垂直偏转因数，单位为 cm/V。它的倒数 $S_y = 1/h_y$ 称为示波管的垂直偏转灵敏度，单位为 V/cm。它表示光点在荧光屏的垂直方向偏转单位距离所需的垂直偏转电压，即荧光屏垂直方向上每厘米(或大格)表示的电压数值。对水平偏转板同样有水平偏转灵敏度 S_x(V/cm)。偏转灵敏度是示波管的重要参数，偏转灵敏度越小说明示波管越灵敏，观察微弱信号的能力越强。在一定范围内，荧光屏上光点的偏转距离与偏转板上所加电压成正比，这是用示波管观测波形的理论根据。

(3)示波管的荧光屏

示波管的荧光屏(通常为矩形)位于示波管的终端用于显示波形。其内壁涂有一层荧光物质，因而受高速电子冲击的点就会显出荧光。光点的亮度取决于电子束电子的数目、密度和速度。

当电子束从荧光屏上移去后，光点仍能保持一定的时间才消失。从电子束移去到光点亮度下降为原始值的 10%，所延续的时间称为余辉时间，用符号 I_s 表示。人们正是利用余辉时间和人眼的视觉暂留特性，才能在荧光屏上观察光点的移动轨迹。

荧光屏余辉时间的长短也和各种荧光物质材料有关。余辉时间的长短分为：

①短余辉，适用于观察高频信号的高频示波器，$I_s = 10 \ \mu s \sim 10 \ ms$。

②中余辉，适用于一般用途的普通示波器，$I_s = 1 \ ms \sim 0.1 \ s$。

③长余辉，适用于观察低频或非重复慢变化信号的示波器，$I_s = -0.1 \sim 1 \ s$。

④极长余辉，适用于观察极缓慢变化信号的示波器，$I_s > 1 \ s$。

2.1.2　波形显示原理

以上是示波器能够用来观测被测信号波形的基础。由于被测信号是随时间变化的电压(电流)波形，以下分析示波管需满足哪些条件才能真实而稳定地显示被测信号。

1)电子束在偏转系统作用下的运动

电子枪射出的电子束进入偏转系统后，要受 X,Y 两对偏转板间静电场力的控制而产生偏转。X,Y 偏转板的控制情况如下：

如果 X 偏转板电压不变，在 Y 偏转板上加偏转信号 $U_y = U_m \sin \omega t$，那么在荧光屏上就可以显示出一条垂直亮线，如图 2.3(a)所示。如果 Y 偏转板电压不变，在 X 偏转板上加偏转信号 $U_x = U_m \sin \omega t$，那么在荧光屏上就可显示出一条水平亮线，如图 2.3(b)所示。当在 X 偏转板上加偏转信号 $U_x = U_m \sin \omega t$，在 Y 偏转板上加偏转信号 $U_y = U_m \sin \omega t$，则在荧光屏上就可以显示出一条斜向亮线，如图 2.3(c)所示。

为了真实显示被测信号的波形，必须在 Y 偏转板上加偏转信号 $U_y = U_m \sin \omega t$，同时在 X 偏转板加锯齿波电压 $U_x = kt$。假设 $T_x = T_y$(即两个信号周期相同)，则电子束在 U_y 和 U_x 的共同作用下，荧光屏上就可显示出一个周期被测信号随时间变化的波形曲线，如图 2.3(d)、(e)、(f)所示。

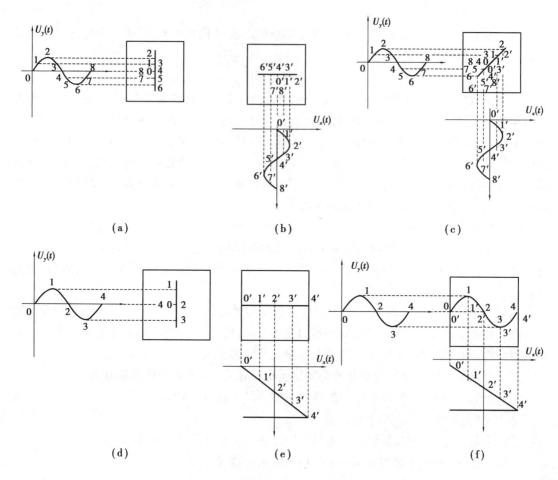

图 2.3　偏转电压与光点偏移的关系

2）扫描的概念

当在示波管水平偏转电压上加锯齿波电压 $U_x = kt$（k 为常数），而垂直偏转板不加偏转电压时，荧光屏上的光点做水平方向匀速运动，光点在水平方向的偏移距离为 x，由图 2.3 可求出

$$x = h_x kt = k't$$

水平方向偏转距离 x 正比于时间 t，k' 为比例系数，即光点移动的速度。这样 X 轴变成了时间轴，此时光点水平移动形成的水平亮线称为"时间基线"（简称"时基线"）。

电子束在锯齿波电压的作用下水平偏转，使光点在水平方向上反复移动的过程称为"扫描"。水平偏转板上所加的锯齿波电压 U_x 称为"锯齿波扫描电压"，光点由起始点到最大值点的过程称为"扫描过程"，而从最大值点迅速返回到原点的过程称为"扫描逆程"，理想锯齿波的逆程时间为零。

3）同步的概念

在荧光屏上显示的波形应该是稳定的。这就要求每个扫描周期所显示的信号波形在荧光屏上完全重合，即曲线形状相同，并有同一个起始点。假设 $T_x = T_y$，荧光屏上稳定显示被测信号一个周期的波形。如设 $T_x = 2\,T_y$，每个扫描正程在荧光屏上能显示出两个周期的被测信

号波形。以此类推,当显示多个周期的信号波形时,应有 $T_x = nT_y$。则荧光屏上显示波形的周期数为

$$n = \frac{T_x}{T_y}$$

如果增加 T_x(即扫描频率降低)或降低 T_y(即信号频率增加),显示波形的周期数将增加。在荧光屏上获得稳定图像的条件是:扫描电压周期 T_x(包括扫描正程和逆程)与被测信号周期 T_y 必须是成整数倍的关系,即

$$T_x = n\,T_y\,(n\ \text{为正整数})$$

一般将扫描电压与被测电压保持 $T_x = nT_y$ 的这种关系称为"同步"。如果不满足同步条件,显示的波形将是不稳定的。实际上,由于扫描电压由示波器本身的扫描电路产生而与被测信号是不相关的,所以很难做到 $T_x = nT_y$。因此,常利用被测信号产生一个同步触发信号去控制示波器的扫描电路,迫使扫描电压与被测电压同步,这就是后面将要谈到的触发扫描(内触发方式)。也可用外加信号去产生同步触发信号,但这个外加信号的周期应与被测信号有一定的关系(外触发方式)。

4) 连续扫描与触发扫描

前述为观测连续信号的情况,扫描电压也是连续的,这种扫描方式称为连续扫描。但是当观测脉冲信号时,往往感到连续扫描不适应,特别是研究脉冲持续时间与重复周期之比,即占空比 τ/t 很小的脉冲信号时,问题就更为突出。用连续扫描方式来显示脉冲信号有明显不足。

利用触发扫描可以解决上述困难。触发扫描的特点是没有被测信号时,扫描电路处于等待工作状态,没有扫描锯齿电压输出,即水平偏转板没有偏转电压。只有在被测信号到来时,扫描电路才产生一个扫描电压并扫描一次。

只要选择扫描电压的持续时间(即正程时间)等于或稍大于脉冲底宽,则被测脉冲波形就可展宽到几乎布满荧光屏的整个 X 轴。同时由于在两个脉冲间隔时间内没有扫描,故不会产生很亮的时间基线。现代通用示波器的扫描电路一般均可选择连续扫描或触发扫描这两种工作方式。

5) 扫描过程的增辉

以上讨论假设扫描逆程时间为零,但实际上回扫是需要一定时间的,这将对显示波形产生影响。为使回扫不在荧光屏上显示,可设法在扫描正程期间使电子枪发射更多的电子,即给示波器增辉。这种增辉可通过给示波器第一栅极 G_1 加正脉冲或给阴极 K 加负脉冲来实现,这样就可以做到只有在扫描正程,即有增辉脉冲时才有显示,其他时间荧光屏上没有显示。

2.2　模拟示波器的基本电路结构

2.2.1　模拟示波器的组成

模拟示波器的组成框图如图 2.4 所示。它由垂直系统、水平系统、Z 轴电路、示波管及电源 5 个主要部分组成。

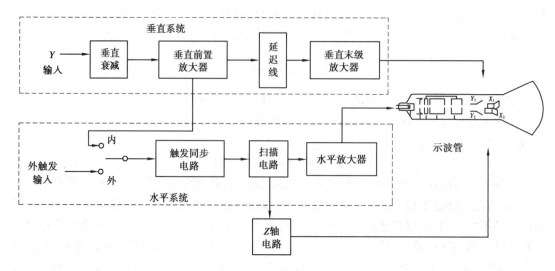

图 2.4　示波器的组成框图

由图 2.4 可知,被测信号从 Y(外)输入端送入示波器,经前置放大器、延迟线和末级放大器后,输出足够大的信号加到示波管的垂直偏转板上,使电子枪发射的电子束按被测信号的变化规律在垂直方向产生偏转。扫描发生器产生的扫描锯齿波电压,经水平放大器放大后,加到示波管的水平偏转板上,使电子枪发射的电子束水平偏转。为了在示波器荧光屏上看到稳定的图形,将被测信号的一部分(内触发方式)或外触发源信号(外触发方式)送到触发同步电路,触发同步电路根据其输入的触发源信号的某个电平和极性产生触发,输出一个触发信号去启动扫描电路,产生一个由触发信号控制其起点的扫描电压。Z 轴电路在扫描发生器输出的扫描正程时间内产生增辉信号,并加到示波管的栅极上,其作用是在扫描正程使示波管荧光屏上的光迹被加亮,而在扫描逆程消隐光迹。

2.2.2　电子示波器的水平系统

示波器的水平系统主要起以下作用:产生扫描电压;保持与 Y 通道输入信号间的同步关系,能选择适当的触发源信号,并在此信号的作用下产生稳定的扫描电压,以确保显示波形的稳定;放大扫描电压或外接信号;能产生增辉和消隐信号,去控制示波器 Z 轴电路。为了完成以上功能,示波器的水平系统至少应包括如图 2.5 所示的触发同步电路、扫描电路和水平放大器。

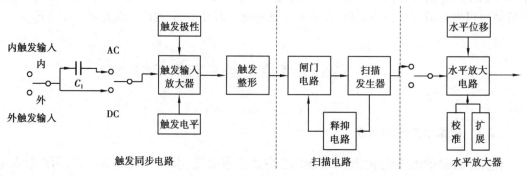

图 2.5　水平系统的组成

　　1）触发同步电路

触发同步电路由触发输入放大器、触发整形电路等组成。为了产生有效的触发脉冲去启动扫描发生器，在触发电路中设有触发源选择、触发源耦合方式、触发极性和触发电平等选择开关。

　　2）扫描电路

扫描电路由闸门电路、扫描发生器和释抑电路等组成。闸门电路在触发脉冲作用下，产生快速上升或下降的闸门信号，启动扫描发生器工作，产生锯齿波扫描电压，同时把闸门信号传送给增辉电路，在扫描正程加亮扫描光迹。而释抑电路则从扫描起始点开始将闸门封锁，不受触发，直到扫描电路完成一次扫描且回复原始状态后，释抑电路才解除对闸门的封锁，准备接收下一次触发。这样释抑电路起到了稳定扫描锯齿波的形成、防止干扰和误触发的作用，确保每次扫描都在触发源信号同样的起始电平上开始，以获得稳定的图像。

闸门电路用于产生门控信号，示波器既能连续扫描又能触发扫描。在连续扫描时没有触发脉冲信号，闸门电路仍有门控信号输出。在触发扫描时，只有在触发脉冲作用下才产生门控信号。扫描信号的工作原理如图 2.6 所示。

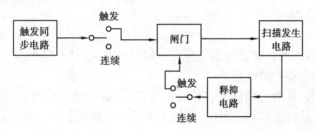

图 2.6　扫描信号的工作原理图

　　3）水平放大电路

水平放大器的基本作用是选择 X 轴信号，并将其放大到使光点在水平方向足以达到满偏。主要包括 X 轴信号的"内""外"选择，X 轴位移，扫描扩展和扫描速度的校准等。当 X 轴信号为内部扫描锯齿波电压时，荧光屏上显示时间函数，称为 X-T 工作方式；当 X 轴信号为外输入信号时，荧光屏上显示 X-Y 图形，称为 X-Y 工作方式。

扫描扩展是通过改变水平放大器的放大量实现的，扫描速度 S 定义为

$$S_x = \frac{t_0}{x_0}$$

式中　t_0——已知时间，s；

　　　x_0——在 t_0 时间内，光点在荧光屏上水平方向的偏转距离，cm。

若改变整个水平系统的放大量为原值的 k 倍，则意味着荧光屏上同样的水平距离所代表的时间缩小为原值的 $1/k$，实现了扫描的扩展。由于某种原因，例如，偏转灵敏度、扫描电压斜率发生改变而引起扫描时间因数改变时，可以微调 X 放大器的增益来校正（此调节旋钮在面板上称为"扫描速度微调旋钮"）。而调节水平放大器输出端的直流电平，即可使荧光屏上显示的图像水平移动，称为"水平位移"。

2.2.3　电子示波器的垂直系统

示波器的垂直系统的组成如图 2.4 所示，包括输入耦合选择器、衰减器、垂直放大器和延迟线等。由于示波管的偏转灵敏度基本上是固定的，因此为扩大观测信号的幅度范围，垂直

31

通道要设置衰减器和放大器,以便把信号幅度变换到适于示波器观测的数值。由于衰减和放大器的介入,示波管的偏转灵敏度可在很大范围内调节。

1)输入耦合选择器

被测信号进入示波器的垂直通道首先要通过输入耦合选择器,输入选择器分为 AC,GND 和 DC 3 挡。选择 AC 挡时,由于电容 C 的隔直流作用,只能通过输入信号的交流成分。选择 GND 挡时,输入信号通路被断开,衰减器接地。选择 DC 挡时,可以通过输入信号的交、直流成分。此时示波器荧光屏上显示时间基线,时间基线所在的位置就是荧光屏上 0 电压的位置,称为零电平线。使用时,可根据输入信号的不同情况选择适当的输入耦合方式。

2)衰减器

为保证在荧光屏上的信号不致因过大而失真,可以使用输入衰减器削弱输入信号。要求衰减器应该有足够宽的频带和足够高的输入阻抗。目前,大多数示波器的输入衰减器均采用 RC 衰减。

示波器的输入衰减器实际上是由一系列 RC 分压器组成的,改变分压比即可改变示波器的偏转灵敏度。这个改变分压比的开关即示波器面板上的垂直灵敏度开关,常用 V/div, mV/div,μV/div 标记。

3)延迟线

延迟线的作用是使垂直通道的信号延迟一定的时间,以便在荧光屏上能观察到脉冲信号的前沿,可以显示出完整的被测信号。

对延迟线的要求:延迟时间应足够长且稳定;有良好的频率特性及相位特性;损耗小、阻抗匹配,以便无失真地传送信号。目前,示波器多采用对称螺旋电缆作为延迟线。

4)垂直放大器

垂直放大器使示波器具有观测微弱信号的能力。垂直放大器应该有稳定的增益、较高的输入阻抗、足够宽的频带和对称输出级。

通常把垂直放大器分为前置放大器和末级放大器两个部分。前置放大器的输出信号一方面引至触发电路,可作为“内触发”方式的同步触发源信号;另一方面经延迟线延迟后引至末级放大器。

垂直放大器通常采用一定的频率补偿和较强的负反馈,以使在较宽的频率范围内增益稳定,还可采用改变负反馈的方法变换放大器的增益。例如,垂直通道的“倍率”开关有“×10” 和“×1”两个位置。用示波器定量测量时,只有在“倍率”置于“×1”挡,垂直灵敏度微调旋钮放在“校正”位置时,测量结果才能正确反映被测信号的实际幅度,示波器在垂直灵敏度开关周围的面板上标注有该挡位所对应的荧光屏上每一厘米(或大格)高度代表的电压值。

垂直放大器的输出极常采用差分电路,以便使加在垂直偏转板上的电压对称。在差分电路的输入端馈入不同的直流电位,差分输入电路的两个输入端直流电位也会改变,进而影响垂直偏转板上的相对直流电位和波形的荧光屏上垂直方向的位置。这种调节直流电位的旋钮称为“垂直位移”旋钮。

2.2.4 示波器的选择和多波形显示

1)示波器的选择

要根据测量任务正确选用示波器。反映示波器适用范围的两个主要工作特性是垂直通道的通频带宽度和扫描速度。这两个特性决定了示波器可观察的最高信号频率或脉冲的最小宽度。

一般要求测量仪器具有较高的输入阻抗。由于示波器放大器的输入阻抗不够高,用它直接去测试被测电路时将会对被测电路产生影响。应用示波器探头可减小示波器输入阻抗对电路的影响。这种探头是一种补偿式衰减器,可以减小示波器放大器输入阻抗对信号造成的失真。一般设计为 10∶1。

2) 多波形显示的方法

电子测量时常常需要同时观测几个信号,并进行测试和比较,这就要求在一个荧光屏上能同时显示几个波形。多波形显示的方法有多线示波和多踪示波两种。

(1) 多线示波

多线示波器需要多枪示波管实现。例如,双线示波器的示波管中有两个独立的电子枪产生两束电子,并有两套独立的偏转系统各自控制一束电子束做上下、左右运动,荧光屏则是共用的。由于双线示波管的制造工艺要求和成本高,故不普遍使用。

(2) 多踪示波

多踪示波器是在单线示波的基础上,利用专用的电子开关进行切换来实现多个波形同时显示。实现多踪示波要比多线示波简单,因而被广泛使用。

以双踪示波器为例,其工作原理如图 2.7 所示。电子开关轮流接通 A 门和 B 门,A 通道和 B 通道的输入信号 U_A 和 U_B 按照一定的时间分割,轮流送到垂直偏转板,显示在荧光屏上。

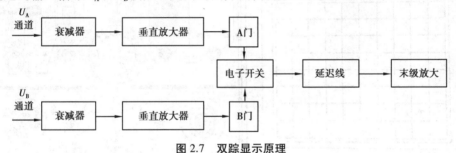

图 2.7　双踪显示原理

3) 电子开关的工作方式

电子开关的工作方式有"交替"和"断续"两种。

(1) 交替方式

在第一个扫描周期,电子开关接通 A 门;第二个扫描周期,电子开关接通 B 门;在荧光屏上轮流显示出两个信号波形。利用荧光屏的余辉和人眼的视觉暂留效应,我们会看到在荧光屏上同时显示出两个波形。电子开关处于"交替"工作方式时,要求电子开关的转换频率与扫描信号的频率相等,即开关信号与扫描信号同步。

当被测信号频率较低(低于 25 Hz)时,由于交替显示的速度很慢,图形将出现闪烁,此时不宜采用"交替"方式,而应采用"断续"方式。

(2) 断续方式

此时电子开关将一个扫描正程分成许多小的时间间隔,以此间隔使 A 门和 B 门轮流接通,即对两个被测信号波形轮流进行实时取样,从而在荧光屏上得到由若干个取样光点所构成的"断续"波形。由于电子开关转换速率很高,因此在荧光屏上看到的信号波形是连续的,并没有"断续"的感觉。

为了保证荧光屏上显示的两个信号波形稳定,无论是"交替"方式还是"断续"方式,都要求被测信号频率、扫描信号频率与电子开关转换频率三者之间必须满足一定的关系。首先，要求"同步"，即两个被测信号的频率与扫描信号频率应呈整数倍的关系。这一点与单线示波器的原理是相同的。在实际应用中，需要观察和比较的两个信号常常是互相有内在联系的，所以上述的同步要求一般很容易满足。其次，如前所述，当处于"交替"转换方式时，电子开关的转换频率等于或低于扫描信号的频率，而处于"断续"转换方式时，电子开关的转换频率远高于扫描信号的频率。

2.2.5 模拟示波器——GOS-620 双轨迹示波器实例

1）简介

GOS-620 是频宽从 DC 至 20 MHz（−3 dB）的可携带式双频道示波器（图 2.8），灵敏度最高可达 1 mV/div，并具有长达 0.2 μs/div 的扫描时间，放大 10 倍时最高扫描时间为 100 ns/div。该示波器采用内附红色刻度线的直角阴极射线管，可获得精确的测量值。示波器坚固耐用，不仅易于操作，还具有高度的可靠性。

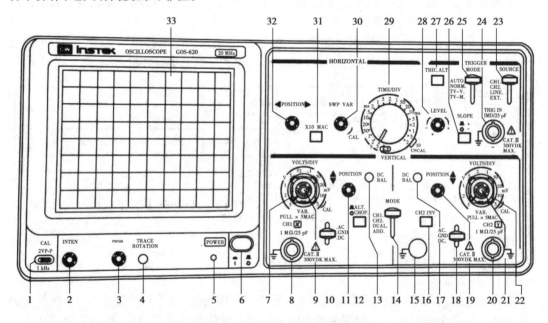

图 2.8 GOS-620 双轨迹示波器

1—校准信号输出端；2—轨迹及光点亮度控制钮；3—轨迹聚焦调整钮；4—使水平轨迹与刻度线成平行的调整钮；

5—电源指示灯；6—电源开关；7,22—垂直位移旋钮；8—CH1(X)输入；9,21—垂直增益微调（灵敏度微调）；

10,18—输入信号耦合按键组；11,19—垂直位置调整钮；12—ALT/CHOP（交替和切割方式选择按钮）；

13,17—垂直直流平衡点调整钮；14—显示通道选择键；15—接地端口；16—CH2(Y)信号反相显示键；

20—CH2(Y)输入；23—触发源选择；24—外触发；25—触发模式选择开关；26—触发斜率选择键；

27—触发源交替设定键；28—扫描速度开关；29—扫描速度调节旋钮；30—扫描速度微调旋钮；

31—水平放大键，按下此键可将扫描放大 10 倍；32—水平位置调整钮；33—滤光镜片

2）特点

①高亮度、高加速电压的阴极射线管。阴极射线管采用 2 kV 高加速电压达到强电子束传输且具有高亮度特性。

②宽频带:频宽达 DC~20 MHz(-3 dB)。

③高灵敏度:提供 5 mV/div(或放大 5 倍时,1 mV/div)的高灵敏度特性。频率为 20 MHz 时,可获得稳定的同步触发。

④交替触发:当观察两个不同信号源的波形时,可交替触发获得稳定的同步。

⑤TV 同步触发:内附 TV 同步分离电路,可清楚观测 TV-V 及 TV-H 视频信号。

⑥CH1 讯号输出:于后面板上之 CH1 讯号输出端子可以作为频率计数之用,或连接至其他仪器配合使用。

⑦Z 轴输入:提供 Z 轴的输入时间或频率标记讯号来作为亮度调变,正向讯号将使轨迹遮没变暗。

⑧X-Y:设定 X-Y 模式时,本示波器可称为 X-Y 示波器,CH1 可作为水平偏向(X 轴),CH2 可作为垂直偏向(Y 轴)。

2.3　数字示波器原理和应用

2.3.1　数字示波器硬件架构

图 2.9 所示是数字示波器内部结构图。示波器内部结构主要包括以下几个部分:

①信号调理部分:主要由衰减器和放大器组成;

②采集和存储部分:主要由模数转换器 ADC、内存控制器和存储器组成;

③触发部分:主要由触发电路组成;

④软件处理部分:由 CPU 和相应处理算法构成。

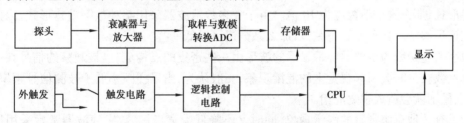

图 2.9　典型数字存储示波器框图

信号进入示波器后,对信号进行调理,进行适当衰减或放大。当衰减比调节得较大时,我们能够测试大幅度的信号,当衰减比调节得较小或 0 dB 衰减时,通过放大器的放大作用,可以测试小幅度的信号。平时调节示波器的垂直灵敏度,实际上就是调节衰减器的衰减比。

通过信号调理电路使得信号能够较理想地使 ADC 进行模数转换,反映在示波器屏幕上就是尽量使显示的波形能够达到屏幕的 2/3 以上(但是不要超出屏幕)。

前级的放大器一方面是对信号进行放大(偏置调节也是通过放大器来实现的),另一方面是提供匹配电路去驱动 ADC 和触发电路,放大器决定了示波器的模拟带宽,这是示波器的第一重要指标。

信号经过 ADC 后,需要先把样点存在存储器中,同时将数据传递到 CPU 等运算单元进行处理和显示。

ADC 的采样速率比较高(如 1 G/s 采样点),每个采样点用 8 bits 来表示(当前数字示波器的 ADC 至少都是 8 位),ADC 后面的总线带宽就达到 8 Gbit/s,示波器将数据通过总线传到运算单元进行处理。当数据带宽超过总线带宽时,数据传输不及时。因此,需要采用 Block 的工作方式先把样点存起来,存满后再慢慢地把数据传递到运算单元,而且这个时间一般相对采集时间较长,所以数字示波器的死区时间还是比较大(一般可达 95% 以上)。如何保证示波器捕获我们感兴趣的信号呢? 这就要靠触发,通过触发来解决采集和传输的矛盾。

数字示波器有几个重要指标,下面进行介绍:

数字示波器的带宽是示波器的第一指标,也是最重要的指标,因为它决定不失真的显示以及准确测量的信号范围。为了确保示波器为应用提供足够的带宽,必须考虑示波器将要显示的信号带宽。在当前的数字技术中,系统时钟通常是示波器可能显示的频率最高的信号。示波器的带宽至少应比这一频率高 3 倍,以便合理地显示这个信号的形状。决定示波器所需带宽的另一个信号特征是信号的上升时间。由于可能看到的不只是纯正弦波,因此,在超出信号基础频率的频率上,信号将包含谐波。例如,如果查看的是方波,那么信号包含的频率至少要比信号的基础频率高 10 倍。如果在查看方波时不能确保相应的示波器带宽,将在示波器显示屏上看到圆形的边沿,而不是期望看到的、清晰快速的边沿。这反而会影响测量精度。

示波器的第二重要指标由 ADC 决定,就是实时采样速率。奈奎斯特定律中指出理论上只有高于 2 倍采样频率的数据才能被无失真的恢复。如 1 GSa/s 的采样频率,理论上只能采 500 MHz 的信号,否则会失真。现在很多示波器采用多个 ADC 进行复用的方法实现采样。这样做的效果的确可以让单片速度较慢的 ADC 实现高速采样。不过这种实现方法所面临的问题是可能存在采样失真。

示波器在显示方波等数字波形时的采样率至少应是示波器带宽的 4 倍。在示波器使用某种数字重建形式时,最好使用 4 作为采样率与带宽之间的倍乘数。如果示波器没有采用数字重建形式,那么这个系数应为 10 倍。由于大多数示波器采用某种数字重建形式,因此 4 倍系数应该足够了。如果显示正弦波,那么系数还可以低一些。

数字重建是因为示波器屏幕显示的波形由一些密集的点构成,当被观察的信号在一周期内采样点数较少时会引起视觉上的混淆现象,一般认为,当采样频率低于被测信号频率的 2.5 倍时,点显示就会造成视觉混淆。

为了有效地克服视觉的混淆现象,同时又不降低带宽指标,数字滤波器常常采用插值显示,即在波形的两个测试点数据之间进行插值,插值方式通常有矢量插值法和正弦插值法两种。矢量插值法是用斜率不同的直线段来连接相邻的点,当被测信号频率为采样频率的 1/10 以下时,采用矢量插值可得到满意的效果。正弦插值法是以正弦规律用曲线连接各数据点的显示方式,它能显示频率为采样频率的 1/2.5 以下的被测波形,其能力已接近奈奎斯特极限频率。

示波器的第三重要指标是存储深度,由内存控制器和存储器决定。存储深度 = 采样率 × 采样时间。当示波器存储深度小时,想要看长时间的波形,采样率也必须下降。

示波器的第四重要指标是触发能力,由触发电路决定。为了实时稳定地显示信号波形,示波器必须重复地从存储器中读取数据并显示。为使每次显示的曲线和前一次重合,必须采用触发技术。信号的触发也称为整步或同步,一般的触发方式为:输入信号经衰减放大后分送至 ADC 的同时也分送至触发电路,触发电路根据一定的触发条件(如信号电压达到某值并处于上升沿)产生触发信号,控制电路一旦接收到来自触发电路的触发信号,就启动一次数据采集与 RAM 写入循环。

触发决定了示波器何时开始采集数据和显示波形,一旦触发被正确设定,它可以把不稳定的显示或黑屏转换成有意义的波形。示波器在开始收集数据时,先收集足够的数据用来在触发点的左方画出波形。示波器在等待触发条件发生的同时连续采集数据。当检测到触发后,示波器连续采集足够的数据以在触发点的右方画出波形。

触发可以从多种信源得到,如输入通道、市电、外部触发等。常见的触发类型有边沿触发和电平触发。常见的触发方式有自动触发、正常触发和单次触发。

总之,数字示波器是按照采样原理,利用 ADC 转化,将连续的模拟信号转变成离散的数字序列,然后进行恢复重建波形,从而达到测量波形的目的。

2.3.2　数字示波器——固纬 MDO2102EG 实例

MDO2102EG 数字存储示波器,如图 2.10 所示。

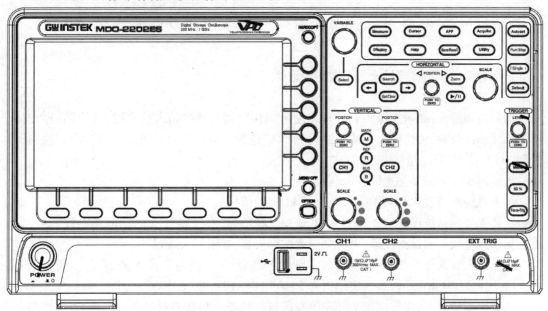

图 2.10　MDO2102EG 数字存储示波器

(1)特点

①显示器:8 in, 800 px×480 px, WVGA TFT 显示器。

②测量频率范围:DC~100 MHz。

③采样率:1 GSa/s (2 CH)实时采样率。

④多达 256 阶色阶显示效果表现可以清楚看到波形的变化。

⑤存储深度:10 M 点记录长度/通道。

⑥最高每秒 600 000 次的波形捕获率(分段模式)。

⑦最高每秒 120 000 次的波形捕获率(正常模式)。

⑧垂直灵敏度:1 mV/div~10 V/div。

⑨分段存储:优化内存,选择性捕获重要的信号细节。最大 29 000 个连续的波形分段记录,捕获分辨率达到 4 ns。

⑩波形搜索:可搜索不同的信号事件。

⑪任意波发生器功能:全功能双通道任意波发生器。

⑫频谱分析仪功能:频域执行信号分析的便利工具。

⑬强大的嵌入式应用,如数据记录,数字电压表,Go-No Go,掩码测试,数字滤波器等。

⑭拥有在线帮助功能。

⑮32 MB 内置内存。

(2)接口

①USB host 端口:前面板,用于存储。

②USB device 端口:后面板,用于远程控制或打印。

③以太网端口为标准。

④探棒校准输出,输出频率可选(1~200 kHz)。

2.4　使用示波器测量信号准备工作及注意事项

测量的第一步是将信号输入示波器输入端。

1)当使用探头时

测量高频信号,必须将探头衰减开关拨到"×10"位置,此时输入信号缩小到原值的1/10。测试低频小信号时,可将探头衰减开关拨到"×1"位置。但在大信号情况下,将探头衰减开关拨到"×10"位置,其测量范围也相应扩大。

当使用探头时需要注意以下问题:

①不可输入超过 400 V(DC+AC$_{p-p}$//1 kHz)的信号。

②如果要测量波形的快速上升时间或是高频信号,必须将探头的接地接在被测量点附近。如果接地线离测试点较远,可能会引起波形失真,如阻尼大或过冲。

③当探头衰减开关拨到"×10"时,实际的 VOLTS/DIV 值为显示值的 10 倍。例如,如果 VOLTS/DIV 为 50 mV/div,那么实际值为 50 mV/div×10＝500 mV/div。

④避免测量错误,应校准探头并在测量前进行检查。将探头针接到 CAL 输出连接器上。选择补偿电容值为最佳,如图 2.11(a)所示。

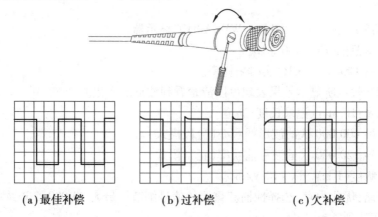

(a)最佳补偿　　　　(b)过补偿　　　　(c)欠补偿

图 2.11　探棒补偿——旋转探棒可调点,平滑方波边沿

2）当直接连接时

如果未用探头,可采取下列措施减少测量错误。

①被测量电路是低阻且信号幅度大,如果未采用屏蔽线作为输入线,需要采取屏蔽措施。因为在很多情况下,有各种干扰耦合到输入线中会引起测量误差,即使低频时这种误差也不可忽视。

②如果使用屏蔽线,连接接地线的一端接示波器的接地端,另一端接被测量电路的接地端。需要使用一个 BNC 型同轴电缆线作为输入线。

③如果观察到的波形具有快速上升时间或是高频的,需要连接一个 50 Ω 的终端电阻到电缆线的末端。

④在某些情况下,要求测试的电路有一个 50 Ω 的终端匹配器以完成正常的工作。

⑤测量时,使用较长的屏蔽线要考虑寄生电容的影响。一般来说,屏蔽线电容大约每米100 pF,不可忽视对被测电路的影响。使用探头会减少分布电容对被测电路的影响。

2.5　使用示波器的测试步骤

使用示波器时可按照下列步骤进行操作:
①设定亮度和聚焦为最佳显示。
②最大可能显示波形以减少测量误差。
③如果使用探头要检查电容校正信号。

2.5.1　用模拟示波器测量

1）测量直流电压

设定 AC-GND-DC 开关至 GND。将零电平定位到屏幕上的最佳位置,这个位置不一定是在屏幕中心。

将 VOLTS/DIV 设定到合适的位置,然后将 AC-GND-DC 开关拨到 DC,直流信号将会产生偏移,DC 电压可通过计算刻度的总数乘以 VOLTS/DIV 值的偏移后得到。例如,如图 2.12 所示,如果 VOLTS/DIV 是 50 mV/div,从 GND 到 DC 挡跳动 4.2 格,计算值为 50 mV/div×4.2=210 mV。当然,如果探头 10∶1,实际的信号值需乘以 10,因此,50 mV/div×4.2×102.1 V。

2）测量交流电压

与测量直流电压一样,先将零电平设定到屏幕的任意位置。如图 2.13 所示,如果VOLTS/DIV 设为 1 V/div,垂直方向波形峰谷之间间隔 4 格,则计算方法为 1 V/div×4=4 V_{PP}。如果探头为 10∶1,则实际值为 40V_{PP},如果幅度 AC 信号被重叠在一个直流电压上,AC 部分可通过 AC-GND-DC 开关设置 AC,这将隔开信号的直流部分,仅耦合交流部分。

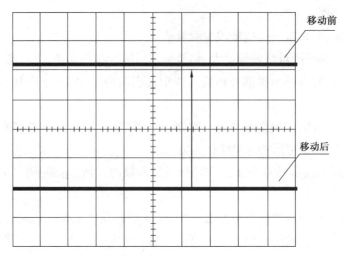

图 2.12　直流电压测量

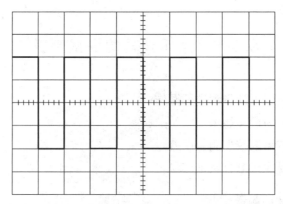

图 2.13　交流电压、频率和时间测量

3）测量频率和时间

如图 2.13 所示，该方波的一个周期在屏幕上为 2 div。假设扫描时间为 1 ms/div，周期则为 1 ms/div×2.0＝2.0 ms。由此可得，频率为 1/2 ms＝500 Hz。不过，如果运用"×5"扩展，那么 TIME/DIV 则为指示值的 1/5。

2.5.2　用数字存储示波器测量

1）激活通道

按"Channel"键开启输入通道激活后，通道键变亮，同时显示相应的通道菜单。每个通道以不同颜色表示，CH1：黄色，CH2：蓝色，可以在屏幕下方看到如图 2.14 所示的信息，每个通道后面显示的电压为垂直每格电压幅值。

CH1　　　CH2

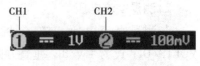

图 2.14　通道显示

2）信号显示

将输入信号连接到 MDO-2000E，按"Autoset"键，波形显示在屏幕中心。

如果只看到交流信号，要用 AC 挡，而不是默认的 DC 挡。从底部菜单选择全屏幕显示模式(Fit Screen Mode)和 AC 优先模式(AC Priority Mode)。再按"Autoset"键进行自动设置。

注意,在以下情况下,自动设置不起作用,只能手动调节:

①输入信号频率小于 20 Hz。

②输入信号幅度小于 10 mV。

3)手动调节

旋转水平位置 position 旋钮左右移动波形,旋转水平 SCALE 旋钮选择时基。在屏幕下方可显示时基,即水平每格多少时间。

旋转垂直位置 position 旋钮上下移动波形,旋转垂直 SCALE 旋钮改变垂直刻度。在屏幕下方可显示时基,即垂直每格多少电压。

4)测量

(1)直接读数

可以和模拟示波器一样读取格子数测量电压、时间、频率等。

(2)光标测量

光标测量也可自动测量水平或垂直光标数据,同时可显示波形位置、波形测量值以及运算操作结果,涵盖电压、时间、频率和其他运算操作。一旦开启光标(水平、垂直或二者兼有),除非关闭操作,否则这些内容将显示在主屏幕上。

以水平调节为例,按照以下步骤可以测量时间或频率:

①按一次"Cursor"键。

②重复按"H Cursor"或"Select"键切换光标类型。

③使用 Variable 旋钮左/右移动光标,移动时,仪器自动测量光标间的数值。

如图 2.15 所示,1 通道光标 1 的读数为 300 ps,光标 2 的读数为 19.9 ns,水平时间差为 19.6 ns。

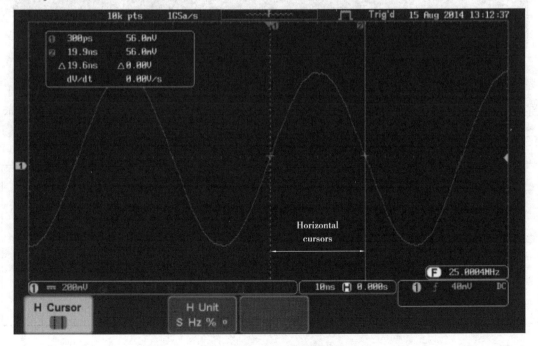

图 2.15 光标标定测量示例

（3）自动测量

除上述两种测量方法外，示波器还能自动测量设定好的需测量值。信号一旦输入，就可以读到相应的数据。其操作方法如下：

①选择信号来源，在右侧菜单中按 Source1 或 Source2 设置和选择信号来源。

②按"Measure"键。

③选择底部菜单的 Add Measurement，添加测量值。

④从右侧菜单中选择期望增加的测量类型。

如图 2.16 所示，右侧是自动测量类型，波形底部是所测量的值，如峰峰值 1.04 V，最大值 560 mV，平均值 68.6 mV，有效值 366 mV 等。

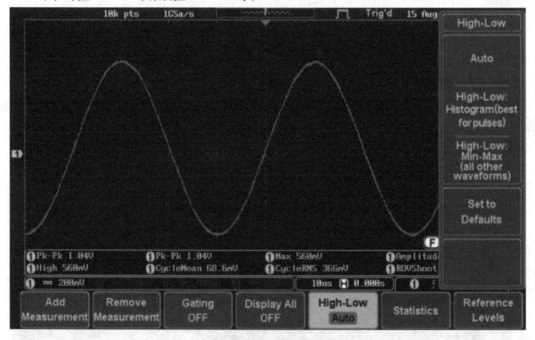

图 2.16　自动测量实例

表 2.1 展示了常用的、可以自动测量的类型。采用自动测量可以提高效率，但是由于屏幕宽度的限制，一般在测量不同电路，需要观察不同变量时，要调整对应的自动显示类型。

表 2.1　常用的自动测量类型

电压/电流测量		
Pk-Pk（peak to peak）		正向与负向峰值电压之差（=max-min）
max		正向峰值电压
min		负向峰值电压

续表

	电压/电流测量	
Amplitude		整个波形或门限范围内整体最高与最低电压之差(= high - low)
high		整体最高电压
low		整体最低电压
Mean		所有采样数据的算术平均值
RMS		所有采样数据的均方根(有效值)
ROVShoot		上升过激电压
FOVShoot		下降过激电压
RPREShoot		上升前激电压
FPREShoot		下降前激电压
	时间测量	
Frequency	$1/T$	波形频率
Period		波形周期(= 1/Freq)
RiseTime		脉冲上升时间
FallTime		脉冲下降时间
Duty Cycle		占空比:信号脉宽与整个周期的比值 = 100×(Pulse Width/ Cycle)
	延迟测量	
FRR		Time between:信号源 1 的第一个上升沿与信号源 2 的第一个上升沿之间的时间间隔

续表

电压/电流测量		
FRF		Time between：信号源 1 的第一个上升沿与信号源 2 的第一个下降沿之间的时间间隔
Phase		两信号的相位差，角度计算公式 $\frac{t_1}{t_2} \times 360°$

2.6 信号发生器原理与使用

信号发生器是一种能够提供电信号的仪器。信号发生器用途广泛、种类繁多。使用信号发生器能够产生不同波形、频率和幅度的信号，可用来测试放大器的放大倍数、频率特性以及元件的参数。除此之外，还可用于校准仪表以及为各种电路提供交流电压。

2.6.1 信号发生器简介

1）信号发生器的一般要求及分类

信号发生器的常见分类方法有以下两种。

（1）按输出波形分类

按输出波形分类，有正弦信号发生器、脉冲信号发生器、函数信号发生器、噪声信号发生器等。

（2）按输出频率分类

按输出频率分类，有超低频信号发生器（1/1 000～1 000 Hz）、低频信号发生器（1 Hz～200 kHz～1 MHz）、视频信号发生器（20 Hz～10 MHz）、高频信号发生器（200 kHz～30 MHz）、甚高频信号发生器（30～300 MHz）、超高频信号发生器（300 MHz 以上）。

对信号发生器的一般要求有以下几种：

①输出频率稳定且在一定范围内连续可调。一般信号发生器的频率稳定度为 1%～10%，标准信号发生器应优于 1%。

②输出波形失真小，正弦信号发生器的非线性失真系数一般不超过 1%～3%，有时要求低于 0.1%。

③输出电压稳定且在一定范围内连续可调。一般最小可达毫伏级，最大可达几十伏级。对低频信号发生器，要求在整个频率范围内输出电压幅度不变，一般要求变化小于 1 dB。

④输出阻抗低，易与负载匹配。低频信号发生器一般应具有低阻抗和 600 Ω 输出阻抗，高频信号发生器多为 50 Ω 或 75 Ω 输出阻抗。

⑤调制特性。对高频信号发生器一般要求有调幅和调频输出。对调制频率，调幅一般为 100 Hz 和 400 Hz，调频为 10 Hz～110 kHz。对调制特性，调幅为 0%～80%，调频频偏不低于 75 kHz。

⑥脉冲信号发生器要能调节输出脉冲信号的脉冲宽度。

2) 函数信号发生器

函数信号发生器的主要特点是能够产生多种函数波形信号,如正弦波、方波、三角波、锯齿波以及各种脉冲信号,使用灵活方便。函数信号发生器的输出频率范围已达到 0.0005 Hz～100 MHz。函数信号发生器一般还具有频率计数和显示功能,既能显示自身输出信号的频率,也能测量外来信号的频率。有些函数信号发生器还具备调制和扫频功能。

函数信号发生器的简化原理框图如图 2.17 所示。实际中,三角波和方波的产生是难以分开的,方波形成电路通常是三角波发生器的组成部分。正弦波是三角波通过正弦波形成电路变换而来的。所需波形经过选取、放大后经衰减器输出。

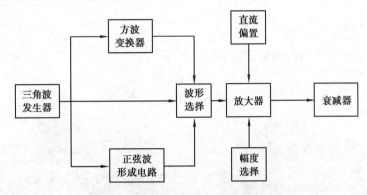

图 2.17 函数信号发生器的简化原理框图

直流偏置电路提供一个直流补偿调整,可以调节函数信号发生器输出的直流成分。

除如图 2.17 所示的函数信号发生器的主要结构外,函数信号发生器一般都带有频率计数和显示电路。此外,有些函数信号发生器为了将其输出的方波用作数字电路的时钟,设置了固定的 TTL 和 CMOS 输出电路。

函数信号发生器的主要电路为三角波发生器、方波形成电路和正弦波形成电路。

2.6.2 SDG2000X 系列双通道函数/任意波形发生器实例

SDG2000X 系列双通道函数/任意波形发生器,最大带宽 100 MHz,采样系统具备 1.2 GSa/s 采样率和 16-bit 垂直分辨率的优异指标,在传统的 DDS 技术基础上,采用了创新的 TrueArb 和 EasyPulse 技术,克服了 DDS 技术在输出任意波和方波/脉冲时的先天缺陷,能为用户提供高保真、低抖动的信号;具备调制、扫频、Burst、谐波发生、通道合并等多种复杂波形的产生能力,能够满足用户更广泛的需求。

1) 性能特点

①双通道,最大输出频率 100 MHz,最大输出幅度 20 V_{pp},在 80 dB 的动态范围内提供高保真的信号。

②优异的采样系统指标:1.2 GSa/s 采样率和 16-bit 垂直分辨率,最大限度地在时间和幅度上还原波形细节。

③创新的 TrueArb 技术,逐点输出任意波,在保证不丢失波形细节的前提下,能够以 1 μSa/s～75 MSa/s 的可变采样率输出 8 pts～8 Mpts 范围内任意长度的低抖动波形。

④创新的 EasyPulse 技术,能够输出低抖动的方波/脉冲,同时脉冲波可以做到脉宽、上

升/下降沿精细可调,具备极高的调节分辨率和调节范围。

⑤丰富的模拟和数字调制功能:AM,DSB-AM,FM,PM,FSK,ASK,PSK 和 PWM。

⑥扫频功能与 Burst 功能。

⑦谐波发生功能。

⑧通道合并功能。

⑨硬件频率计功能。

⑩196 种内建任意波。

⑪丰富的通信接口:标配 USB Host,USB Device(USBTMC) ,LAN(VXI-11) ,选配 GPIB。

⑫4.3 in TFT-LCD 触摸显示屏,方便用户操作。

2) 使用说明

(1) 外观及功能分区说明

SDG2000X 信号发生器前面板图,如图 2.18 所示。

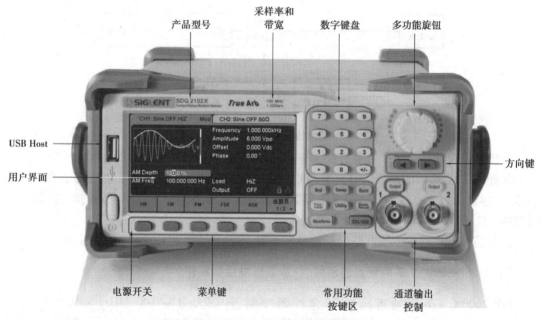

图 2.18 SDG2000X 信号发生器前面板图

①波形显示区。显示各通道当前选择的波形,单击此处的屏幕,Waveforms 按键灯变亮。

②通道输出配置状态栏。CH1 和 CH2 的状态显示区域,指示当前通道的选择状态和输出配置。单击此处的屏幕,可以切换至相应的通道。再单击此处的屏幕,可以调出前面板功能键的快捷菜单:Mod,Sweep,Burst,Parameter,Utility 和 Store/Recall。

③基本波形参数区。显示各通道当前波形的参数设置。单击所要设置的参数,可选中相应的参数区使其突出显示,然后通过数字键盘或旋钮改变该参数。

④通道参数区。显示当前选择通道的负载设置和输出状态。

A.Load——负载。

先选中相应的参数使其突出显示,再通过菜单软键、数字键盘或旋钮改变该参数;最后长按相应的"Output"键,2 s 即可在高阻和 50 Ω 键切换。

高阻:显示 HiZ。

负载:显示阻值(默认为 50 Ω,范围为 50 Ω ~100 kΩ)。

B.Output——输出。

单击此处的屏幕或按相应的通道输出控制端,可以打开或关闭当前通道。

ON:打开;OFF:关闭。

⑤模式提示符。SDG2000X 会根据当前选择的模式给出不同的提示:

![lock icon]表示当前选择的模式为相位锁定。

![unlock icon]表示当前选择的模式为独立通道。

⑥菜单。显示当前已选中功能对应的操作菜单。例如,图 2.18 显示"正弦波的 AM 调制"的菜单。在屏幕上单击菜单选项,可以选中相应的参数区,再设置所需的参数。

⑦调制参数区。显示当前通道调制功能的参数。单击此处的屏幕,或选择相应的菜单后,通过数字键盘或旋钮改变参数。

(2)使用方法

①正弦波设置。

在 Waveforms 操作界面下有一列波形选择按键,分别为正弦波、方波、三角波、脉冲波、高斯白噪声、DC 和任意波。

选择 Waveforms →Sine,通道输出配置状态栏显示"Sine"字样。SDG2102X 可输出 1 μHz~100 MHz 的正弦波。设置频率/周期、幅值/高电平、偏移量/低电平、相位,可以得到不同参数的正弦波。如图 2.19 所示为正弦波的设置界面。

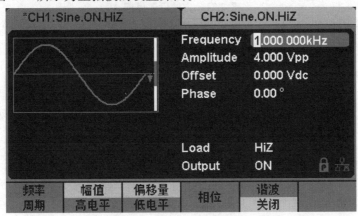

图 2.19　正弦波的设置界面

a.Frequency 为信号频率。

b.Amplitude 为信号幅值,可以为峰峰值V_{pp},也可以为有效值V_{rms}。

c.Offset 为直流偏置。

d.Phase 为初始相位,在需要双通道输出不同相位信号时,需要设置这个参数。

e.Load 为负载类型,如果负载是 50 Ω,设置为 50 Ω;如果远大于 50 Ω,设置为高阻 HiZ。

f.Output 为输出与否显示。

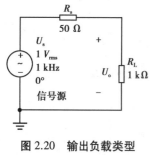

图 2.20 输出负载类型
原理演示

由于机器内阻为 50 Ω,如果负载为 50 Ω,那么显示的设置电压是仪器输出电压 U_o,如果选择高阻,那么显示的设置电压是信号源内部电压 U_s。

如图 2.20 所示,如果负载类型设置为 50 Ω,那么显示屏上显示输出幅值为 0.5 V_{rms},但实际上由于负载 $R_L \gg R_s$,所以 R_L 得到的电压约为 1 V_{rms},与设置值完全不一样。而如果负载类型设置为 HiZ,那么显示屏上显示输出幅值为 1 V_{rms},与实际 R_L 得到的电压一致。因此,这时负载类型应选择高阻状态。

②方波设置。

选择 $\boxed{\text{Waveforms}}$ →Square,触摸屏显示区中将出现方波的操作菜单,通过对方波的波形参数进行设置,可输出相应波形。设置方波的参数主要包括频率/周期、幅值/高电平、偏移量/低电平、相位、占空比,如图 2.21 所示。

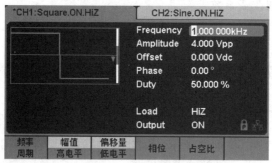

图 2.21 方波设置界面

其他设置和正弦波类似,不一样的地方是多了 Duty,其意义为占空比。方波占空比定义为方波波形高电平持续的时间所占周期的百分比,如图 2.22 所示。

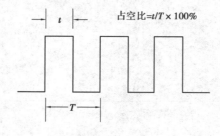

图 2.22 占空比定义

③其他波形举例。

除了基本波形外,在以后的工作、学习和研究中还会遇到其他信号。现举例如下:

如图 2.23 所示,在 SDG2000X 的前面板有 3 个按键,分别为调制、扫频、脉冲串设置功能按键。

(a)调制　　　　　　　(b)扫频　　　　　　　(c)脉冲串

图 2.23 调制、扫频、脉冲串设置功能按键

使用 Mod 按键,可输出经过调制的波形。SDG2000X 可使用 AM,DSB-AM,FM,PM,FSK,ASK,PSK 和 PWM 调制类型,可调制正弦波、方波、三角波、脉冲波和任意波。通过改变调制类型、信源选择、调制频率、调制波形和其他参数来改变调制输出波形。SDG2000X 的调制界面如图 2.24 所示。

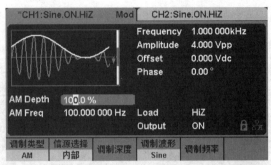

图 2.24　调制界面

使用 Sweep 按键,可输出正弦波、方波、三角波和任意波的扫频波形。在扫频模式中,SDG2000X 在指定的扫描时间内扫描设置的频率范围。扫描时间可设定为 1 ms ~ 500 s,触发方式可设置为内部、外部和手动。SDG2000X 的扫频界面如图 2.25 所示。

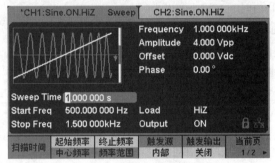

图 2.25　扫频界面

使用 Burst 按键,可产生正弦波、方波、三角波、脉冲波和任意波的脉冲串。输出可设定起始相位:0° ~ 360°,内部周期:1 μs ~ 1000 s。SDG2000X 的脉冲串界面如图 2.26 所示。

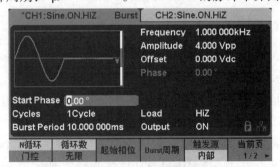

图 2.26　脉冲串界面

SDG2000X 可作为一款谐波发生器,输出具有指定次数、幅度和相位的谐波。由傅里叶变换理论可知,周期函数的时域波形是一系列正弦波的叠加,可表示为:

$$f(t) = A_1\sin(2\pi f_1 t + \phi_1) + A_2\sin(2\pi f_2 t + \phi_2) + A_3\sin(2\pi f_3 t + \phi_3) + \cdots$$

通常,频率为f_1的分量称为基波,f_1为基波频率,A_1为基波幅度,ϕ_1为基波相位。此外,各分量频率为基波频率的整数倍的称为谐波。频率为基波频率的奇数倍的分量称为奇次谐波;频率为基波频率的偶数倍的分量称为偶次谐波。

按$\boxed{\text{Waveforms}}$→Sine→谐波,选择"打开",再按谐波参数进入谐波设置界面,如图 2.27所示。

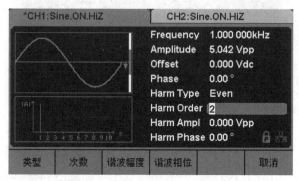

图 2.27　谐波设置界面

谐波的各项设置如下:

a.Harm Type 谐波的类型,可设为偶次谐波、奇次谐波或自定义。

b.Harm Order 谐波的次数。

c.Harm Ampl 各次谐波的幅度。

d.Harm Phase 各次谐波的相位。

2.7　毫伏表原理与使用

毫伏表又称为电子电压表,专门用于测量交流电压的大小,有些毫伏表还可进行电平测量。

2.7.1　毫伏表简介

1)毫伏表的特点和分类

毫伏表的特点和分类情况如下:

①灵敏度高:灵敏度反映了毫伏表测量微弱信号的能力,一般毫伏表都能测量低至毫伏级的电压,例如,DA-16,EM2171 的最小测量电压均为 100 μV。

②测量频率范围宽:测量频率范围上限至少可达数千赫兹,高者甚至可达数百兆赫兹。例如,DA-16 的测频范围为 20 Hz～1 MHz,EM2171 的测频范围为 10 Hz～2 MHz。

③输入阻抗高:毫伏表是一种交流电压表。输入阻抗越高,对被测电路的影响越小,测得结果越接近被测交流电压的实际值。一般毫伏表的输入阻抗可达几百千欧甚至几兆欧。例如,DA-16 的输入电阻$R_i = 1.5$ MΩ,输入电容$C_i = 50\sim10$ pF,EM2171 的输入电阻$R_i \geqslant 2$ MΩ,输

入电容 $C_i \leqslant 50$ pF。

毫伏表的分类可以有不同方法。按照电路元器件类型可分为电子管毫伏表、晶体管毫伏表和集成电路毫伏表。其中,晶体管毫伏表最为常见,例如,DA-16,JH811,EM2171 等都是晶体管毫伏表。按照测量信号频率范围可分为视频毫伏表(又称为宽频毫伏表,测频范围为几赫兹至几兆赫兹)、超高频毫伏表(测频范围为几千赫兹至几百兆赫兹)等。

2)毫伏表的基本工作原理简介

毫伏表的基本结构主要由检波电路、放大电路和指示电路 3 个部分组成。

毫伏表通常采用指针式指示机构,由表头指针的偏转指示出测量结果。由于磁电式电流表具有灵敏度、准确度高,刻度呈线性,受外磁场及温度的影响小等优点,毫伏表一般采用磁电式微安表头。随着数字技术的发展,也有越来越多的表头采用数字方式显示。

放大电路可以提高毫伏表的灵敏度,使得毫伏表能够测量微弱信号。毫伏表中所用的放大电路有直流放大电路和交流放大电路两种,分别用于毫伏表的两种不同电路结构中。

由于磁电式微安表头只能测量直流电流,因此,必须使用检波器将被测交流信号变换成直流信号,才能用微安表头进行测量。

毫伏表的电路结构有检波-放大式和放大-检波式两种不同的形式。前者在检波电路和指示电路之间加设直流放大电路,后者是在检波电路前加设交流放大电路,结构原理图如图 2.28 所示。

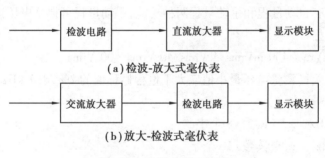

(a)检波-放大式毫伏表

(b)放大-检波式毫伏表

图 2.28　毫伏表原理框图

(1)检波-放大式毫伏表

由图 2.28(a)可知,检波-放大式毫伏表先将被测交流信号电压 U_x 经过检波电路检波,转换成相应大小的直流电压,再经过直流放大电路放大推动指示电路(直流微安表头),作出相应的偏转指示。由于放大电路放大的是直流信号,放大电路的频率特性对整个毫伏表的频率响应不影响。这种毫伏表所能测量电压的频率范围由检波器的频率响应决定。如果使用特殊的高频检波二极管,并减小连线分布电容的影响,可使测量频率达到几百兆赫。但由于检波二极管伏安特性的非线性,因此刻度也是非线性的且输入阻抗低。因为采用普通的直流放大电路又有零点漂移问题,所以这种毫伏表的灵敏度不高。如果采用斩波式直流放大器,可以把灵敏度提高到毫伏级。这种毫伏表常称为超高频毫伏表。

(2)放大-检波式毫伏表

由图 2.28(b)可知,放大-检波式毫伏表先将被测交流信号电压 U_x 经放大电路放大,再加到检波电路,由检波电路将其转换成相应的直流电压,推动指示电路(直流微安表头)作出相应的偏转指示。由于放大电路放大的是交流信号,可以采用高增益放大器使毫伏表的灵敏度得到提高,因而可做到毫伏级。但是被测电压的频率范围受放大电路频带宽度的限制,一般上限频率为几百千赫兹到兆赫兹,因此,这种毫伏表也称为视频毫伏表。DA-16,JH811和EM2171型毫伏表均属于视频毫伏表。

2.7.2　EE1912数字交流毫伏表实例

EE1912型是一种通用型的智能化数字交流毫伏表,该仪器采用放大-检波工作原理,并且采用了高档单片机控制技术,适用于测量频率5 Hz~3 MHz,电压100 μVrms~400 Vrms的正弦波有效值电压。本仪器采用绿色LED显示,读数清晰、视觉好、寿命长。同时具有测量精度高、测量速度快、输入阻抗高、频率响应误差小等优点。整机功耗低、体积小、重量轻,具备自动/手动测量功能,同时显示电压值和dB/dBm值,以及量程和通道状态。

1)技术参数

①测量电压的频率范围:5 Hz~3 MHz。

②测量电压的范围:100 μVrms~400 Vrms。

dB 测量范围:−80 dB~52.04 dB　　(0 dB=1 Vrms)。

dBm 测量范围:−77 dBm~54.25 dBm　　(0 dBm=1 mW,600 Ω)。

③电压测量具有自动量程和手动量程两种功能,手动量程可提高电压读数分辨率。

④电压测量量程:

4 mVrms/40 mVrms/400 mVrms/4 Vrms/40 Vrms/400 Vrms

⑤电压测量误差:(测量电压最小值应大于量程标称值的2%,以1 kHz为基准,20 ℃环境温度下)

100 Hz~100 kHz　　±2%读数±8 个字

50 Hz~500 kHz　　±3%读数±10 个字

10 Hz~2 MHz　　　±4%读数±15 个字

5 Hz~3 MHz　　　±6%读数±20 个字

⑥dB 和 dBm 的测量误差,参考电压测量误差。

⑦输入电阻:10 MΩ。

⑧输入电容:不大于 30 pF。

⑨噪声:输入短路时为 0 个字。

⑩工作环境。

工作电压:220 V±10%,47~63 Hz。

工作温度:0~40 ℃。

湿度:小于 90%RH。

大气压力:86~104 kPa。

2)使用方法

EE1912数字交流毫伏表前面板,如图2.29所示。

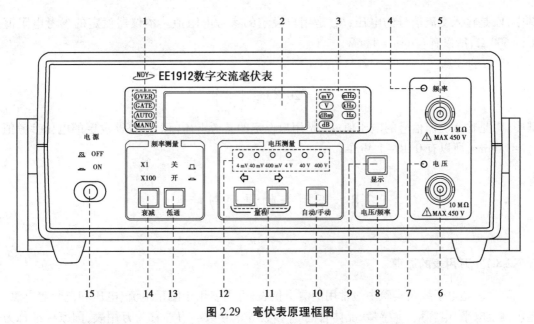

图 2.29　毫伏表原理框图

1—测量状态指示灯；2—数码管显示器；3—测量单位指示灯；4—频率测量通道指示灯；
5—频率测量通道；6—电压测量通道；7—电压测量通道指示灯；8—【电压/频率】功能键；
9—【显示】功能键；10—【自动/手动】功能键；11—【量程】切换功能键；
12—量程指示灯；13—"低通"按键；14—"衰减"按键；15—"POWER"键，电源开关

（1）测试注意事项

当测量大于 36 V 的高电压信号时，一定要小心谨慎，注意安全，以免造成人身伤害或仪器损坏。必要时采取一些安全措施，例如，戴上绝缘防电手套、使用绝缘的电缆连接线等；同时一定要确保测试连接正确可靠，最好先将本机仪器手动设置在合适的挡位，再将被测部件与本机仪器连接好后，最后加电并将被测信号输入仪器的电压测量通道进行测试。

（2）测量前的准备

先仔细检查电源电压是否符合本仪器工作所需的电源电压范围，确认无误后方可将电源线插入本仪器后面板上的电源插座内。仪器使用的电源电压为 220 V，50 Hz，应注意不应过高或过低。

（3）测量电压

①按下电源开关，仪器进入产品提示和初始化状态，初始化后即进入测量状态，默认测量状态为自动电压测量状态。

②可接入信号源自动测量电压。

③切换到手动键时，"MANU"灯亮，需手动选择量程。

④读数可以是 mVrms，Vrms，dB 和 dBm。

dBm 和 dB 是表示电压的另一种方式，本机是根据输入电压的有效值运算而得到的。

dBm 值的计算：

$$dBm = 10 \times \log_{10}\left(\dfrac{\dfrac{V_{in}^2}{R_{ref}}}{1mW}\right)$$

53

其中,V_{in}是输入交流信号的电压;R_{ref}是用户设定的参考电阻值。本仪器设定的参考电阻值 $R_{ref} = 600\ \Omega$,所以有 0 dBm = 1 mW。

dB 值的计算:

$$dB = 20 \times \log_{10}\left(\frac{V_{in}}{V_{ref}}\right)$$

其中,V_{in}是输入交流信号的电压值;V_{ref}是用户设定的参考电压值。本仪器设定的电压参考值 $V_{ref} = 1$ Vrms,所以有 0 dB = 1 Vrms。

2.8 万用表的原理与使用

2.8.1 万用表的原理

万用表是电子线路实验中最常用的测量仪表,万用表用于测量电流、电压和电阻等电量,还可测量电平、电容量、电感量、晶体管的h_{FE}参数等电参数。习惯称为万用表,国家标准称为复用表。

万用表按指示方式分为模拟式和数字式两大类。

数字万用表以数字的方式显示测量结果,读数准确方便;采用大规模集成电路,可靠性高。常用数字万用表采用 3~4 位数字显示,分辨力较高,一般在 1.0 级以上。

模拟式万用表是以指针的形式显示测量结果。它主要由指示部分(用磁电系表头)、测量电路和转换装置 3 个部分组成。

模拟式万用表最重要的性能指标是灵敏度。灵敏度越高,表示取自被测电路的电流越小,对被测电路正常工作状态的影响也就越小,测量的准确度就越高。模拟万用表的灵敏度主要取决于所用指示表头的灵敏度。模拟式万用表的准确度等级一般为 1.0~5.0 级。

2.8.2 万用表使用要点及注意事项

万用表是电子测量中最基本、最常用的仪表。虽然结构比较简单,但用途十分广泛,应熟练掌握其应用。需要注意的是,模拟式万用表的超载能力差,将多功能集为一体,使用时稍有不慎,不但能导致测量错误,还能造成仪表损坏,甚至危及操作者安全。因此,正确使用万用表是进行各种测量的前提条件。下面介绍万用表使用的有关注意事项:

①应熟悉万用表的各转换开关、旋钮(或按键)、专用插口、测量插孔(或接线柱)以及仪表附件(高压探头等)的作用,了解每条刻度线所对应的被测电量。测量前首先明确"要测什么"和"怎样测法",然后拨至相应的测量项目和量程挡。如果预先无法估计被测量的大小,则应先拨至最高量程挡,再根据显示情况逐渐降低量程至合适位置。

应规范操作并养成良好的测量习惯。每次测量时,务必再次核对测量种类及量程选择开关,看是否拨对位置,以避免损坏万用表。

②使用万用表一般应水平放置,否则会引起倾斜误差。若发现指针未指在机械零点处,需用螺丝刀进行机械调零,消除零点误差。

读数时,视线要正对着万用表和指针,以免产生视差。若表盘上装有反射镜,则眼睛看到的指针应与镜子中的影子重合。

③应在干燥、无震动、无强磁场、环境温度适宜的条件下使用和存放万用表。以避免灵敏度下降,出现指示误差或产生附加误差。

④测量完毕应将量程选择开关拨至最高电压挡,防止下次使用时不慎烧表。有的万用表(如500型)设有空挡,用完后应将开关拨到" "位置,使测量机构内部短路。也有的万用表(如MF64型)设置了OFF挡,使用完毕应将功能选择开关拨至此挡,使表头短路,可以起到防震保护作用。带运算放大器的万用表,其OFF挡是电源关断的位置。使用DY1-A,MF101等万用表时,每次用完后一定要关闭电源开关,以免空耗电池。

⑤测电压时,应将万用表并联在被测电路的两端,测直流电压时要注意正、负极性。如果不知道被测电压的极性,应先拨到高压挡进行试测,防止因表头严重过载而将表针打弯。指针在反向偏转时很容易打弯。

⑥如果误用直流电压挡测交流电压,指针可能不动或稍微抖动。如果误用交流电压挡测直流电压,读数可能偏高一倍,也可能为零,这同万用表具体接法有关。

⑦电压挡的基本误差均以满量程的百分数表示,因此,测量值越接近于满刻度值,误差就越小。根据测量理论,所选取的量程应能使指针偏转 $1/3 \sim 1/2$ 以上为佳。

⑧当在被测交流电压上叠加有直流电压时,交、直流电压值之和不得超过量程选择开关的耐压值。必要时应在输入端串接 $0.1\ \mu F/450\ V$ 的隔直电容,也可直接从dB插孔输入,该插孔内部已串接了隔直电容。

⑨严禁在测较高电压(如220 V)或较大电流(如0.5 A以上)时拨动量程选择开关,以免产生电弧烧坏开关触点。

⑩被测电压高于100 V时务必小心谨慎,应养成单手操作的习惯。即预先把一支表笔固定在被测电路的公共地端,再拿另一表笔去碰触测试点。

有些万用表设有2 500 V专用插孔,测高压时应注意将插头插牢,避免因接触不良造成高压打火,或因插头脱落引起意外事故。

当测量显像管上 $9 \sim 22\ kV$ 的高压时,必须使用FJ-37,FJ-50等型号的高压探头(高压测试棒)。这两种高压探头可测电视机和电子设备中25 kV以下的高压,但不适于测量大功率输、配电设备上的高压。

⑪测高内阻电源的电压时,应尽量选择较高的电压量程,以提高电压挡的内阻。这样虽然指针的偏转角度减小了,但是所得的测量结果更能反映真实情况。即便如此,会产生较大的测量误差。采用复测法可消除此项误差。

⑫万用表的频率特性较差,工作频率范围窄,便携式一般为 $45 \sim 2\ 000\ Hz$,袖珍式大多为 $45 \sim 1\ 000\ Hz$。有的万用表虽然可将频率扩展到一定的范围,但基本误差也会随之增大。例如,MF10型万用表的额定频率范围是 $45 \sim 1\ 000\ Hz$,基本误差为±4%。该表在 $10 \sim 50\ V$ 挡允许将频率扩展到5 000 Hz,但在 $1\ 500 \sim 5\ 000\ Hz$ 的扩展范围内,基本误差增加到±8%。MF64,MF70型万用表的频率特性较好。MF64的10 V挡在 $45\ Hz \sim 20\ kHz$ 内基本误差为±5%,该挡还允许将频率扩展到50 kHz。MF70的交流电压挡频率范围是 $40\ Hz \sim 20\ kHz$,基本误差为±2.5%。这两种表均可测音频电压,例如,测量振荡频率为15 625 Hz电视机行扫描电路。

利用阻容分压器能提高万用表的工作频率上限,其频率特性有所改善。

⑬由于整流元件的非线性,万用表测1 V以下交流电压的误差会增大,因此,大多数万用

表对交流 1 V 以下不再刻度。绝大多数万用表不能测量毫伏级微弱信号,但是利用 50 μA（或 100 μA 挡）,就能测量毫伏级的交、直流电压。此外,还可使用 MF101 型万用表测量毫伏级的交、直流电压。

⑭万用表不能直接测量方波、矩形波、三角波、锯齿波、梯形波等非正弦电压。这是因为万用表交流电压挡实际测出的是交流电经整流后的平均值,而刻度却是按正弦交流电压的有效值来标定的。若被测电压为非正弦波,其平均值与有效值的关系就会改变,因此不能直接读数。但只要掌握了换算规律,用万用表测量周期性非正弦波也是完全可行的。

⑮当被测正弦电压的失真度超过 5% 时,万用表的测量误差会明显增大。

⑯利用专门设计的真有效值万用表,能准确测量失真的正弦波以及各种非正弦波的有效值。

⑰测量频率较高的交流电压时,为避免由万用表与公共地之间存在分布电容而引起的误差,应将黑表笔接被测电路的公共地端。

⑱测量带感抗电路的电压（如日光灯镇流器两端的压降）时,必须在切断电源之前先脱开万用表,防止自感电动势产生高压损坏万用表。

⑲一些万用表上专门绘有电平刻度尺。因为我国通信线路过去采用特性阻抗为 600 Ω 的架空明线,并且通信终端设备及测量仪表的输入、输出阻抗均是按 600 Ω 设计的,所以万用表的电平刻度是利用交流 10 V 挡,并按照 600 Ω 负载特性而绘制。零电平表示在 600 Ω 阻抗上产生 1 mW 的电功率,它所对应的电压为 0.775 V。电平的测量与测交流电压的原理相同。

若被测电路的负载 Z 不等 600 Ω,则应按下式进行修正:

$$实际分贝值 = 万用表 dB 读数 + 10 × lg(600/Z)$$

使用其他交流电压挡测量电平,可扩展测量范围,但读数应进行修正。需要注意的是,万用表只适宜测音频电平。

⑳测量电流时应将万用表串联到被测电路中。测直流电流时应注意正、负极性。若表笔接反指针会反打（很容易碰弯）,此时应改变表笔极性后重测。有的万用表（如 MF64 型）设有正负极性转换开关,测量负电压时只需将功能开关从"+DC"拨至"−DC"位置,可省去调换表笔的麻烦。

㉑测电流时,若电源内阻和负载电阻都很小,应尽量选择较大的电流量程,以降低电流挡的内阻,减小对被测电路工作状态的影响。

㉒采用复测法（即选择同一块万用表两个相邻的电流挡,分别串入被测电路中测出两个数据,再代入公式计算出被测电流的准确值）,可消除电流挡内阻所产生的测量误差。

㉓测量半导体收音机的整机工作电流时,可将电源开关关闭,再把万用表拨至 50 mA 或 100 mA 挡,跨在电源开关两端,利用电流表将电路接通的同时测出整机电流值。测量电视机工作电流时,可取下直流稳压电源的熔丝管,将万用表拨于 2 A 或 5 A 挡,接在熔丝管的位置上,然后开机测量。以上两种方法的优点是测量时不需要对电路进行任何改动。

㉔严禁在被测电路带电的情况下测量电阻,也不允许用电阻挡检查电池的内阻。因为这样会使测量结果不准确,而且易损坏表,甚至危及人身安全。

㉕检测电源中的滤波电容时,应先将电解电容器的正、负极短路,防止大电容上积存的电荷经万用表泄放而烧毁表头。

㉖不要用表笔线来代替导线对大容量电容器进行放电,因为这样很容易烧断芯线。可以

取一只带灯头引线的"220 V、60~100 W"灯泡接于电容两端,在放电瞬间灯泡会闪光。

㉗有的万用表使用几节 1.5 V 电池串联供电,勿将新旧电池搭配使用。

㉘每次更换电阻挡时均应重新调整欧姆零点。若连续使用"R ×1"挡的时间较长,也应重新检查零点。测量时勿使两表笔短路以免空耗电池。工作台仪器摆放和连线要正规整洁。工作台杂乱无序也容易造成表笔短路。

㉙当发现"R ×1"挡时不能调到欧姆零点,应考虑更换电池。注意新电池的极性不得插反,否则可能毁坏万用表。

㉚万用表"R ×10 kΩ"挡最高一般仅能测量 4~5 MΩ 的电阻。利用提升电池电压和增大欧姆中心值的方法,可扩展测量高阻的范围。

㉛电阻挡的刻度是非线性的,越靠近高阻端的刻度越密,读数误差也相应增大。

㉜指针式万用表的电阻挡属于非线性欧姆表。从理论上讲,非线性欧姆表可以测量从 $0 \sim \infty$ Ω(无穷大)任意阻值的电阻,实际不然。当指针偏转到刻度盘两端位置,即被测电阻 $R_x \gg R_0$ 或 $R_x \ll R_0$ 时,测量误差将会明显增大,甚至使测量结果失去意义。一般来说,电阻挡的正常使用范围是 $0 。 R_0 \sim 10 R_0$(对应指针偏角为 82°~8°),但从保证测量准确度的角度来考虑,电阻挡的合理使用范围应是 $R_0/4 \sim 4 R_0$(对应指针偏角为 72°~18°)。这一点务必请测量人员注意。举例说明:500 型万用表"R ×1 kΩ"挡的欧姆中心值为 10 kΩ,适于测量 2.5~40 kΩ 的电阻,低于 2.5 kΩ 可用"R ×100"挡,高于 40 kΩ 可选"R ×10 k"挡测量。这样测量误差较小。

㉝测量晶体管、稳压二极管、电解电容器等有极性元器件的等效电阻时,必须注意两表笔的极性。使用电阻挡,红表笔(即正表笔,其插座上标有"+")接表内电池的负极带负电;黑表笔(即负表笔,其插座上标有"−"或"＊")接电池的正极带正电。倘若表笔接反了,测量结果会截然不同。

㉞采用不同倍率的电阻挡去测量非线性元器件的等效电阻(如二极管的正向电时),各挡测出的电阻值也不同。因为"R×1""R×10""R×100""R×1 k"挡一般共用一节 1.5 V 电池,而各挡欧姆中心值不同,所以通过被测元器件的测试电流(也称为负载电流)也不相等。二极管伏安特性呈非线性,正向电流越大,正向电阻就越小。如用"R×1"挡测出的正向电阻最小,用"R×1 k"挡测出的正向电阻较大,这属于正常现象。

㉟万用表的"R×10 k"挡大多采用 9,12,15 V 叠层电池,个别万用表(如 MB 型)采用 22.5 V 电池。"R×10 k"挡的电池电压较高,不宜检测耐压很低的元件(如耐压 6 V 的小型电解电容器),以免毁坏元件。

㊱不得使用电阻挡直接测量高灵敏度表头和检流计的内阻,以免烧毁动圈或打弯指针。

㊲用万用表检测热敏电阻时,应考虑电流的热效应会改变热敏电阻的阻值,这在"R×1"挡尤为显著。热敏电阻分为负温度系数型(NTC)和正温度系数型(PTC)两种。测热敏电阻时不得用手捏住电阻表面;否则,人体温度也会改变阻值。

㊳当在线测量电路中元器件的电阻时,必须考虑与之并联电阻的影响。可焊下被测元器件的一端使之开路后再测。对晶体管则应脱开两个电极后再测。

㊴测量低阻时,应把被测电阻的引出端用小刀或砂纸刮干净,使表面露出金属光泽,尽量减小接触电阻。低阻挡耗电较大,测量时间应尽量短。

㊵为扩展电阻挡的量程,有的万用表(如 500 A 型)增设了 DΩ 挡。专门测量低阻值的电阻。该电阻挡的原理结构比较特殊,欧姆零点位于刻度尺的左端,与普通欧姆表的读数习惯正好相反,因此,也称为倒欧姆表。倒欧姆表在表笔开路时指针偏转角度为最大,耗电最多,而在正常测量时耗电较少。因此,一旦拨到该挡,即使放置不用也会耗电。

㊶国产 MF64,MF79,MF101,MF129 型万用表均设有检查电池负载电压挡,符号为 BAT,BATT 或 BATTCHECK,有专用刻度表示干电池的电量和带负载能力。可用该挡检查干电池的质量好坏和电量是否充足。

㊷使用内置运放的万用表之前,需分别进行机械调零和放大器调零。

㊸有的万用表产品(如 508 型),利用交流 220 V 电压测量电容量和电感量。测量时先将 L,C 插孔(+、-)短路,然后加上 220 V 电源。若电压偏高或偏低,应调整 RLC 短路旋钮使指针满度。再切断电源取下短路线,接上被测 C(或 L)。最后接通电源即可读数。

操作时应注意安全;还应注意该表不能测电解电容器,也不能测耐压低于 400 V 的电容器,以防击穿。MF116 型万用表的"10 V～"挡兼用来测电容、电感。也有的万用表(如 MF1040 型)是利用电阻挡粗测电容。

㊹508,MF30,MF50,MF116 型万用表是根据交流分压的原理,利用交流电压挡测量电容、电感,有的在表盘上绘制专用刻度线,也有的在说明书中给出辅助刻度线。测量范围为 1 000 pF～0.022 μF,0.5～1 000 H(分挡)。但万用表说明书中一般不标明电容挡和电感挡的测量误差。

㊺DY1-A 型万用表的 C,L 挡不是采用交流分压原理,而是把被测电容或电感构成多谐振荡器,再经过放大器、单稳电路和整流器去推动表头。因此,该表测量 C,L 的准确度较高。

㊻万用表的 LV,LI 刻度值是在电池电压 $E = 1.5$ V 时绘制的,当 E 偏离 1.5 V 时读数值仅供参考。

㊼更换万用表内部的熔丝管时,必须选用同规格(熔断电流及外形尺寸相同)的熔丝管。

㊽万用表长期不用应取出电池,避免电池变质,渗出电解液腐蚀印制板。

㊾电池夹接触电阻较大时,"R×1"挡将无法调零。若发现电池夹弹性变差,可用尖嘴钳把簧片夹弯以增强弹性。应及时清理电池夹锈蚀处。

㊿干燥时表盘玻璃易产生静电使指针呆滞,或停在某一位置不返回零点。可用沾水干净布或棉球揩拭,使静电荷经人体导入大地,使表指针回零。

51有些万用表的表笔端较粗,检测电子线路时容易造成短路。可用锉刀将笔端修尖或换用较尖的表笔。如果表笔端太长可用绝缘胶布缠几层,或者套一端塑料管仅露出笔尖部分,防止使用时不慎短路。

52万用表应定期(每隔半年或一年)校验。若无专用校验仪,可用 3 h 位数字万用表代替。电阻挡也可用标准电阻箱校准。校验时环境温度应保持在(20±5)℃[有的万用表要求(20±2)℃]。

2.9　直流稳压电源原理与使用

直流稳压电源是一种能够为电子电路提供电能的仪器设备。当电网电压或负载发生变化时,直流稳压电源能够自动调整,保持输出电压基本不变。稳压电源的技术指标有很多,主要有稳压系数、输出阻抗等。其输出电压的稳定度直接影响被测电路的工作状态和测量误差的大小。

直流稳压电源根据其工作原理分为线性电源和开关电源两大类。线性电源与开关电源相比,前者稳压效果较好,后者效率较高。两者的使用都比较广泛。模拟电路实验时使用线性电源较多。故下面仅对线性电源做简要介绍。

2.9.1　线性稳压电源的工作原理

线性稳压电源的基本构成,如图 2.30 所示。在直流稳压电源中,首先使用变压器降压,将电网供给的 220 V、50 Hz 交流市电变换为所需幅值的交流电压;然后整流,由整流电路将交流电压变换为直流脉动电压,再经过滤波电路将直流脉动电压平滑;最后是稳压部分,经过直流稳压电路输出稳定的直流电压。

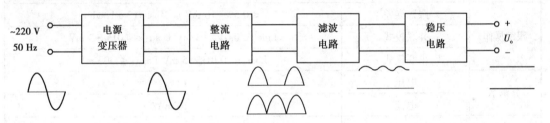

图 2.30　线性稳压电源的组成框图

常见的整流和滤波电路有半波整流电容滤波电路、全波整流电容滤波电路和桥式整流电容滤波电路。稳压电路有硅稳压管稳压电路、串联型晶体管稳压电路和集成稳压电路等。

2.9.2　SPD3303C 可编程线性直流电源

SPD3303C 是一款 LED 显示屏幕的可编程线性直流电源,轻便,可调,多功能工作配置。它具有 3 组独立输出:两组直流稳压(CV)稳流(CC)电源(可调电压、电流值)和 1 组固定可选择电压值 2.5,3.3 和 5 V,同时具有输出短路和过载保护、稳压和稳流两种状态,可随负载变化自动转换;可在跟踪状态下实现主从工作。双路稳压电源,有独立、串联、并联 3 种工作方式,可以一机多用,扩大使用范围。

1)性能指标
SPD3303C 可编程线性直流电源性能指标,见表 2.2。

表2.2 SPD3303C可编程线性直流电源性能指标

输出额定值	CH1,CH2 独立	0~32 V,0~3.2 A
	CH1,CH2 串联	0~60 V,0~3.2 A
	CH1,CH2 并联	0~32 V,0~6.4 A
	CH3	2.5 V/ 3.3 V/5.0 V,0~3.2 A
恒压模式	电源调整率	≤0.01%+3 mV
	负载调整率	≤0.01%+3 mV
	纹波和噪声	≤1 mVrms(5 Hz~1 MHz)
	恢复时间	≤50 μs(50% 加载,最小加载 0.5 A)
	温度系数	≤300×10⁻⁶/℃
横流模式	电源调整率	≤0.2%+3 mA
	负载调整率	≤0.2%+3 mA
	纹波和噪声	≤3 mArms
CH3	线性调整率	<0.01%+3 mV
	负载调整率	<0.01%+3 mV
	纹波和噪声	≤1 mVrms(5 Hz~1 MHz)
跟踪操作	跟踪误差	≤0.5%+10 mV of Master(No Load)
	并联模式	Line:≤0.01%+3 mV Load:≤0.01%+3 mV
	串联模式	Line:≤ 0.01%+5 mV Load:≤ 300 mV
分辨率	电压	10 mV
	电流	10 mA
显示	电流表	3.2 A full scale, 3 digits LED display
	电压表	32 V full scale, 4 digits LED display
精确度	设定精度	Voltage:±(0.5% of reading + 2 digitals) Current:±(0.5% of reading + 2 digitals)
	回读精度	Voltage:±(0.5% of reading + 2 digitals) Current:±(0.5% of reading + 2 digitals)
绝缘度	底座与端子间	20 MΩ or above(DC 500 V)
	底座与交流电源线间	30 MΩ or above(DC 500 V)

2)控制面板说明

SPD3303C可编程线性直流电源面板,如图2.31所示。

3)输出工作方式

SPD3303C系列可编程线性直流电源有3组独立输出:两组可调电压值和一组固定可选择电压值2.5,3.3和5 V。

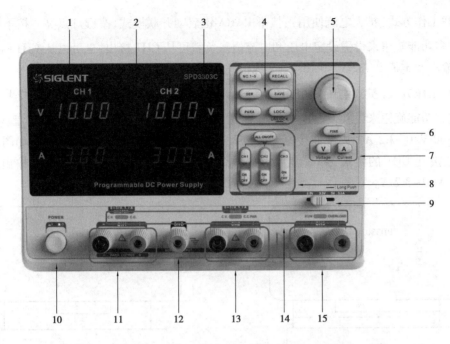

图 2.31 SPD3303C 可编程线性直流电源面板

1—品牌 LOGO;2—显示界面;3—产品型号;4—系统参数配置按键;

5—多功能旋钮;6—细调功能按键;7—左右方向按键;8—通道控制按键;

9—CH3 挡位拨码开关;10—电源开关;11—CH1 输出端;12—公共接地端;

13—CH2 输出端;14—CV/CC 指示灯;15—CH3 输出端

（1）独立/并联/串联

SPD3303C 具有 3 种输出模式:独立、并联和串联。由前面板的跟踪开关来选择相应模式。在独立模下,输出电压和电流各自单独控制;在并联模式下,输出电流是单通道的 2 倍;在串联模式下,输出电压是单通道的 2 倍。

独立工作方式,并联键 $\boxed{\text{PARA}}$ 和串联键 $\boxed{\text{SER}}$ 关闭,设置 CH1/CH2 输出电压和电流,输出电压和电流各自单独控制,得到两组完全独立的电源。输出额定值 0~32 V,0~3.2 A。内部连接原理如图 2.32 所示。

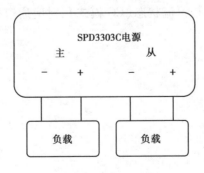

图 2.32 独立状态

CH3 输出电压只可选择 2.5,3.3,5 V,电流不可调。额定值为 2.5 V/3.3 V/5 V,3.2 A。独立于 CH1/CH2。

　　并联工作方式(扩大电流使用):按下 $\boxed{\text{PARA}}$ 键启动并联模式,按键灯点亮。按下 $\boxed{\text{CH1}}$ 开关,通过多功能旋钮来设置设定电压和电流值。负载可从 CH1 接出,也可以从 CH1+和 CH2-接出。输出额定值 0~32 V/0~6.4 A。内部连接原理如图 2.33 所示。

　　串联工作方式(扩大电压使用):按下 $\boxed{\text{SER}}$ 键启动串联模式,按键灯点亮。按下 $\boxed{\text{CH1}}$ 开关,通过多功能旋钮来设置设定电压和电流值,两路输出预置电流应大于使用电流。输出额定值 0~60 V/0~3.2 A。内部连接原理如图 2.34 所示。如果电源的中间接地端,如图 2.31 中的 12,连接到 CH1 的负端,那么就可形成一个电压绝对值相等的正负电源。输出额定值 -30~30 V/0~3.2 A。

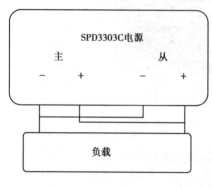 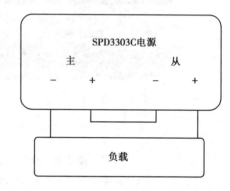

图 2.33　并联状态　　　　　　　　　　　图 2.34　串联状态

(2)恒压/恒流

　　恒压模式下,输出电流小于设定值,输出电压通过前面板控制。前面板指示灯亮绿灯(CV),电压值保持在设定值,当输出电流值达到设定值时,则切换到恒流模式。

　　恒流模式下,输出电流为设定值,并通过前面板控制。前面板指示灯亮红色(CC),电流维持在设定值,此时电压值低于设定值,当输出电流低于设定值时,则切换到恒压模式(在并联模式时,辅助通道固定为恒流模式,与电流设定值无关)。

(3)输出电源

　　当设置完成后,连接负载的电源线"+""-"接到对应的位置,按下对应通道的"ON/OFF"键,将按键灯点亮。对应通道输出即完成。此时,显示屏上显示的是直流源输出的实时电流电压值,对应通道亮红灯表示是恒流状态(CC 模式)、对应通道亮绿灯表示是恒压状态(CV模式)。

第 **3** 章
基础验证性实验

模拟电路基础验证性和训练性实验主要是针对电子技术在本门学科范围内理论验证和实际技能的培养,着重奠定基础。这类实验就是要训练学生熟练掌握常用电子仪器来完成基本的单元电路的验证和测试实验,因此,除了要巩固和加深重点的基础理论外,更要帮助学生认识这些电路的工作现象,使其不仅能掌握基本实验知识,还能培养他们掌握基本实验方法和基本实验技能。

在本章中,我们准备了 12 个模拟电路重要的单元电路实验作为基本技能的培训,读者可根据自己的情况选择安排教与学。

实验 1 常用低频电子仪器的调整和使用

1) 实验目的

①通过本实验,了解双踪示波器、函数信号发生器、交流电压表的主要技术指标、性能和仪器面板上的各旋钮的功能。

②初步掌握使用示波器观察正弦波、三角波和方波以及这些波形的基本参数的测量方法。

③学会正确使用其他仪器,如能使用函数信号发生器产生符合要求的信号;能使用交流电压表测量交流电压有效值等。

④掌握直流稳压电源和数字式万用表的使用方法。

2) 实验仪器及材料

①函数信号发生器。

②双踪示波器。

③交流电压表。

④数字万用表。

3) 实验原理及预习要求

(1)实验原理

模拟电子实验经常使用的电子仪器有示波器、函数信号发生器、直流稳压电源、交流毫伏表等。它们和万用表一起,可以完成对模拟电子电路的静态和动态工作情况测试。有关这些仪器的一般工作原理和使用方法,可参照前面章节叙述。

实验中要对各种电子仪器进行综合使用,按照信号流向,以连线简捷、调节顺手、观察与读数方便等原则进行合理布局。接线时应注意"共地"。信号源和交流毫伏表的引线通常用屏蔽线或专用电缆线,示波器接线使用专用电缆线,直流电源的接线可使用普通导线。

（2）预习要求

认真阅读《常用的仪器仪表》章节,了解:

①双踪示波器的原理和使用方法。

②函数信号发生器的原理和使用方法。

③交流电压表的测量原理。

④万用表的原理和使用规范。

4）实验内容及步骤

熟悉双踪示波器各旋钮的作用并进行调整练习。

（1）测量示波器内的校准信号

用机内校准信号（方波 $f=1$ kHz±2%）,电压幅度（1 V±30%）对示波器进行自检。

①调出"校准信号"波形。将示波器校准信号输出端通过专用电缆线与 CH1（或 X 通道）输入插口接通,调节示波器各有关旋钮,在荧光屏上可显示出一个或数个周期的方波。

②校准"校准信号"幅度、频率。

③测量"校准信号"的上升时间和下降时间。

将读取校准信号幅度、频率、上升时间和下降时间,记入表 3.1。

表 3.1　校准信号的测定

测试项	标准值	实测值	测试项	标准值	实测值
幅度	$1V_{\text{pp}}$		上升沿时间	≤2 μs	
频率	1 kHz		下降沿时间	≤2 μs	

（2）用示波器和交流毫伏表测量信号参数

把函数信号发生器、双踪示波器和交流电压表连在一起,完成以下测试:

①函数信号发生器选择"正弦波"挡使其产生正弦波,观察正弦波波形,并使用数字交流毫伏表测量表 3.2 中对应的输出信号的幅度有效值（V_{rms}）,并将测量结果填入表 3.2。

②函数信号发生器选择"正弦波"挡使其产生正弦波,观察正弦波波形,并使用双踪示波器测量表 3.2 中对应表格所示的输出信号的周期和电压峰峰值（V_{pp}）,并将测量结果填入表 3.2。

③函数信号发生器选择方波挡,请观察方波信号波形,并测量方波信号的幅度,将测试数据填入表 3.2。

④函数信号发生器选择锯齿波挡,请观察锯齿波信号波形,并测量锯齿波信号的周期,将测试数据填入表 3.2。

表 3.2　频率-周期-幅值测量表

波形	频率	100 Hz	1 kHz	5 kHz	67 kHz	1 MHz
正弦波	周期					
	幅度有效值(V_{rms})		60 mV		457 mV	
	幅度峰-峰值(V_{pp})	2.828 V		20 V		6.8 V
方波	幅度峰-峰值(V_{pp})					
锯齿波	周期					

（3）仪器通频带测试

把函数信号发生器、双踪示波器、交流电压表和万用表连在一起,完成以下测试:

①在函数信号发生器中选择正弦波挡,将输出正弦波信号频率调整为 1 kHz、输出信号电压幅度有效值为 6 V_{rms}。调节示波器屏幕上被测信号的幅度,可调节微调旋钮使其(垂直分量)为 6 大格,并保持波形周期为 1~2 个完整周期,以方便观察。

②按照表 3.3 中第一栏改变正弦波信号的频率,用交流毫伏表测量出相应的电压值,填入表 3.3 中。

③利用表 3.3 中的数据画出对应的 V-f 曲线。

表 3.3　仪器通频带测试

信号频率/Hz	10	25	50	100	500	1 000	1 200	1 500	10 k	200 k
交流毫伏表读数/V										
万用表读数/V										

5) 实验报告及问题讨论

①认真学习每一种仪器的使用说明书,熟悉每一个旋钮的功能和使用方法;认真掌握每种仪器与被测信号的被测点之间的连接方法,以及同时使用几种仪器与被测电路的连接方法。

②根据实验记录,列表整理,并描绘观察到的波形图。

③用交流电压表测量交流电压时,信号频率的高低对读数有无影响? 能否用 EE1912 型交流电压表测量 25 Hz 以下的交流电压? 为什么不用一般的万用表的交流挡来测量高频交流电压?

④方波波形在高频(如 1 MHz)时,和理论波形有什么差别? 是否可以用信号发生器的谐波发生模拟?

实验 2 常用电子元器件的识别与测量

1) 实验目的

①了解常用电子元器件晶体二极管、晶体三极管、电阻器、电容器的性能、规格与命名方法。

②观察晶体二极管的特性在电路中的应用。

③学习稳压二极管在电路中的作用及其参数和稳压值的关系。

④观察晶体三极管的特性。

2) 实验仪器及材料

①函数信号发生器。

②双踪示波器。

③交流电压表。

④数字万用表。

⑤模拟电路元器件包、面包板、导线。

3) 实验内容

(1)了解各半导体分立元件和测试方法

了解有关半导体分立元件的命名方法、电阻器、电容器的性能、规格与分类的基本知识,辨认电阻器、电容器的类别和学习参数的测试方法。

(2)掌握色环电阻器和电容的辨认与测试方法

①用万用表测量所给的电阻的阻值并与识别的色码数值对照。

②用万用表测量所给的电容(电解电容和其他电容),判别质量好坏。

(3)学习元器件安装和焊接的基本知识

(4)使用万用表简易测试晶体管

①半导体二极管的判别方法。

用万用表的二极管挡或蜂鸣挡,测量二极管的两个管脚,正反各测一次可以判别它们的极性和好坏。如果一个方向电阻较小(通常几百欧姆),另一个方向电阻超量程,则二极管是好的。若两次电阻值都较小,说明二极管失去了单向导电性;若两次电阻均为无穷大,说明管子内部已断路。

经测量,若二极管的单向导电性能良好,可进一步判定管子的极性。即测量阻值较小时,与红表笔相接的为二极管正极,与黑表笔相接的为二极管负极。

②晶体三极管的判别方法。

使用万用电表测量管子各极间的电阻值,可判断三极管的类型(NPN 或 PNP),并区分 3 个电极。具体方法如下:

第一步,先确定基极。一般把万用表置于二极管挡或蜂鸣挡,分别测量任意两极间正反向各一次,记下阻值。其中,必然有一极与另外两极之间的阻值在某方向时同时为低阻值(通常几百欧);交换表笔再测,又会同时为高阻值(超量程),可以判断这个极就是基极,若不存在,说明管子已损坏。

第二步,判断管子类型。若"+"表笔(即红表笔)接基极,与另外两极之间为低阻值时,说明是 NPN 管;为高阻值时,则是 PNP 管。

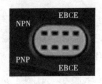

图 3.1　万用表三极管测试区

第三步,区分发射极和集电极。将万用表置于 h_{FE} 挡位,如图 3.1 所示,然后将三极管按照 NPN 管或 PNP 管插入三极管 β 值测量区,基极插入 B 点,如果万用表没有读数,证明发射极 E 和集电极插错了,拔出来后再反着插,此时万用表读数为三极管的 β 值。此时,C 对应的就是三极管的集电极,E 对应的就是三极管的发射极。

(5)用示波器测二极管的伏安特性曲线

如图 3.2 所示。X 轴接 CH1 或 X 通道,Y 轴接 CH2 或 Y 通道,用示波器的 X-Y 模式来观察。

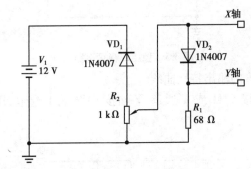

图 3.2　用示波器测二极管的伏安特性曲线连接图

(6)二极管半波整流电路

在多功能实验板(面包板)上按照图 3.3 连接电路。在信号发生器中产生一个 $U_i = 10 \sin \omega t$ V,频率 $f = 200$ Hz 的正弦信号,将它送到电路输入端进行连接,然后用示波器双踪显示,在两个通道 CH1 和 CH2 上分别连接输入信号和输出信号;观察这两个波形并记录它们的周期和幅值。

(7)二极管钳位电路

在多功能实验板(面包板)上按照图 3.4 连接电路。在信号发生器中产生一个 $U_i = 10 \sin \omega t$ V,频率 $f = 200$ Hz 的正弦信号,将它送到电路输入端进行连接,然后用示波器双踪显示,在两个通道 CH1 和 CH2 上分别连接输入信号和输出信号;观察这两个波形并记录它们的周期和幅值。

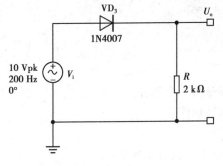

图 3.3　半波整流电路

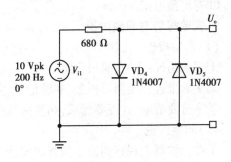

图 3.4　二极管钳位电路

（8）稳压二极管电路

在多功能实验板（面包板）上按照图 3.5 连接电路。在信号发生器中产生一个 $U_i = (0.1\sin\omega t+9)$ V，频率 $f=200$ Hz 的正弦信号，将它送到电路输入端进行连接，然后用示波器双踪显示，用两个通道 CH1 和 CH2 上分别连接输入信号和输出信号；观察这两个波形并记录它们的周期和幅值。将示波器打到 AC 挡，观察输入和输出纹波幅值。请计算并调节幅值和限流电阻，使 R_L 上的纹波最小。

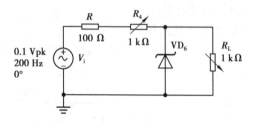

图 3.5　稳压二极管电路

（9）用示波器测三极管的输出特性曲线

如图 3.6 所示。X 轴接 CH1 或 X 通道，Y 轴接 CH2 或 Y 通道，用示波器的 X-Y 模式来观察。

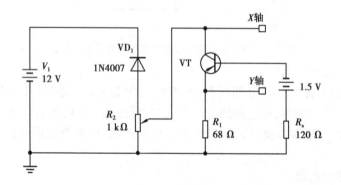

图 3.6　用示波器测三极管的输出特性曲线连接图

4）实验预习要求

①预习常用电子元器件的有关章节，对本实验的所有电路图的内容自己拟定实验步骤。

②指出本实验应用哪些仪器设备，其用途是什么？

③写出预习报告。

5）实验报告与问题讨论

（1）实验报告

①要求用统一的实验报告纸。

②实验报告包括预习报告、实验记录、实验结果分析 3 个部分。

③字迹要清晰，纹理要通顺，用坐标纸绘出所测波形图。

（2）问题讨论

①在示波器上观察到的二极管伏安特性曲线，单位和数值是多少？

②如何设计稳压二极管所构成的稳压电路，使纹波最小？

③要看不同的 I_B 所形成的三极管输出特性曲线，应如何设计电路？

实验 3　单级低频放大器

1) 实验目的
①进一步熟悉几种常用低频电子仪器的使用方法。
②掌握单级放大器静态工作点的调测方法。
③观察静态工作点的变化对输出波形的影响。
④学习电压放大倍数及最大不失真输出电压幅度的测试方法。

2) 实验仪器及材料
①函数信号发生器。
②双踪示波器。
③交流电压表。
④数字万用表。
⑤模拟电路元器件包、面包板、导线。

3) 实验原理及预习要求

(1) 实验原理

放大器的基本任务是不失真地放大信号,即实现输入变化量的控制作用。要使放大器正常工作,除了必须有保证晶体管正常工作的偏置电压外,还须有合理的电路结构形式和配置恰当的元器件参数,使得放大器工作在放大区内,即必须设置合适的静态工作点 Q。若静态工作点设置得过高,会引起饱和失真,如图 3.7 所示中的 Q_1 点;若静态工作点设置得太低,会造成截止失真,如图 3.7 所示中的 Q_3 点。

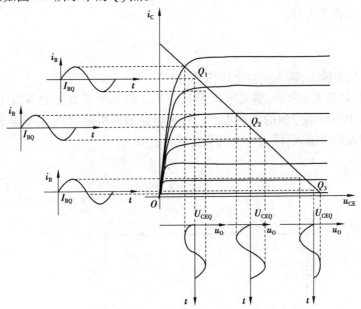

图 3.7　静态工作点不合适引起放大器失真

对于小信号单级放大器而言,由于输出交流信号幅度很小,非线性失真不是主要问题,可根据具体要求设置工作点。例如,如希望放大器耗电小,噪声低,工作点 Q 可适当选低一些;

如希望放大器增益高,工作点可适当选高一些。如果输入信号幅度较大,则要保证输出波形基本不失真,此时的工作点应选在交流负载线的中点,以获得最大不失真的输出电压幅度,如图 3.8 所示。

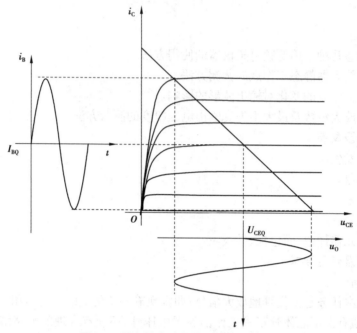

图 3.8　具有最大动态范围的静态工作点

衡量单级放大器性能的主要指标如下:

①电压放大倍数:电压放大倍数定义为放大电路输出电压变化量的幅值与输入电压变化量的幅值之比。其表达式为:

$$A_V = \frac{v_o}{v_i}$$

式中　v_o, v_i——代表输出、输入正弦电压信号的有效值。

②输入电阻:如图 3.9 所示,输入电阻是从放大器输入端看进去的等效电阻(或等效阻抗),它表明放大电路对信号源的影响程度。放大电路输入电阻越高,对信号源的影响越小,输入信号就越接近恒压输入,即 $v_i \approx v_s$,其表达式为:

$$R_i = \frac{v_i}{i_i}$$

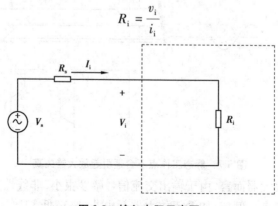

图 3.9　输入电阻示意图

③输出电阻：如图 3.10 所示，从放大器输出端看进去的等效电阻称为输出电阻，它表明放大电路带负载的能力，输出电阻越小，带负载的能力越强。其表达式为：

$$R_o = \dfrac{v_o}{i_o}\bigg|_{v_s=0,\,R_L=\infty}$$

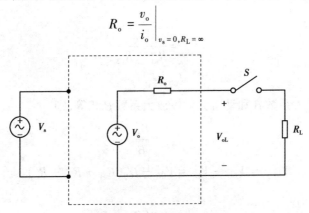

图 3.10　输出电阻示意图

单级共射极低频放大电路是由分立元件组成的，它是放大器中最基本的单元电路之一，本实验采用的是分压式工作点稳定电路，它具有自动调节静态工作点的能力。在元件参数已确定的条件下，当温度变化或外界某种条件发生变化时（如更换晶体三极管，使 β 值发生变化），均能保证 V_B 基本稳定不变，从而使静态工作点保持基本不变。

实验电路如图 3.11 所示。

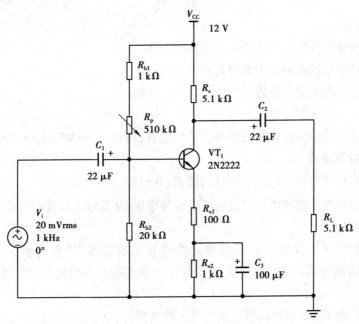

图 3.11　单级低频放大器实验电路图

在元件参数已确定的情况下，该电路的一般工程估算如下：

a.静态参数。

发射极电压一般取 $V_E = (0.1 \sim 0.3) V_{CC}$，或取 $V_{EQ} = 1 \sim 3\ \text{V}$。

当满足 $I_B \ll I_{B1}$ 时，

$$V_B = V_{CC} \frac{R_{b2}}{R_{b1} + R_{b2} + R_p}$$

同时，

$$I_{EQ} = \frac{V_{EQ}}{R_{e1} + R_{e2}}$$

$$I_{CQ} \approx I_{EQ}$$

令静态共射极放大系数 $\bar{\beta}$ 和动态共射极放大系数 β 相等，则，

$$I_{BQ} = \frac{I_{CQ}}{\beta}$$

$$V_{CEQ} \approx V_{CQ} - V_{EQ} = V_{CC} - I_{CQ}(R_{e1} + R_{e2} + R_c)$$

b.动态参数。

$$A_V = \frac{u_o}{u_i} = -\frac{\beta(R_c /\!/ R_L)}{r_{be} + (1 + \beta)R_{e1}}$$

其中，$r_{be} = r_{bb'} + (1+\beta)\dfrac{26}{I_{EQ}}$。

而低频管 $r_{bb'} \approx 300\ \Omega$，高频管 $r_{bb'} \approx 30 \sim 50\ \Omega$，

$$R_i = (R_{b1} + R_p) /\!/ R_{b2} /\!/ [r_{be} + (1 + \beta R_{e1})]$$

$$R_o = R_c$$

（2）预习要求

①预习几种常用低频电子仪器的正确使用方法。

②预习教材中单级共射放大电路的有关内容。

③掌握小信号低频放大器静态工作点的选择原则。

④阅读本实验的全部内容。

⑤按照实验电路的元件参数估算电压放大倍数（假设 $r_{bb'} \approx 300\ \Omega$，设 $\beta = 50$）。

4）实验内容及步骤

①打开直流稳压电源，设置输出电压，使 $V_{CC} = +12\ V$。

②用函数信号发生器产生一个交流正弦信号电压，使其输出幅度有效值为 $V_i = 20\ mV$，信号频率为 $f = 1\ kHz$。

③按照实验原理图在面包板上布放元器件并完成连线，检查无误后，接入电源 $V_{CC} = +12\ V$，在放大电路的输入端口输入交流信号 V_i，又在其输出端口接上示波器探针以便观察输出波形。

④调节电位器 R_p，观察示波器上是否显示放大器输出波形。由于电位器 R_p 初始电阻值不同，可能使三极管共射电路工作在截止区，导致没有正常输出波形。如果调节电位器 R_p 依然没有正常输出，请检查电路元器件是否放置正确，电路是否连接错误，查找错误后，正确连接，直到电路有正常输出。

在上述操作准备好之后，调节电位器 R_p，使 $R_p + R_{b1}$ 的阻值分别处于逐渐增大（阻值较大）、阻值适中、逐渐减小（阻值较小）等几种不同状态，再分别测出对应上述各状态下的工作

点 V_{EQ}，V_{CQ}，$V_{CEQ} = V_{CQ} - V_{EQ}$，$I_{CQ} \approx I_{EQ} = \dfrac{V_{EQ}}{R_{e1} + R_{e2}}$，并描绘所观察到的波形，若波形失真，判断属于何种失真，再将数据填入表 3.4。

表 3.4　静态工作点测量

R_p 阻值	测试项目					
	V_{CQ}	V_{EQ}	V_{CEQ}	I_{CQ}	记录输出波形	判断输出状态
阻值较大						
阻值适中						
阻值较小						

⑤电压放大倍数的测试。调节 R_p，使输出波形基本上不失真，再用交流电压表分别测出当 $R_L = \infty$ 与 $R_L = 5.1$ kΩ 时的输出电压 v_o，算出放大□□□□□□出电压波形，将测试数据填入表 3.5 中。

表 3.5　电压放大□□

R_L 阻值	v_i	v_o		输出波形
$R_L = \infty$				
$R_L = 5.1$ kΩ				

⑥测量电路的最大电压放大倍数和最大不失真输出电压幅度。

a.当 $R_L = 5.1$ kΩ 时，输入 $V_i = 20$ mV，$f = 1$ kHz 的正弦信号，调节 R_p，使输出波形放大，继续调节 R_p，使之产生失真，然后反向调节 R_p，使得输出刚好不失真，此时输出幅值最大，因而电压放大倍数最大。测量此时的静态工作点及输出电压 V_o，计算出放大倍数 A_V。

b.在掌握了上述最大输出波形调节方法后，逐渐增大 V_i，继续观察输出波形有无失真，若失真，则调节 R_p 使其不失真，当增大 V_i 到使其正、负峰同时出现削顶失真时，则须减小输入信号 V_i，并反复调节 R_p，直至输出电压波形的正、负峰刚好同时退出削顶失真为止。此时的工作点已位于交流负载线中点，测出的 V_i 即为放大器的最大允许输入电压幅值，同时 V_o 即为最大不失真输出电压幅值。测量此时的静态工作点及输出电压 V_{om}，计算出放大倍数 A_{Vm}。与 a 比较 V_o，V_{om}，A_V 和 A_{Vm}，思考产生它们的不同之处和相同之处的原因。

⑦测量电路的频带宽度。

当 $R_L = 5.1$ kΩ 时，输入 $V_i = 20$ mV，$f = 1$ kHz 的正弦信号，调节 R_p，获得一个放大后不失

真的正弦波,测量输出电压 V_o。减小调节输入信号频率,观察输出信号幅值,当达到 1 kHz 输出幅值的 0.7 倍时,记录输入频率,此时为下限截止频率 f_L。

增大调节输入信号频率,观察输出信号幅值,当达到 1 kHz 输出幅值的 0.7 倍时,记录输入频率,此时为上限截止频率 f_H。多记录几个频率的数据,以及部分频带外的数据,画出幅频特线图,见表3.6。

表 3.6　通频带测量

频率/Hz	...	f_L	100	1 kΩ	10 kΩ	50 kΩ	100 kΩ	f_H	...
输出幅值 V_o									

5)实验报告及问题讨论

(1)实验报告

①整理实验数据,正确填写表格。

②总结 R_p 的变化对静态工作点及输出波形的影响,分析波形失真的原因。

③将电压放大倍数的实验数据与估算值进行比较,若有误差,分析其原因。

(2)问题讨论

①使用由 NPN 管和 PNP 管组成的放大器,其输出电压的饱和失真波形与截止失真波形是否相同?

②静态工作点偏高(或偏低)是否一定会出现饱和或截止失真?为什么?若出现失真,应如何调节予以消除?

③在 $R'_L = R_c /\!/ R_L$ 时,最大允许输出电压波形不失真,但若断开 R_L,此时该波形可能出现什么变化?

实验 4　射极输出器的测试

1)实验目的

①熟悉射极输出器电路的特点。

②进一步熟悉放大器输入、输出电阻和电压增益的测试方法。

2)实验仪器及材料

①函数信号发生器。

②双踪示波器。

③交流电压表。

④数字万用表。

⑤模拟电路元器件包、面包板、导线。

3)实验预习要求

①复习射极输出器电路。

②了解射极输出器在放大电路中作为输入级、输出级、中间级时所起的作用。

4) 实验电路

射极输出器的电路如图 3.12 所示。

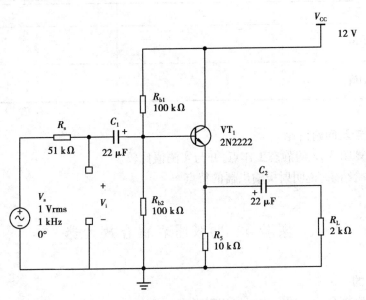

图 3.12 射极输出器

注意：实验中若发现寄生振荡，可在 VT$_1$ 管 cb 间接 30 pF 的电容。

5) 实验内容及步骤

①测试静态工作点，将结果填入表 3.7 中。

表 3.7 静态工作点

待测参数	V_B	V_E	V_C
理论值			
实测值			

②测量电压放大倍数：实验电路中的 R_s 代替信号源内阻，输入信号的频率为 1 kHz，输入信号的幅度选择应使电路输出在整个测量过程中不产生波形失真，在不接负载电阻，即 $R_L = \infty$ 和接负载电阻 $R_L = 2$ kΩ 情况下，将测量结果填入表 3.8 中。

表 3.8 电压放大倍数

待测参数	$R_L = \infty$	$R_L = 2$ kΩ				
	V_∞	V_i	V_o	V_s	$A_V = V_o/V_i$	$A_{V_s} = V_o/V_s$
理论值						
实测值						

③放大器的输入、输出电阻(测量方法参考实验 10),负载电阻 $R_L = 2\ k\Omega$,将测量结果填入表 3.9 中。

表 3.9　输入、输出电阻

待测参数	R_i	R_o
理论值		
实测值		

6)实验报告及问题讨论

①理论计算图 3.12 的静态工作点,并与实测值比较。

②整理实验结果,说明射极输出器的特点。

实验 5　两级阻容耦合放大器

1)实验目的

①了解阻容耦合放大器级之间的相互影响。

②学会两级放大器的调整方法及性能指标的测试方法。

③了解放大器静态工作点对输出动态范围的影响。

2)实验仪器及材料

①函数信号发生器。

②双踪示波器。

③交流电压表。

④数字万用表。

⑤模拟电路元器件包、面包板、导线。

3)实验原理及预习要求

(1)实验原理

阻容耦合方式的多级放大电路是多级放大器中常见的一种,其特点是它们的各级直流工作点相互独立,可分别进行调整。由于各级大多数采用工作点稳定电路,使得整个放大器的性能比较稳定。

在阻容耦合多级放大器中,由于输出级的输出电压和输出电流都比较大,因此输出级的静态工作一般都设置在交流负载线的中点,这样能获得最大动态范围或最大不失真输出电压幅值。

本实验电路为两级阻容耦合放大器,如图 3.13 所示。利用级间接插件改变放大器为单级或级联状态,以满足实验任务的要求。

两级阻容耦合放大器逐级对信号进行放大,前级的输出电压作为后级的输入电压,因而两级放大器的总电压放大倍数为 $A_V = \dfrac{V_{o1}}{V_{i1}}\dfrac{V_{o2}}{V_{o1}} = A_{V1}A_{V2}$,即两级放大器的总电压放大倍数等于各级放大倍数的乘积。这里所指的各级放大倍数已考虑了级间的相互影响。在处理级间影响时，可将前级的输出电阻作为后级的信号源电阻；而后级的输入电阻则作为前级的负载电阻。因此，在具体实验的调测中，第一级的放大倍数在单级与级联两种不同工作状态时必然存在差异。

另外，在两级阻容耦合放大器中，由于存在耦合电容、旁路电容、晶体管极间等效电容、导线间分布电容，放大器的放大倍数将随着信号频率的变化而变化。当信号频率升高或降低时，放大倍数均有较大幅度的下降。当信号频率升高，使放大倍数下降为中频放大倍数（A_{VM}）的 0.7 倍时，这个频率称为上限截止频率 f_{H}；同样，当信号频率降低，使放大倍数下降为 A_{VM} 的 0.7 倍时，这个频率称为下限截止频率 f_{L}。放大器的通频带记作 $f_{\mathrm{b}\omega}$，且

$$f_{\mathrm{b}\omega} = f_{\mathrm{H}} - f_{\mathrm{L}}$$

它表明放大电路对不同频率信号的适应能力。放大器的通频带越宽，表明对信号频率的适应能力就越强。

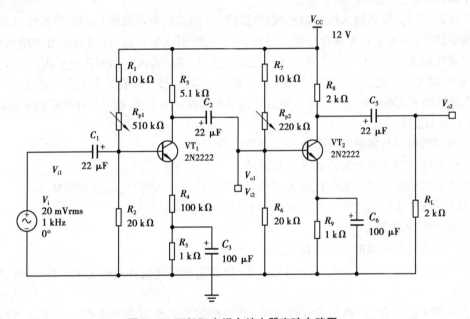

图 3.13　两级阻容耦合放大器实验电路图

一个放大电路，当晶体管和电路参数选定后，放大电路的放大倍数与通频带的乘积一般就确定了，称为"增益带宽积"（$|A_{\mathrm{VM}} \cdot f_{\mathrm{b}\omega}|$）。也就是说，放大器的放大倍数增加多少倍，带宽也几乎变窄为原带宽多少分之一。

在多级阻容耦合放大器中，放大倍数也会随着信号频率的变化而变化，放大器的级数越多，放大倍数越大，放大器的通频带就越窄。设各级的下限截止频率分别为 $f_{\mathrm{L}1}, f_{\mathrm{L}2}, f_{\mathrm{L}3}, \cdots, f_{\mathrm{L}n}$，上限截止频率分别为 $f_{\mathrm{H}1}, f_{\mathrm{H}2}, f_{\mathrm{H}3}, \cdots, f_{\mathrm{H}n}$，则多级放大器与单级放大器的频率响应存在如下近似关系：

$$f_{\mathrm{L}} = 1.1\sqrt{f_{\mathrm{L}1}^2 + f_{\mathrm{L}2}^2 + f_{\mathrm{L}3}^2 + \cdots + f_{\mathrm{L}n}^2}$$

$$\frac{1}{f_{\mathrm{H}}} = 1.1\sqrt{\frac{1}{f_{\mathrm{H}1}^2} + \frac{1}{f_{\mathrm{H}2}^2} + \frac{1}{f_{\mathrm{H}3}^2} + \cdots + \frac{1}{f_{\mathrm{H}n}^2}}$$

如粗略地设各级的 $f_{\mathrm{L}1}$ 与 $f_{\mathrm{H}1}$ 均相同，可按表 3.10 估算频率响应的指标，其中，n 代表放大器的级数。

表 3.10　各级电路频率关系

n	2	3	4	…
f_{Ln}	$1.56\,f_{Ln}$	$1.97\,f_{Ln}$	$2.30\,f_{Ln}$	…
f_{Hn}	$0.64\,f_{Hn}$	$0.51\,f_{Hn}$	$0.43\,f_{Hn}$	…

高放大倍数的多级放大器易受外界干扰的影响,也容易产生自激振荡。这些干扰主要是由外界杂散电磁场、布线不合理和电源的交流纹波等原因造成的,严重时会影响放大器正常工作。例如,在扩音机中就会出现严重的"杂音"或"哨叫声""汽船声"等,有时甚至会损坏元器件。因而在调试多级放大器时,常常需要采取抑制干扰、消除自激振荡的措施。一般来说,抑制干扰的主要方法如下:

①提高焊接工艺质量,防止虚焊。

②合理布线。应将输入线与输出线、电源线(特别是交流电源线)分开,不要相互靠近,特别要注意的是,不要平行地靠在一起。另外,输入端的引线要尽量短,因为输出电路与电源电路的电流比较大,与输入电路靠得太近,也会通过电磁感应输入电路而产生干扰。

同时,要注意接地点和地线的合理安排。对每个单级,接地点要集中汇在一点处,再用串联到一点的接地方式在前级接地。地线最好选用较粗的裸铜线制作,或增加印刷板的铜箔宽度。

(2)预习要求

①预习教材中与多级放大器有关的章节内容。

②仔细阅读本实验全部内容及有关附录。

③估算实验电路的中频电压放大倍数(级联时)A_{V1},A_{V2} 及总电压放大倍数 A_V。

④用图解法求出末级放大器的最大动态范围。

4)实验内容及步骤

①核对直流稳压源的直流电源,使 $V_{CC}=+12\ V$。

②用函数信号发生器产生一个信号电压,使其输出幅度的有效值为 $V_i=2\sim5\ mV$,频率为 $f=1\ kHz$。

③对照实验电路图,熟悉各元件位置,然后按实验电路原理要求进行连接,经检查无误后,方可接入 V_{CC}。

④调整各级静态工作点。分别调节 R_{P1},R_{P2},用数字万用表测出 V_{EQ1},V_{CQ1},V_{EQ2},V_{CQ2},并填入表 3.11。静态工作点的参考值为 $I_{CQ1}\approx0.5\sim1\ mA$,$I_{CQ2}\approx1\ mA$。

表 3.11　各级静态工作点

(第一级)Q_1			(第二级)Q_2		
V_{CQ1}	V_{EQ1}	V_{CEQ1}	V_{CQ2}	V_{EQ2}	V_{CEQ2}

⑤测量放大器的电压放大倍数。

a.将放大器分为两个单级放大器,分别从各输入端加入正弦信号 $V_i=2\sim5\ mV$,$f=1\ kHz$,分别测出 V_{o1},V_{o2},算出 A_{V1},A_{V2},A_V,填入表 3.12。

b.将放大器级联为两级放大器,从输入端加入正弦信号 $V_i = 2$ mV, $f = 1$ kHz,使输出波形不产生失真,测量 V'_{o1}, V'_{o2},算出 A'_{V1}, A'_{V2}, A_V,并填入表3.12。比较 A_{V1}(单级)与 A'_{V1}(级联)的差别。

表 3.12　动态参数

单级状态							级联状态					
V_{i1}	V_{i2}	V_{o1}	V_{o2}	A_{V1}	A_{V2}	A_V	V_i	V'_{o1}	V'_{o2}	A'_{V1}	A'_{V2}	A_V

⑥测量两级放大器的频率特性。

在放大器输入端输入 $V_i = 2 \sim 5$ mV, $f = 1$ kHz 的正弦信号,用示波器观察输出电压波形,同时调整电路,当输出波形不失真时,测出 V_o,然后升高信号源的频率,当输出电压降至 $0.7V_o$ 时,此时的信号源频率即对应放大器的上限截止频率 f_H;同理,降低信号源频率,当输出电压降至 $0.7V_o$ 时,此时的信号源频率即对应放大器的下限截止频率 f_L(在改变信号源频率时,应保持 V_i 不变),将数据填入表3.13中。

表 3.13　多级电路带宽测试

V_i	V_o	V_{oH}	V_{oL}	f_H	f_L

⑦测量末级放大器的最大动态范围。

在放大器输入端输入 $V_i = 2$ mV, $f = 1$ kHz 的正弦信号,观察输出电压 V_{o2} 的波形,再逐渐增大 V_i,直至 V_{o2} 的波形在正、负峰值附近同时开始产生削波失真,若削波不对称,可调节 R_{p2},直至对称为止。然后,逐渐减小 V_i,使其 V_{o2} 的波形在正、负峰值处同时且刚好退出削波失真,这表明末级放大器的静态工作点正好位于交流负载线的中点,此时的动态范围为最大。请测出此时相应的工作点 V_{EQ2}, V_{CQ2} 及 V_{o2P-P} 值,将数据填入表3.14中。

表 3.14　末级放大器最大动态范围

V_{EQ2}	V_{CQ2}	V_{o2P-P}

5)实验报告及问题讨论

(1)实验报告

①整理实验数据,填入表格。

②总结两级阻容耦合放大器前后级间的相互影响,说明第一级放大倍数在单级与级联两种工作状态时,为什么不相等($A_{V1} \neq A'_{V1}$)。

③将放大倍数的估算值与实测值进行比较,若有误差,分析其原因。

④将末级放大器最大动态范围的估算值与实测值进行比较,若有误差,分析其原因。

⑤画出两级放大器的频率响应曲线。

（2）问题讨论

①若将电路中的 NPN 型晶体管改为 PNP 型晶体管,电路中有哪些相应变化? 测试时要注意什么问题?

②在实验过程中,为什么要强调放大器与信号源、示波器的共接地问题?

实验 6 差动放大器

1）实验目的

①学习差动放大器零点调整及静态测试。

②进一步理解差模放大倍数的意义及测试方法。

③了解差动放大器对共模信号的抑制能力,测试共模抑制比。

2）实验仪器及材料

①函数信号发生器。

②双踪示波器。

③交流电压表。

④数字万用表。

⑤模拟电路元器件包、面包板、导线。

3）实验内容与步骤

①按图 3.14 接线,1 点接 2 点。

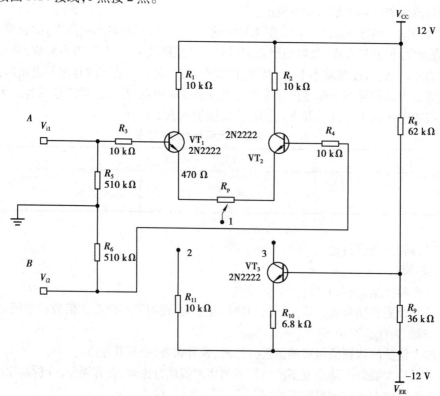

图 3.14 差动放大器电路图

②静态测试。用万用表调零,令 $V_{i1} = V_{i2} = 0$ V,1,2 点短接,调节 R_p 使 $V_o = 0$ V。

③电路的静态工作点。测量两管静态工作点,并计算有关参数,填入表 3.15 中。

④差模电压放大倍数。

由 A 端差模输入 $f = 1$ kHz,幅度约为 30 mV 的正弦信号(注意:在信号源与 A 端之间接 22 μF 电容),B 端接地。用示波器分别观察 V_{C1},V_{C2} 输出不失真情况下,同时用毫伏表测量输入信号 V_i,以及输出 V_{C1},V_{C2} 值,计算差动放大器的差模电压增益 A_{Vd}。

表 3.15　静态工作点

测量值						计算值					
VT$_1$			VT$_2$			VT$_1$			VT$_2$		
V_{C1}	V_{B1}	V_{E1}	V_{C2}	V_{B2}	V_{E2}	I_{B1}	I_{C1}	β_1	I_{B2}	I_{C2}	β_2

注:电压单位为 V,电流单位为 mA。

⑤共模电压放大倍数。

将 B 与地断开后与 A 短接,仍然输入 $f = 1$ kHz 正弦信号,幅度约为 300 mV,构成共模输入。然后用毫伏表测量 V_{C1},V_{C2},计算差动放大器的 A_{Vc},并计算共模抑制比 K_{CMR}。

⑥带恒流源的差动放大器。

电路改接成带恒流源的差动放大器电路,1 点接 3 点,重复上述实验内容。并将实验数据填入表 3.16 中。

表 3.16　差动电路动态参数

	典型差动放大电路($R = 10$ kΩ)		恒流源差动放大电路	
	差模	共模	差模	共模
V_i	$A = ($　$)$,$B = ($　$)$	$AB = ($　$)$	$A = ($　$)$,$B = ($　$)$	$AB = ($　$)$
V_{C1}				
V_{C2}				
$A_d = V_{C1}/V_1$		—		—
$A_{Vd} = V_O/V_1$		—		—
$A_{Vc} = V_O/V_i$	—		—	
$K_{CMR} = A_{Vd}/A_C$				

4) 实验报告及问题回答

①整理实验数据,依据电路参数估算典型差动放大器与具有恒流源两种情况下的工作点及差模放大倍数,可取 $\beta_1 = \beta_2 = 100$ 左右。

②总结两种情况下的优缺点。

实验 7　OCL 互补对称功率放大电路

1) 实验目的

①进一步了解无输出电容低频功率放大器的工作原理。

②掌握 OCL 电路的性能参数的调测方法,以及负反馈对电路的影响。

③理解电路产生交越失真的原因,以及消除交越失真的方法。

④掌握 OCL 电路的输出功率、效率的调测方法。

2) 实验仪器及材料

①函数信号发生器。

②双踪示波器。

③交流电压表。

④数字万用表。

⑤模拟电路元器件包、面包板、导线。

3) 实验原理及预习要求

（1）实验原理

无输出电容低频功率放大器（Output Capacitor Less,OCL）,即"OCL"功率放大电路。OCL 功率放大电路采用互补输出级电路,能带动电阻值较小的负载,输出较大的功率。

OCL 电路采用直接耦合,省去了输出电容,易于采用深度负反馈,因而具有体积小,频率响应好,非线性失真小等优点。

本实验电路如图 3.15 所示。在实验原理图中,集成运放是前置放大极,当输入端加上正弦输入电压 U_i 时:在正半周,VT_1,VT_3 管导通,VT_2,VT_4 管截止;在负半周,VT_2,VT_4 管导通,VT_1,VT_3 管截止。负载电阻 R_L 上的电流是 i_{e3} 和 i_{e4} 的组合,即 $i_L \approx i_{e3} - i_{e4}$。

根据复合管构成原理,VT_1,VT_3 管可看作 NPN 管,VT_2,VT_4 管可看作 PNP 管,可见,无论是 VT_1,VT_3 管导通,或是 VT_2,VT_4 管导通,放大电路均工作在射极输出状态。因此,输出电阻极低,带负载能力强。在三极管 VT_1 和 VT_2 的基极回路中,从直流电源 V_{CC} 到 V_{EE} 之间,接入一个由电阻和二极管组成的支路,其作用是减小失真,改善输出波形。假如没有这个支路,而将 VT_1 和 VT_2 管的基极直接连在一起,再接到输入端,则在输入电压正半周与负半周的交界处,当 U_i 幅度小于 VT_1 和 VT_2 管输入特性曲线上的开启电压时,两管将都不导通。也就是说,在 VT_1 和 VT_2 管交替导通的过程中,将有一段时间两个三极管均截止。这种情况将导致 I_L 和 U_o 的波形发生非线性失真,这种失真称为交越失真。为了克服这一缺点,在 VT_1 和 VT_2 管的基极之间接入一个导通支路,使静态时存在一个较小的电流从 $+V_{CC}$ 流经 D_1,D_2,D_3,在 VT_1 和 VT_2 管的基极之间产生一个电位差,故静态时两个三极管已有较小的基极电流,因而两管也各有一个较小的集电极电流。当输入正弦电压 U_i 时,在正、负半周两等效复合管分别导电的过程中,将有一段短暂的时间 VT_1 和 VT_2 管同时导通,避免了两管同时截止,因此,交替过程比较平滑,减少了交越失真。至于上下半周电路中二极管不一样多的原因是在输入为 0 时,输出也应为 0,此时,VT_1 和 VT_3 管有两个 PN 结的压降,而 VT_2 和 VT_4 管只有 VT_2 管一个 PN 结的压降,所以上支路需要两个二极管来提高静态电压,而下支路只需一个二极管来调整静态电压,总共需要 3 个二极管来消除交越失真,而不是用 4 个二极管。

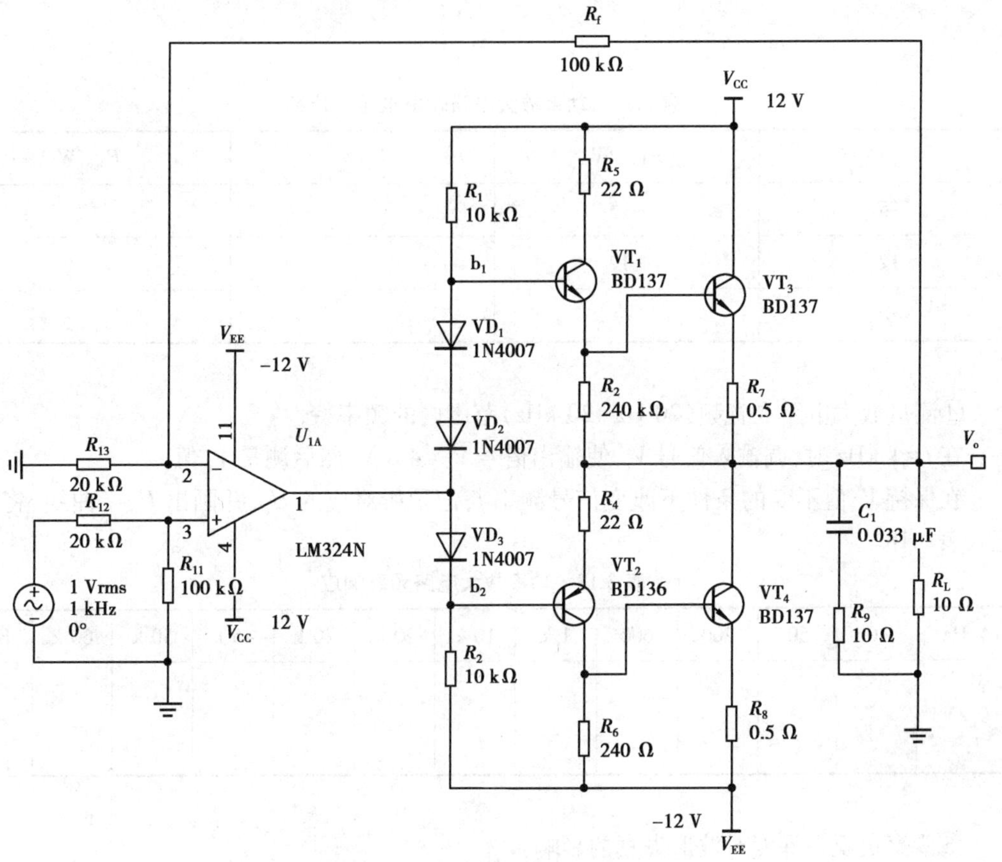

图 3.15　功率放大器实验原理图

(2)预习要求

①预习低频功率放大器的工作原理和分析方法。

②分析电路中各三极管的工作状态及交越失真情况。

③电阻 R_1,R_2 的作用是什么?

④估算本实验末级功放级的最大不失真输出功率和效率。

⑤根据实验内容自拟实验步骤和记录表格。

4)实验内容及步骤

①对照给定的实验电路图检查实验电路,并接上电源、交流电压表、双踪示波器、信号源,经检查无误后方可接通电源。

②调整直流工作状态:

a.接通电源,调整电源电压 V_{CC} = +12 V,V_{EE} = −12 V。

b.将放大器调零。

③测量电源 U_{CC} 分别为表 3.17 所示的值时的最大不失真输出功率:

用函数信号发生器产生一个 f = 1 kHz,V_i = 100 mV 的低频信号,在放大电路的输入端输入这个信号,并用示波器观察输出端的波形,在无自激振荡的情况下,逐渐加大输入信号电压,直到输出波形处于临界失真时,记录这时的最大不失真输出电压 V_o(有效值),并计算最大

输出功率 P_{om} ,按下式计算 P_{om} ,将数据记入表 3.17。

$$P_{om} = \frac{V_o^2}{R_L}$$

表 3.17 功率放大电路输出电压及功率

V_{CC}/V	$-V_{EE}/V$	V_o/V	P_{om}/W
15	−15		
12	−12		
9	−9		

④测量放大电路在音频(20 Hz~20 kHz)范围内的频率特性:

在 f = 1 kHz 时,调输入信号 V_i ,使输出信号 V_o = 4.8 V,然后测量 V_i 值。

在保持 V_i 值不变的条件下改变信号频率 f ,记录所对应的 U_o ,并画出 U_o-f 曲线,将数据记入表 3.18。

表 3.18 功率放大电路频率响应

4/Hz	10	50	200	600	1 k	10 k	20 k	40 k	45 k	50 k	60 k	80 k
U_o/V												

⑤观察负反馈深度对波形失真的影响:

调整输入信号频率 f = 1 kHz,用示波器观察输出波形,逐渐加大输入信号电压,直至输出波形失真。

加强负反馈(即用一只 100 kΩ 电阻与原负反馈电阻 R_f = 100 kΩ 并联),用示波器观察输出波形失真有无变化。

将两种情况下的波形记入表 3.19。

表 3.19 负反馈对功率放大电路的影响

原输出失真波形	加强负反馈后输出波形

⑥观察末级工作状态对交越失真的影响:

将下面两种情况的波形记入表 3.20 和表 3.21。

a.观察交越失真:将 b_1 和 b_2 短路后与运放的输出端相连,在放大电路输入端输入 f = 1 kHz, V_i = 100 mV 的低频信号,用示波器观察输出波形并画出输出波形的交越失真情况。

表 3.20　功率放大交越失真测试

有交越失真的波形	消除交越失真后的波形

b.加强负反馈,即用一只 100 kΩ 电阻与原负反馈电阻 $R_f = 100$ kΩ 并联,用示波器观察交越失真有无变化。

表 3.21　负反馈对功率放大电路交越失真的影响

未加强负反馈的交越失真波形	加强负反馈后的交越失真波形

5) 实验报告及问题讨论

①画出实验电路图。

②列表整理实验数据,并进行讨论。

③由实验方法测得的电路效率与理论上的电路效率有哪些差别?

④对实验中出现的现象进行分析。

⑤在本实验电路图中,当电源电压为 15 V,中点直流电位调节到多大时,才能获得最大不失真输出功率? 为什么?

实验 8　集成功率放大器

1) 实验目的

①熟悉集成功率放大器的特点和应用。

②学习和掌握集成功率放大器的主要指标及测量方法。

2) 实验仪器及材料

①函数信号发生器。

②双踪示波器。

③交流电压表。

④数字万用表。

⑤模拟电路元器件包、面包板、导线。

3) 实验注意事项

电路产生寄生振荡可采取如下措施:

①断开毫伏表与输出的连接。

②尽量接短线。特别是接电源的滤波电容,接线要更短。

③输出接喇叭时,应与 20 Ω/5 W 的电阻串联。

4)实验内容及步骤

①按图 3.16 接线。

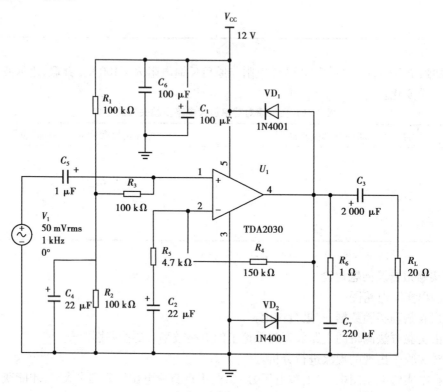

图 3.16　集成功率放大器

②不加信号时($V_i = 0$)用数字万用表测电路静态总电流 $I_{V_{CC}}$ 及 2030 芯片各脚的电位,填入表 3.22 中。

表 3.22　集成功率放大电路静态电压和电流

$I_{V_{CC}}$	V_1	V_2	V_3	V_4	V_5

③动态测量。

a.最大输出功率。

输入端接 1 kHz,$V_i \leqslant 10$ mV(用交流毫伏表测量)的正弦信号,用示波器观察输出电压波形,逐渐加大输入信号幅度,使输出电压信号为最大不失真输出。用交流毫伏表测量此时的输出电压 V_{om},则 $P_{om} = V_{om}^2 / R_L$。将结果记入表 3.23。

表 3.23　集成功率放大电路动态指标

V_i	V_{om}	P_{om}

b.输入灵敏度。

输入灵敏度(input sensitivity)的意思是在特定负载(4,2 Ω 等状态时)输出达到满功率输出时,输入端的信号电压的大小。根据输入灵敏度的定义,只要测出输出功率 $P_o = P_{om}$ 时的输入电压值 V_i 即可。

c.噪声电压的测试。

测量时将输入端短路($V_i = 0$),用示波器观察噪声波形,并用交流毫伏表测量输出电压,该电压即为噪声电压 V_N。将测量结果记入表 3.24。

表 3.24　集成运放噪声分析

噪声电压 V_N	噪声波形

5)实验报告及问题

①根据实验实际测量计算出 P_{om},P_V 及效率 η。

②讨论实验中发生的问题及解决办法。

实验 9　集成运算放大器的基本运算电路

1)实验目的

①进一步理解运算放大器的基本原理,熟悉由运算放大器组成的比例、加法、减法、积分等基本运算。

②掌握几种基本运算的调试和测试方法。

2)实验仪器及材料

①函数信号发生器。

②双踪示波器。

③交流电压表。

④数字万用表。

⑤模拟电路元器件包、面包板、导线。

3)实验原理和预习要求

(1)实验原理

集成运放电路是一种高放大倍数、高输入阻抗、低输出阻抗的直接耦合多级放大电路。

外接深度电压负反馈后,输出电压 V_o 与输入电压 V_i 的运算关系仅取决于外接反馈网络与输入端的外接阻抗,而与运算放大器本身无关。改变反馈网络与输入端外接阻抗的形式和参数,即能对 V_i 进行各种数字运算。本实验只讨论比例、加法、减法、积分这几种基本运算。

在实际运算过程中,大多数运算放大器都工作在线性范围内。由于实际运算放大器的性能比较接近理想运算放大器的性能,故在一般分析讨论中,理想运算放大器的 3 条基本结论也是普遍适用的,即

a.$A_{od} \to \infty$。

b.运算放大器两个输入端之间的差模输入电压为零:$V_p = V_n$。

c.运算放大器两个输入端的输入电流为零:$I_+ = I_- = 0$。

本实验采用的主要器件为 LM324N,其功能引脚图,如图 3.17 所示。

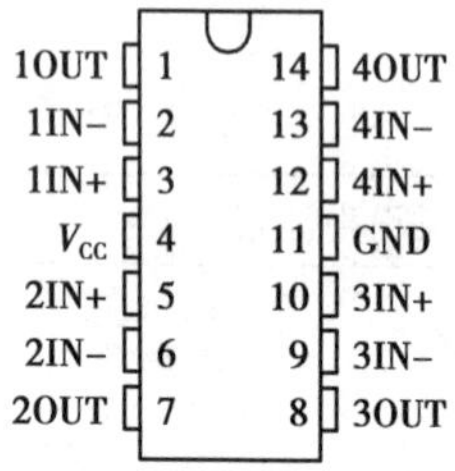

运放编号	功能	管脚号	管脚号	功能	运放编号
运放1	输出	1	14	输出	运放4
	反相端	2	13	反相端	
	同相端	3	12	同相端	
	V_{CC}	4	11	GND	
运放2	同相端	5	10	同相端	运放3
	反相端	6	9	反相端	
	输出	7	8	输出	

图 3.17　集成运放 LM324 管脚定义

按照这 3 条基本结论,比例、加法、减法、积分这几种基本运算存在以下运算关系:

①反相比例运算电路:如图 3.18 所示。

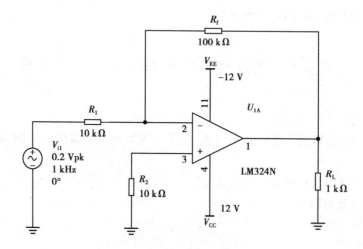

图 3.18　反相比例运算电路图

由于反相输入端为"虚地"点,且输入电流 $I_i = 0$,故

$$I_i = I_f$$

$$V_o = -\frac{R_f}{R_1} V_i$$

$$A_f = -\frac{R_f}{R_1}$$

②反相加法运算电路:如图 3.19 所示。反相加法运算电路的函数关系式为

$$V_o = -\left(\frac{R_f}{R_1}V_{i1} + \frac{R_f}{R_1}V_{i2}\right)$$

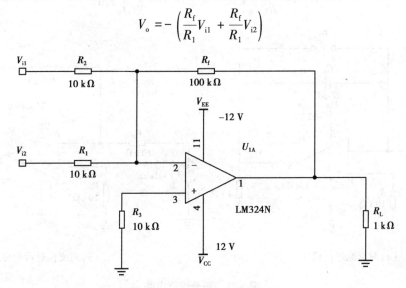

图 3.19　反相加法运算电路图

若取 $R_1 = R_2 = R_3 = R_4$,则有

$$V_o = -\frac{R_f}{R_1}(V_{i1} + V_{i2})$$

此运算中,调节某一路信号的输入电阻时,不会影响其他输入电压与输出电压的比例关系,因而便于调节。

③减法运算电路:如图 3.20 所示。在实际应用中,要求 $R_1 = R_2$,$R_3 = R_f$,且需严格配对,这有利于提高放大器的共模抑制比及减小失调。减法运算电路的运算关系为

$$V_o = \frac{R_f}{R_1}(V_{i2} - V_{i1})$$

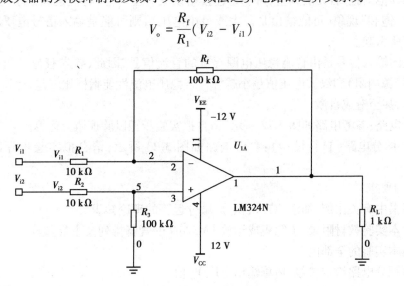

图 3.20　减法运算电路图

④积分运算电路:如图 3.21 所示。积分运算电路的运算关系式为

$$U_C(0) = 0$$

$$V_o = -\frac{1}{RC}\int_0^t V_i d\tau - U_C(0) = -\frac{1}{RC}\int_0^t V_i d\tau$$

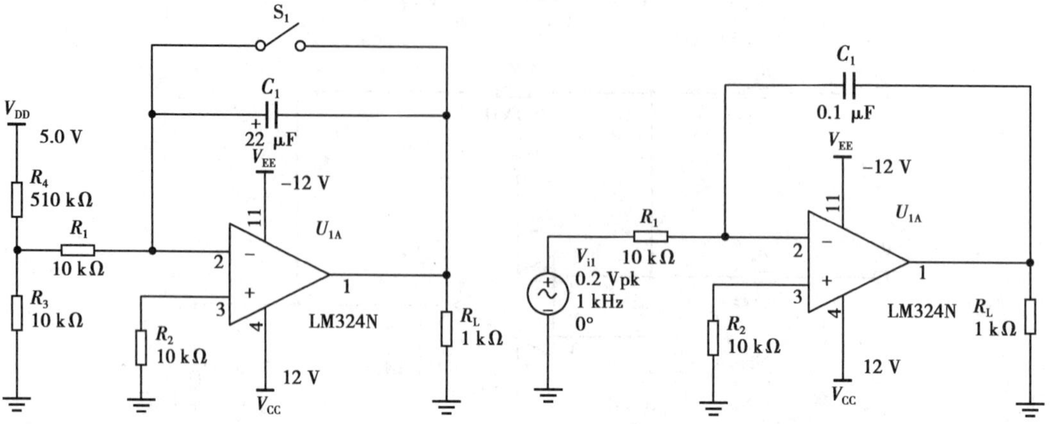

(a)对直流进行积分　　　　　　　　　　　(b)对交流进行积分

图 3.21　积分运算电路

积分运算电路在实际应用中常用作延迟、波形转换及相位调整等。有时电路中如果加一跨接于电容两端的分流电阻 R_s,可以限制电路的低频增益,减小直流漂移的影响;如不接 R_s 以限制低频增益,在整个积分周期内,会因为失调电压的积累使运算放大器趋于饱和,从而减弱电路的积分功能(这里为简单起见,不接 R_s)。

实验开始前,必须了解所选用的运算放大器管脚排列及主要参数,还必须按实验要求正确连线和操作。集成运放工作时,需要加正、负两组电源,若电源极性接反,或取值超过额定值,均可能造成运放损坏。运算前,必须消振和调零。消振的方法是在相位补偿端接入补偿网络或采取其他措施;若无法调整,可能是连接错误或有虚焊点,将使运放处于"开环"状态;出现输出端"饱和"现象(可能输出是最大或最小电压),则可能是输入信号电压超过运放的额定输入值所引起。

本实验的输入信号是由直流稳压电源提供的直流信号,因此,要求直流稳压电源的输出电阻(即信号源内阻)和纹波电压值越小越好。若稳压电源性能指标比较差,运算放大器就无法正常运算,甚至造成自激。

⑤微分电路:参考电路如图 3.22 所示,请自拟实验步骤以验证微分运算。

⑥积分-微分电路(自行设计):参考电路如图 3.23 所示,请自拟实验步骤以验证电路原理。

(2)预习要求

①预习书中有关比例、加法、减法、积分、微分运算的理论知识。

②阅读本实验教材附录,了解集成运放 LM324N 的管脚排列及主要参数。

③阅读本实验的全部内容。

④按照积分电路给定参数,估算输出电压 V_o 值。

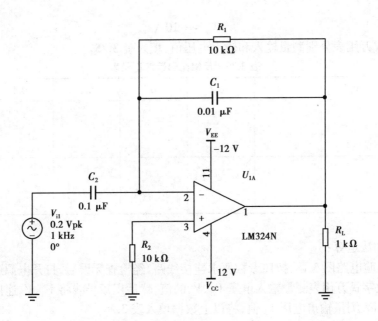

图 3.22　微分运算参考电路图

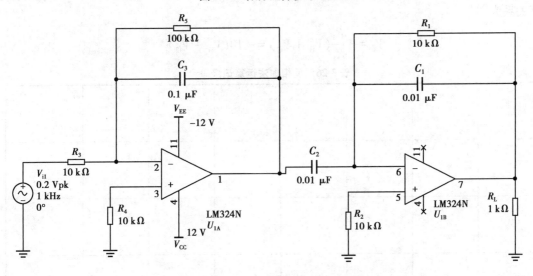

图 3.23　积分-微分电路图

4) 实验要求及步骤

①在实验过程中,用数字式万用表的"DCV"20 V 挡测量电压。

②对照上面各实验电路图,按要求连接线路,经检查无误后,即可带电进行实验。

③反相比例运算:

a.对照实验电路图 3.17,按照参数要求连接线路,经检查无误后,打开电源进行实验。

b.用数字式万用表分别测量输入和输出电压值,将以上数值对应填入表 3.25。

c.注意:实验中必须使 $|V_i| < 1$ V,则该电路运算关系为

$$\frac{V_o}{V_i} = -\frac{R_f}{R_1} = -10$$

即

$$V_o = -10 \text{ V}$$

用数字式万用表分别测量输入和输出电压值,填入表 3.25。

表 3.25　反相比例运算记录表

V_i/V	−0.8	−0.4	−0.2	0	0.2	0.4	1.0
V_o/V							
理论值							

④反相加法运算:

a.对照实验电路图 3.18,按照参数要求连接线路,经检查无误后,打开电源进行实验。

b.先用数字式万用表测量输入电压 V_{i1},V_{i2} 的值,然后用短导线将 V_{i1},V_{i2} 连接到电路中,再用数字式万用表测量输出电压 V_o 值,将以上数据填入表 3.26。

c.注意:实验中必须使 $|V_{i1}+V_{i2}|<1$ V(V_{i1},V_{i2} 可为不同的数值,不同的极性),则该电路运算关系为

$$V_o = -\frac{R_f}{R_1}(V_{i1} + V_{i2}) = -10(V_{i1} + V_{i2})$$

表 3.26　反相加法运算记录表

V_{i1}							
V_{i2}							
V_o							
理论值							

⑤减法运算:

a.对照实验电路图 3.20,按照参数要求连接线路,经检查无误后,打开电源进行实验。

b.先用数字式万用表测量输入电压 V_{i1},V_{i2} 的值,然后用短导线将 V_{i1},V_{i2} 连接到电路中,再用数字式万用表测量输出电压 V_o 值,将以上数据填入表 3.27。

c.注意:实验中,必须使 $|V_{i1}-V_{i2}|<1$ V(V_{i1},V_{i2} 可为不同的数值,不同的极性),则该电路运算关系为

$$V_o = -\frac{R_f}{R_1}(V_{i1} - V_{i2}) = 10(V_{i2} - V_{i1})$$

表 3.27　减法运算的记录表

V_{i1}							
V_{i2}							
V_o							
理论值							

⑥积分运算：

a.对照实验电路图 3.21，按照参数要求连接线路，经检查无误后，打开电源进行实验。用数字式万用表分别测量输入和输出电压值，将以上数值填入表 3.28。

b.实验中，必须使 $|V_i| < 1$ V，则该电路运算关系为

$$V_o = -\frac{1}{RC}\int_0^t V_i \mathrm{d}t = -\frac{t}{RC}V_i\,(\text{当 } V_i \text{ 为直流电压时})$$

c.合上 S_1，其余连线不变，此时 $V_{C(0)} = 0$，以消除积分起始时刻前积分漂移所造成的影响。

d.调节输入电压 $V_i = 0.1$ V，准备好电路，然后断开 S_1，用数字式万用表测出相应的 V_o，将数值填入表 3.28。

表 3.28　积分运算电路对时间积分的记录表

t/s	0	5	10	15	20	25	30	35
V_o								
理论值								

e.使图 3.20 中积分电容改变为 0.1 μF，断开 S_1，V_i 分别输入频率为 200 Hz 幅值为 2 V 的方波和正弦波信号，观察 V_i 和 V_o 的大小及相位关系，并记录波形，填入表 3.29。

表 3.29　积分运算电路对交流运算的记录表

输入	输出波形	V_o
正弦波 $V_i = 0.5$ V（有效值） $f = 200$ Hz		
方波 $V_i = 0.5$ V（幅值） $f = 200$ Hz		

⑦微分电路：

按参考电路图 3.22 所示接线。

a.输入 $f=200$ Hz，$V_i = 0.5$ V(有效值)的正弦波信号，用双踪示波器观察 V_i 和 V_o 的波形，测量输出电压的有效值，其波形和数据填入表 3.30。

b.输入 $f=200$ Hz，$V_i = 0.5$ V(有效值)的方波信号，重复上述实验内容，波形和数据填入表 3.30。

表 3.30　微分运算电路对交流运算的记录表

输入	输出波形	V_o
正弦波 $V_i = 0.5$ V(有效值) $f = 200$ Hz		
方波 $V_i = 0.5$ V(幅值) $f = 200$ Hz		

⑧积分-微分电路(自行设计试验步骤)。

5)实验报告及问题讨论

(1)实验报告

①整理实验数据,填入表格。

②将比例、加法、减法运算的实测值与估算值进行比较,若有误差,分析其原因。

③画出积分运算输出电压与时间的关系曲线,并将实测值与估算值进行比较,若有误差,分析其原因。

④写出集成运算放大器在调整、测试时的注意事项。

⑤实验中,若有不正常现象或故障,说明是如何解决的。

(2)问题讨论

①在积分电路中,如果在电容两端跨接电阻 R_s,将起到什么作用?

②若在积分电路输入端送入方波信号,输出应是什么波形?并画出相应的波形图。

实验 10　负反馈放大器

1)实验目的

①加深理解负反馈放大器的工作原理,以及负反馈对放大器性能的影响。

②掌握负反馈放大器性能指标的调测方法。

2)实验仪器及材料

①函数信号发生器。

②双踪示波器。

③交流电压表。

④数字万用表。

⑤模拟电路元器件包、面包板、导线。

3) 实验原理及预习要求

(1) 实验原理

负反馈放大电路通常由多级放大电路加上负反馈网络组成。虽然负反馈放大器的 4 种组态都会使放大器的放大倍数下降，但是却能使放大器的其他性能得到改善。负反馈对放大器性能的改善主要体现在改变放大器的输入电阻和输出电阻、扩展频带、提高电路稳定性、减小非线性失真这几个方面。

输入电阻的变化与反馈网络在输入端的连接方式(串联或并联)密切相关。串联负反馈使输入电阻比无负反馈时提高 $(1+A_{VMF})$ 倍，而并联负反馈使输入电阻比无负反馈时减少，为原来的 $\dfrac{1}{1+A_{VMF}}$；电流负反馈使输出电阻比无负反馈时增加 $(1+A_{VMF})$ 倍，而电压负反馈则使输出电阻比无反馈时减小了 $\dfrac{A_{VMF}}{1+A_{VMF}}$，即 $\dfrac{1}{1+A_{VMF}}$。

当放大器中的管子选定后，该放大器的增益与带宽的乘积基本上为一常数。也就是说，引入负反馈后，虽然放大器的放大倍数降低到原来的 $\dfrac{1}{1+A_{VMF}}$，但是通频带却会展宽 $(1+A_{VMF})$ 倍。在引入的负反馈放大器中，如果只包含两级 RC 相移网络，A 的最大附加相移为 $\pm180°$，一般不容易产生自激，但在调测过程中仍要注意寄生反馈的影响，如耦合电容、旁路电容、三极管极间等效电容等的影响。反馈系数 F 应适当，不能过大。调测中若出现自激振荡，消除的方法是找出寄生耦合点，重新合理布线；接地点要相对集中；选择 R_o 较小的直流稳压电源，或在电源与放大器的连接处加去耦滤波电路等。

实验参考电路如图 3.24 所示。

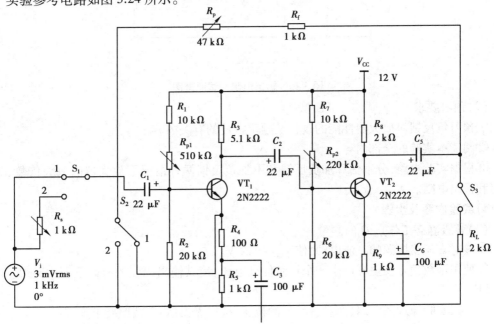

图 3.24　两级电压串联负反馈放大器实验电路图

输入电阻与输出电阻的测量方法如下：

①输入电阻 R_i 的测量。在输入端将附加电阻 R_s 串入输入回路，开关 S_2 合向 2，等效电路如图 3.25 所示。

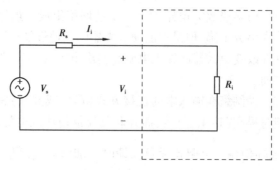

图 3.25　输入电阻测试原理图

②输出电阻 R_o 的测量。如图 3.26 所示，从输出端分别测出 U_o（不接入 R_L）和 U_{oL}（接入 R_L）的值，则

$$U_{oL} = U_o \frac{R_L}{R_o + R_L}$$

$$R_o = \left(\frac{U_o - U_{oL}}{U_{oL}} \right) R_L$$

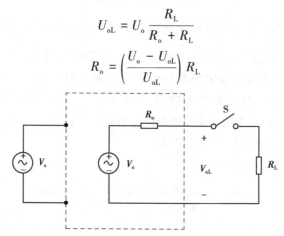

图 3.26　输出电阻测试原理图

（2）预习要求

①预习负反馈对放大器性能的改善及频率特性的有关内容。

②阅读本实验的全部内容。

③根据实验电路，分别估算加负反馈和不加负反馈两种情况下放大器的放大倍数、输入电阻和输出电阻。

4）实验内容及步骤

（1）各级静态工作点 Q 的测量

①核对直流稳压源的直流电源，使 $V_{CC} = +12\ V$。

②使用函数信号发生器产生一个正弦信号电压，使其输出幅度的有效值 $U_i = 3\ mV$，频率 $f = 1\ kHz$。

③对照实验原理图 3.24，熟悉各元件的位置，检查无误后，再按照要求连接。

④测量电路的静态工作点。

在电路输入端加上已调节好的交流输入信号，用示波器监视输出端的输出电压 U_o，反复

调节 R_{P1}，R_{P2}，使每一级的输出电压波形都不失真；再用数字万用表分别测出静态工作点 U_{EQ1}，U_{CQ1}，U_{EQ2}，U_{CQ2} 的值，将数据填入表 3.31 中。

表 3.31　负反馈放大电路的静态工作点

测试项目	U_{CQ1}	U_{EQ1}	U_{CQ2}	U_{EQ2}
测试数据				

（2）基本放大电路与负反馈放大电路性能参数的测试

①测量基本放大电路的放大倍数 A_u、输出电阻 R_o 和输入电阻 R_i，将数据填入表 3.32。

a.S_1 置"1"位，S_2 置"2"位，输入正弦信号，在输出端分别测出 U_o（不接 R_L）和 U_{oL}（接入 $R_L = 5.1\ k\Omega$），算出 A_u（用 U_o 值）和 R_o 值。

b.S_1 置"2"位，将 $R_s = 1\ k\Omega$ 串入输入回路，逐渐加大信号电压，使输出电压与①项中所测 U_o 值相等，即保持 $U_i = 3\ mV$ 不变，然后，用交流电压表测量此时的输入信号电压 U_s 的值。从而计算出 R_i 的值。

②测量电压串联负反馈放大电路的放大倍数 A_{uf}、输出电阻 R_o，并将所得数据填入表 3.32：使 S_1 置"1"位，S_2 置"1"位，则电路称为负反馈放大器。保持 $U_i = 3\ mV$，按（2）中"①"的测试步骤再测一遍，计算出 A_{uf}，R_{of}。

③测量基本放大电路与负反馈放大电路的频率特性。

a.首先将电路接成基本放大器：S_2 置"2"位，S_1 置"1"位，信号电压 $U_i = 3\ mV$，频率 $f = 1\ kHz$，并使负载开路。当输出波形不失真时测出 U_o（不接负载时的输出电压），然后，升高信号源频率，直到当输出电压降至 $0.7U_o$ 时，此时的信号源频率即对应于放大器的上限截止频率 f_H；同理，降低信号源频率，直到使输出电压降至 $0.7U_o$ 时，此时的信号源频率即对应于放大器的下限截上频率 f_L（改变信号源频率时，应保持 U_i 不变）。将测得数据填入表 3.32。

b.S_1 置"1"位，S_2 置"1"位，电路成为负反馈放大器，加上信号电压 $U_i = 3\ mV$，频率 $f = 1\ kHz$，使负载 $R_L = \infty$，即负载开路。然后，分别测出负反馈放大器的输出电压 u_o，并将数据填入表 3.32。然后，升高信号源频率，直到当输出电压降至 $0.7U_o$ 时，此时的信号源频率即对应于放大器的上限截止频率 f_H；同理，降低信号源频率，直到使输出电压降至 $0.7U_o$ 时，此时的信号源频率即对应于放大器的下限截止频率 f_L（改变信号源频率时，应保持 U_i 不变）。

表 3.32　负反馈放大电路的动态参数

	U_i	U_o	U_{oL}	A_u	R_o	f_L	f_H	U_s	R_i
基本放大电路									
电压串联负反馈放大电路	U_i	U_{of}	U_{uf}	A_{uf}	R_{of}	f_{Lf}	f_{Hf}	U_{sf}	R_{if}

5）实验报告及问题讨论

（1）实验报告

①整理实验数据，填入表格。

②总结引入负反馈对放大器性能的影响,并将估算值与实测值进行比较,若有误差,分析其原因。

③画出有反馈和无反馈时,放大器的频率响应曲线。

（2）问题讨论

①在电压串联负反馈电路中,为什么要求 R_s 尽可能小?

②若实验过程中出现自激振荡,应如何排除?

③实验电路中,若将反馈信号取自第二级放大器的发射极,所构成的电路属什么反馈形式? 实验中会产生什么后果?

实验 11　RC 正弦波振荡器

1）实验目的

①学习 RC 正弦波振荡器的组成及振荡条件。

②学习如何设计、调试上述电路和测量电路输出波形的频率和幅度。

2）实验仪器及材料

①函数信号发生器。

②双踪示波器。

③交流电压表。

④数字万用表。

⑤模拟电路元器件包、面包板、导线。

3）实验原理及步骤

（1）RC 正弦波振荡器的工作原理

其电路如图 3.27 所示。振荡器由 RC 文氏电桥构成的选频网络和集成运放组成的负反馈放大电路组成。

电路中的二极管起限幅作用;RC 选频网络的输入信号由放大电路输出端提供,RC 选频网络的输出又反馈到放大电路的输入端,使电路在振荡频率处满足振荡的相位条件,若调节 R_p 使负反馈放大电路的增益大于3,满足起振的条件,电路产生振荡,但输出波形可能为非正弦波,即产生了失真。若失真较小,电路可利用二极管的限幅作用使输出波形为正弦波。若不能,可人为调节负反馈支路电阻 R_p,使负反馈放大电路增益减小,使之略大于3,即可消除失真。

电路的振荡频率为

$$f_o = \frac{1}{2\pi RC}$$

式中　$R_1 = R_2 = R$;$C_1 = C_2 = C$。

电路起振的幅值条件为

$$R_f = R_4 + R_p$$

$$A_{VF} = 1 + \frac{R_f}{R_3} > 3$$

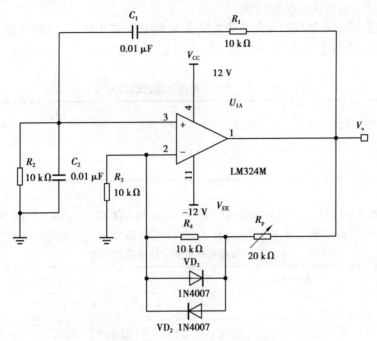

图 3.27　RC 正弦波发生器原理图

（2）实验步骤

①按图 3.28 接线。本电路为文氏电桥 RC 正弦波振荡器，可用来产生频率范围宽、波形较好的正弦波。其电路由放大器和反馈网络组成。

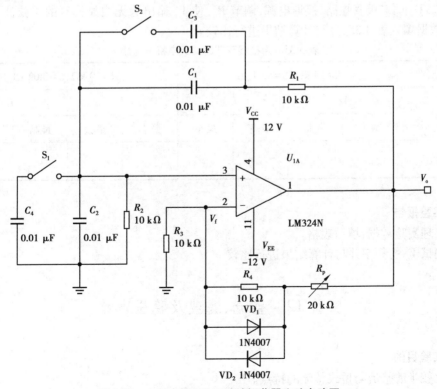

图 3.28　文氏电桥 RC 正弦波振荡器实验电路图

99

②有稳幅环节的文氏电桥振荡器。

a.接通电源,用示波器观测有无正弦波电压 V_o 输出。若无输出,可调节 R_p,使 V_o 为无明显失真的正弦波,并观察 V_o 值是否稳定。用交流电压表测量 V_o 和 V_f 的有效值,将数据填入表 3.33。

表 3.33 文氏电桥振荡器的动态测试

V_o	V_f

b.在 $R_3 = R_4 = 10~\text{k}\Omega$,$C_1 = C_2 = 0.01~\mu\text{F}$ 和 $R_3 = R_4 = 10~\text{k}\Omega$,$C_1 = C_2 = 0.02~\mu\text{F}$ 两种情况下(输出波形不失真),测量 V 和 f,将数据填入表 3.34,并与计算结果进行比较。

表 3.34 有稳幅环节的文氏电桥振荡器

测试条件	$R = 10~\text{k}\Omega$,$C = 0.01~\mu\text{F}$				$R = 10~\text{k}\Omega$,$C = 0.02~\mu\text{F}$			
测试项目	V_o		f_o		V_o		f_o	
	最小	最大	最高	最小	最小	最大	最高	最小
测量值								

③无稳幅环节的文氏电桥振荡器。

VD_1、VD_2 两二极管短路,接通电源,调节 R_p,使 V_o 输出为无明显失真的正弦波,测量 V_o 和 f_o,将数据填入表 3.35,并与计算结果进行比较。

表 3.35 无稳幅环节的文氏电桥振荡器

测试条件	$R = 10~\text{k}\Omega$,$C = 0.01~\mu\text{F}$				$R = 10~\text{k}\Omega$,$C = 0.02~\mu\text{F}$			
测试项目	V_o		f_o		V_o		f_o	
	最小	最大	最高	最小	最小	最大	最高	最小
测量值								

4)实验报告

①整理实验数据,填写表格。

②测试 V_o 的频率并与计算结果进行比较。

实验 12 整流、滤波及稳压电路

1)实验目的

①比较半波整流与桥式整流的特点。

②了解稳压电路的组成和稳压作用。

③熟悉集成三端可调稳压器的使用。

2) 实验仪器及元件

①函数信号发生器。

②双踪示波器。

③交流电压表。

④数字万用表。

⑤模拟电路元器件包、面包板、导线。

3) 实验预习要求

①二极管半波整流和全波整流的工作原理及整流输出波形。

②整流电路分别接电容、稳压管及稳压电路时的工作原理及输出波形。

③熟悉三端集成稳压器的工作原理。

4) 实验内容与步骤

首先校准示波器。

(1) 半波整流与桥式整流

①分别按图 3.29 和图 3.30 接线。

②在输入端接入交流 14 V 电压，调节 R_p 使 $I_o = 50$ mA 时，用数字万用表测出 V_o，同时用示波器的 DC 挡观察输出波形，将数据填入表 3.36。

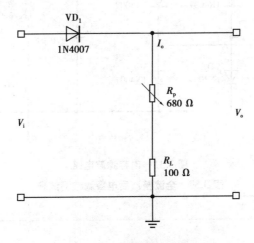

图 3.29　半波整流电路

表 3.36　半波整流及全波整流测试表

	V_i	V_o	I_o	V_o 波形
半波整流				
桥式整流				

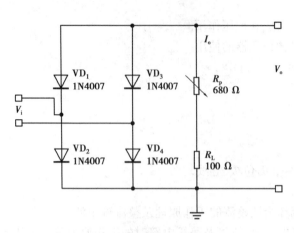

图 3.30　桥式全波整流电路

（2）加电容滤波

上述实验电路不动，在桥式整流后面加电容滤波，如图 3.31 所示接线，比较并测量接入电容 C 与不接入电容 C 两种情况下的输出电压 V_o 及输出电流 I_o，并用示波器 DC 挡观测输出波形，将数据填入表 3.37。

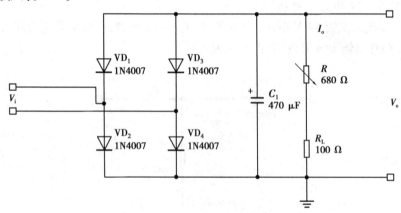

图 3.31　电容滤波电路

表 3.37　全波整流后电容滤波测试表

	V_i	V_o	I_o	V_o 波形
接入电容 C				
不接入电容 C				

（3）加稳压二极管并联稳压电路（选作）

上述电路不动，在电容后面加稳压二极管电路（510 Ω，V_{D_z}），按照图 3.32 所示接线。

当接通交流 14 V 电源后，调整 R_p，使输出电流分别为 10，15，20 mA 时，测出 $V_{A\mathrm{o}}$，V_o，并用示波器的 DC 挡观测波形，将数据填入表 3.38。

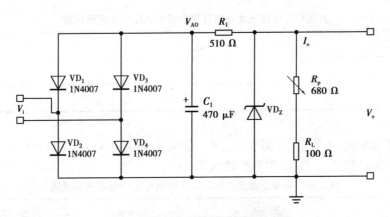

图 3.32　稳压二极管并联稳压电路图

表 3.38　全波整流滤波稳压能力测试表

I_o	V_i	V_{A_o}	V_o	V_{A_o} 波形	V_o 波形
10 mA					
15 mA					
20 mA					

（4）可调三端集成稳压电路（串联稳压电路）

可调三端集成稳压电路按照图 3.33 所示接线。

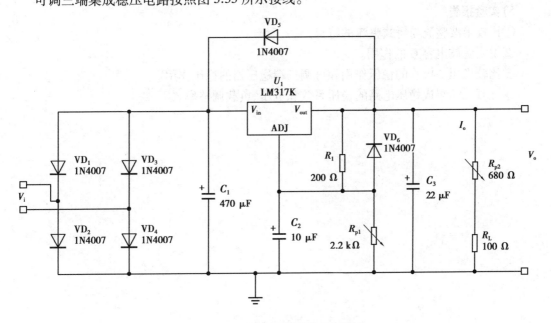

图 3.33　可调三端集成稳压电路图

输入端接通交流 14 V 电源，调整 R_{p1}，测出输出电压调节范围，将数据填入表 3.39。

表 3.39　可调三端集成稳压电路输入输出电压测试表

	$R_{P1_{max}}$	$R_{P1_{min}}$
V_i		
V_o		

输入端接通交流 14 V 电压,调节 R_{p1},R_{p2},使输出 $V_o = 10$ V,$I_o = 100$ mA,改变负载,使 I_o 分别为 20,50 mA,测出 V_o 数值,将数据填入表 3.40。

表 3.40　可调三端集成稳压电路输出电流输出电压测试表

I_o	20 mA	50 mA	100 mA
V_o			

输入端接通交流 16 V 电压,调节 R_{p1},R_{p2},使输出 $V_o = 10$ V,$I_o = 100$ mA。然后仅改变输入端交流电压为 14 V 及 18 V 时(用数字万用表分别测量 14 V,16 V,18 V)的实际值,填入括号内,测出电压 V_o 值,将数据填入表 3.41。

表 3.41　可调三端集成稳压电路稳压能力测试表

V_i	14 V(　)	16 V(　)	18 V(　)
V_o			

5) 实验报告

①比较半波整流与桥式整流的特点。

②说明滤波电容 C 的作用。

③比较稳压二极管的稳压作用和可调三端稳压器的稳压作用。

④计算三端集成稳压电路的稳压系数和电压、负载调整率。

第 **4** 章
单元电路设计性实验

单元电路设计性实验对于学生来说既有综合性又有探索性,这类实验主要侧重于某些理论知识点的灵活运用。例如,完成特定功能的模拟电路设计、安装和调试等。在本章中,学生应在教师的指导下独立查阅资料、拟订电路设计方案与拟订实验步骤等实验组织工作,实验中要能独立分析、调试、做记录并在事后编写出详尽的设计报告。这类实验对提高学生的素质和科学实验能力非常有益。

实验 1　电压比较器的设计与调试

1)实验目的

①进一步理解由集成运算放大器组成的电压比较器的工作原理。

②掌握电压比较器的电路构成及特点。

③学习自行设计和调测电压比较器的方法。

2)实验仪器及材料

①函数信号发生器。

②双踪示波器。

③交流电压表。

④数字万用表。

⑤模拟电路元器件包、面包板、导线。

3)实验原理及预习要求

电压比较器广泛用于信号处理、测量、自动控制系统以及波形发生电路中。其功能是比较两个电压的大小,通常是将输入电压 V_i 与参考电压 V_{ref} 进行比较,图 4.1 是简单电压比较器原理图。V_i 加在反相端,称为反相电压比较器,如图 4.1(b)所示,V_i 加在同相端,称为同相电压比较器,如图 4.1(a)所示。

为了提高比较器的灵敏度和响应速度,比较器中的运放均工作在开环或正反馈状态,电压放大倍数很高,其输出电压 V_o 为跳变的高、低电平,高、低电平的幅值由所加电源电压及运放的最大输出电压幅值所决定。如图 4.1(a)所示反相电压比较器中,当 $V_i > V_{ref}$ 时,输出为低电平,即 $-V_{om}$。

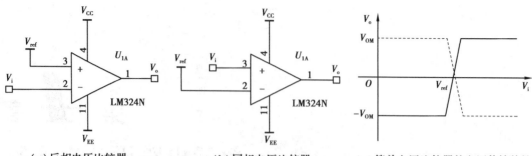

（a）反相电压比较器　　　　（b）同相电压比较器　　　（c）简单电压比较器的电压传输特性

图 4.1　比较器原理图

从比较器的传输特性可知,比较器的输入信号是模拟量,输出信号则是数字量,其工作状态为非线性,呈现出开关特性,因而电压比较器是联系模拟电路与数字电路之间最方便、最简单的接口电路。

如将参考电压 V_R 接地,使 $V_{ref}=0$,则输入信号每过一次零值时,输出电压就会发生跳变,这种比较器称为"过零比较器",如图 4.2 所示。

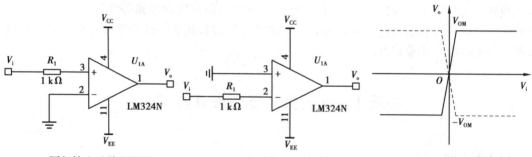

（a）同相输入过零比较器　　　（b）反相输入过零比较器　　　（c）过零比较器的电压传输特性

图 4.2　过零比较器原理图

如果在简单电压比较器中加入正反馈,即构成滞回比较器,如图 4.3（a）所示。该比较器有两个数值不同的门限电压（或阈值）,传输特性如图 4.3（b）所示。当输入信号因受干扰或某种原因发生变化时,只要其变化量不超过两阈值之差,比较器的输出电压将保持稳定状态,而不会反复变化。因此,这一类比较器比简单电压比较器具有较强的抗干扰性能。

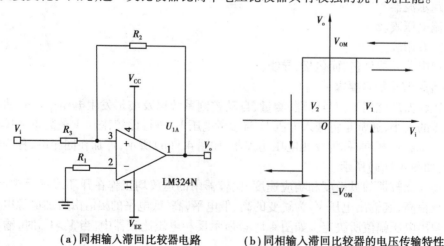

（a）同相输入滞回比较器电路　　　（b）同相输入滞回比较器的电压传输特性

图 4.3　同相输入滞回比较器原理图

4) 实验内容及步骤

（1）过零电压比较器

①反相输入过零电压比较器：实验电路如图 4.4 所示。

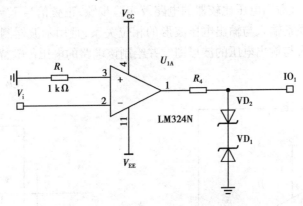

图 4.4　反相输入过零电压比较器

a.输入端悬空,用数字万用表测量 V_o 的值。

b.正弦信号 V_i＝1 V,f＝500 Hz,信号从反相端输入,观察输入与输出电压波形的相位关系,测量输出信号电压的幅值,绘制波形图。

c.改变正弦信号电压的幅值,观察输出信号电压的变化。

②同相输入过零电压比较器：参考实验电路如图 4.2(b)所示。

自行设计同相输入过零电压比较器（带限幅的）,正弦信号 V_i＝1 V,f＝500 Hz,且信号从同相端输入,观察输入与输出电压波形的相位关系,测量输出信号电压的幅值,绘制波形图。

（2）滞回电压比较器

①反相输入滞回电压比较器：实验参考电路如图 4.5(a)所示,自行设计 R_2,R_3 的值。

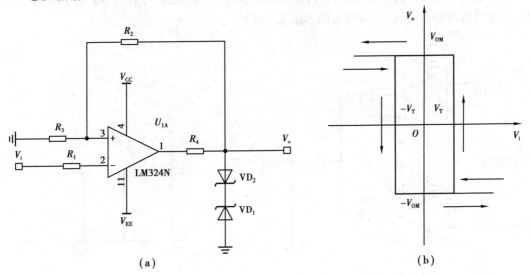

（a）　　　　　　　　　　　　　　　　　（b）

图 4.5　反相输入滞回电压比较器及其电压传输特性

a.正弦信号 V_i,信号从反相端输入,观察输入与输出电压波形的相位关系,测量输出信号电压的幅值,绘制波形图。

b.V_i 接 DC 电压源,分别测出 V_o 由 $+V_{om} \sim -V_{om}$ 以及由 $-V_{om} \sim +V_{om}$ 时,V_i 的临界值。

c.画出反相输入滞回电压比较器的电压传输特性。

②同相输入滞回电压比较器

自行设计同相输入滞回电压比较器的电路及实验步骤,正弦信号 $V_i = 1$ V,$f = 500$ Hz,且信号从同相端输入,观察输入与输出电压波形的相位关系,且用示波器测量输出信号电压 V_o 的幅值,分别绘制输入与输出电压的波形图。并绘制该电路的电压传输特性曲线图。

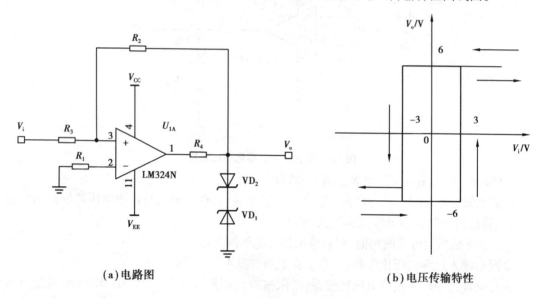

(a)电路图　　　　　　　　　　　　　(b)电压传输特性

图 4.6　同相输入滞回电压比较器参考电路及其电压传输特性

(3)窗口电压比较器

自行设计一个窗口比较器电路,自行拟订实验步骤,要求画出电路图。测出门限电压,并绘制其电压传输特性曲线图(参考电路如图 4.7 所示)。

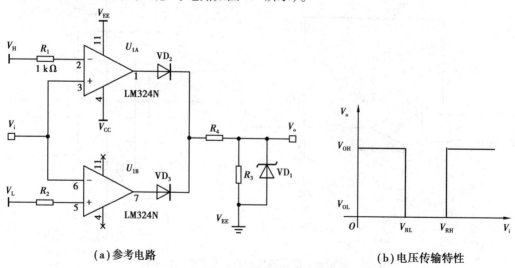

(a)参考电路　　　　　　　　　　　　(b)电压传输特性

图 4.7　双限比较器参考电路及其电压传输特性

5) **实验报告及问题讨论**

（1）实验报告

①整理实验数据，列表填入。

②画出自行设计的电压比较器的实验电路及其传输特性曲线。

③将实验数据与计算值比较，若有误差，分析其原因。

（2）问题讨论

①能否用交流毫伏表直接测量非正弦波形的电压幅值？

②如何提高简单电压比较器的灵敏度和抗干扰性能？

实验 2　有源滤波器的设计与调试

1) **实验目的**

①进一步理解有源滤波器的工作原理，学习几种有源滤波器的设计方法。

②学习几种有源滤波器的调测方法和步骤。

2) **实验仪器材料**

①函数信号发生器。

②双踪示波器。

③交流电压表。

④数字万用表。

⑤模拟电路元器件包、面包板、导线。

3) **实验原理及预习要求**

（1）实验原理

滤波器是一种只传输指定频段信号，抑制其他频段信号的电路。滤波器分为无源滤波器和有源滤波器两种。无源滤波器由电感 L、电容 C 及电阻 R 等无源元件组成；有源滤波器一般由集成运放与 RC 网络构成，具有体积小、性能稳定等优点，同时，由于集成运放的增益和输入阻抗都很高，输出阻抗较低，故有源滤波器还兼有放大与缓冲的作用。利用有源滤波器可出有用频率的信号，衰减无用频率的信号，抑制干扰和噪声，以达到提高信噪比或选频的目的，而有源滤波器被广泛应用于通信、测量及控制技术中的小信号处理。从功能分，有源滤波器可分为低通滤波器（LPF）、高通滤波器（HPF）、带通滤波器（BPF）、带阻滤波器（BEF）和全通滤波器（APF）。前 4 种滤波器之间互有联系，LPF 与 HPF 之间互为对偶关系。当 LPF 的通带截止频率高于 HPF 的通带截止频率时，将 LPF 与 HPF 串联，就构成了 BPF，而 LPF 与 HPF 并联就构成了 BEF。在实用电子电路中，还可能同时采用几种不同形式的滤波电路。滤波电路的主要性能指标有通带电压放大倍数 A_{VP}、通带截止频率 f_P 及品质因数系数 Q 等。

本实验介绍二阶有源低通滤波器的一般设计与调试。

低通滤波器的特点是使低频信号（或直流成分）通过、抑制或衰减高频信号，主要用于减弱高次谐波或频率较高的干扰和噪声信号，例如，整流电路中的滤波电路。典型的二阶有源低通滤波器电路及幅频特性如图 4.8 所示。电路特点是在组件前加了二阶 RC 低通网络，在阻带区提供 −40 dB／十倍频程的衰减。电路的选频特性基本上取于 RC 网络，电路还兼有同相放大功能,调节 R_f,R_F 比值,即可调节电路增益。由于运算放大器在相工作时输入端有较高的共模电压,故应选用共模抑制比较高的运算放大器。

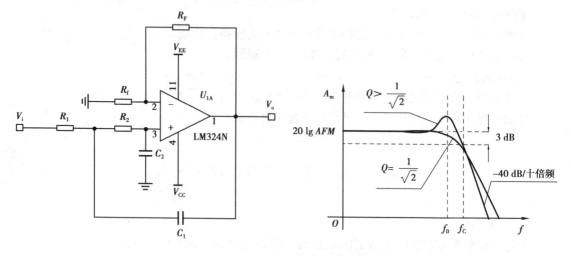

图 4.8　二阶有源低通滤波器电路及幅频特性

高通滤波器和低通滤波器正好相反,主要用于通过高频信号、抑制或衰减低频信号及直流信号。将低通滤波器的滤波部分 R 和 C 的位置互换,即可得到高通滤波器(滤波参数一般不会一样)。典型的二阶有源高通滤波器电路及幅频特性如图 4.9 所示。

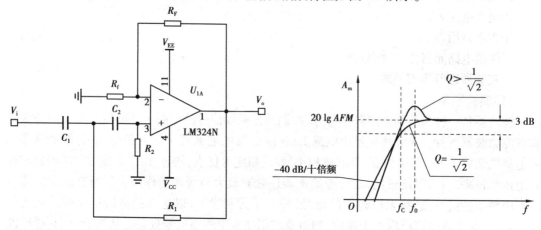

图 4.9　二阶有源高通滤波器电路及幅频特性

（2）滤波器的设计

在已知通带放大倍数 A_m、通带截止频率 f_c 和品质因数 Q 的情况下,如何设计出一个符合指标要求的二阶有源低通滤波器呢? 简单推导一下,为便于理解,我们采用单位增益(即 $A_m=1$)的 Sallen-Key 滤波器模型。$A_m \neq 1$ 的 SK 滤波器,以及多重反馈型(Multiple Feedback,MFB)等滤波器也有类似的推导和设计方法。

二阶低通滤波器的标准式的角频率形式为

$$\dot{A}(j\omega) = \dot{A}_m \frac{1}{1 + aj\frac{\omega}{\omega_0} + \left(\frac{j\omega}{\omega_0}\right)^2}$$

其频率形式为

$$\dot{A}(\mathrm{j}f) = \dot{A}_{\mathrm{m}} \frac{1}{1 + a\mathrm{j}\dfrac{f}{f_0} + \left(\mathrm{j}\dfrac{f}{f_0}\right)^2}$$

式中　ω_0——特征角频率；

　　　f_0——特征频率。

在二阶滤波器中,定义特征频率 f_0 为:使得分母中实部为 0 的频率。

在特征频率处,增益的模为

$$|\dot{A}(\mathrm{j}f_0)| = \left| A_m \frac{1}{1 + a\mathrm{j}\dfrac{f_0}{f_0} + \left(\mathrm{j}\dfrac{f_0}{f_0}\right)^2} \right| = A_{\mathrm{m}} \times \left| \frac{1}{a\mathrm{j}} \right| = A_{\mathrm{m}} \frac{1}{a}$$

品质因数 Q 为:特征频率 f_0 处的增益的模除以中频增益 A_{m}。

$$Q = \frac{|\dot{A}(\mathrm{j}f_0)|}{A_{\mathrm{m}}}$$

由此可知,二阶低通滤波器的频率表达式可写作:

$$\dot{A}(\mathrm{j}f) = A_{\mathrm{m}} \frac{1}{1 + \dfrac{1}{Q}\mathrm{j}\dfrac{f}{f_0} + \left(\mathrm{j}\dfrac{f}{f_0}\right)^2}$$

定义

$$K = \frac{f_{\mathrm{C}}}{f_0}$$

在截止频率 f_{C} 处,一定有:

$$|\dot{A}(\mathrm{j}f_{\mathrm{C}})| = \left| A_{\mathrm{m}} \frac{1}{1 + \dfrac{1}{Q}\mathrm{j}\dfrac{f_{\mathrm{C}}}{f_0} + \left(\mathrm{j}\dfrac{f_{\mathrm{C}}}{f_0}\right)^2} \right| = \left| A_{\mathrm{m}} \frac{1}{1 + \dfrac{1}{Q}\mathrm{j}K + (\mathrm{j}K)^2} \right|$$

同时,在截止频率 f_{C} 处,

$$|\dot{A}(\mathrm{j}f_{\mathrm{C}})| = \frac{1}{\sqrt{2}}A_{\mathrm{m}}$$

联立上述两式,其中 K 为未知量,可得 K 为

$$K = \frac{\sqrt{4Q^2 - 2 + \sqrt{4 - 16Q^2 + 32Q^4}}}{2Q}$$

我们设计一个 Sallen-Key 型单位增益低通滤波器,Sallen-Key 是设计有源滤波器的一种拓扑结构,压控电压源 VCVS(Voltage-controlled Voltage-source)滤波器的变种,由麻省理工学院林肯实验室的 R. P. Sallen 和 E. L. Key 在 1955 年提出。

Sallen-Key 拓扑的特点是:

①高输入阻抗。

②增益容易被配置。

③运放被配置为电压跟随(Voltage Follower)模式。

以下是 Sallen-Key 滤波器的通用模型。$Z_1 \sim Z_4$ 配置为不同组合的电阻或电容,可得到高通或低通滤波器,比如按图 4.10(b)配置,则为 Sallen-Key 型单位增益低通滤波器模型。

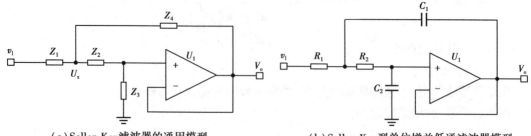

（a）Sallen-Key滤波器的通用模型　　　　　（b）Sallen-Key型单位增益低通滤波器模型

图 4.10　Sallen-Key 滤波通用模型及低通示例

对 U_x 处进行分析,由集成运放的同相端与反相端虚短路可知

$$U_x(S) \times \frac{Z_3}{Z_2 + Z_3} = U_0(S)$$

即

$$U_x(S) = \frac{Z_2 + Z_3}{Z_3} U_0(S)$$

在 U_x 点,用 KCL,结合集成运放的同相端虚断路,可得

$$\frac{U_i(S) - U_x(S)}{Z_1} = \frac{U_x(S) - U_0(S)}{Z_4} + \frac{U_x(S)}{Z_2 + Z_3}$$

两式联立可得

$$U_i(S) \times Z_3 Z_4 = U_0(S) \times [Z_1 Z_4 + Z_1 Z_2 + Z_4(Z_2 + Z_3)]$$

$$A(S) = \frac{U_0(S)}{U_i(S)} = \frac{Z_3 Z_4}{Z_1 Z_2 + Z_1 Z_4 + Z_2 Z_4 + Z_3 Z_4}$$

根据电路,将 $Z_1 = R_1, Z_2 = R_2, Z_3 = \dfrac{1}{SC_2}, Z_4 = \dfrac{1}{SC_1}$ 代入上式,得

$$A(S) = \frac{1}{1 + SC_2(R_1 + R_2) + S^2 C_1 C_2 R_1 R_2}$$

转换到频域,有

$$\dot{A}(j\omega) = \frac{1}{1 + j\omega C_2(R_1 + R_2) + (j\omega)^2 C_1 C_2 R_1 R_2}$$

对比

$$\dot{A}(j\omega) = A_m \frac{1}{1 + \dfrac{1}{Q} j \dfrac{\omega}{\omega_0} + \left(j \dfrac{\omega}{\omega_0}\right)^2}$$

可得

$$A_m = 1$$

$$\omega_0 = \frac{1}{\sqrt{C_1 C_2 R_1 R_2}}; f_0 = \frac{1}{2\pi \sqrt{C_1 C_2 R_1 R_2}}$$

可将 $\dot{A}(j\omega)$ 中分母第二项乘以 ω_0/ω_0，可得

$$\dot{A}(j\omega) = \cfrac{1}{1 + j\cfrac{\omega}{\omega_0}\omega_0 C_2(R_1 + R_2) + \left(j\cfrac{\omega}{\omega_0}\right)^2} = \cfrac{1}{1 + \cfrac{1}{\sqrt{C_1 C_2 R_1 R_2}}C_2(R_1 + R_2)j\cfrac{\omega}{\omega_0} + \left(j\cfrac{\omega}{\omega_0}\right)^2}$$

可得

$$Q = \frac{\sqrt{C_1 C_2 R_1 R_2}}{C_2(R_1 + R_2)}$$

此时，我们已经可以解答这样的问题:已知截止频率 f_C 和品质因数 Q 如何设计一个二阶低通滤波器？

①把截止频率 f_C，通过 K 转化成特征频率 f_0。

②确定 C_1，C_2，按照经验，一般在不同的频率，选取表 4.1 中的电容值。

表 4.1　电容选取范围

f/Hz	$C/\mu\text{F}$	f/Hz	C/pF
$1 \sim 10$	$20 \sim 1$	$10^3 \sim 10^4$	$10^4 \sim 10^3$
$10 \sim 10^2$	$1 \sim 0.1$	$10^4 \sim 10^5$	$10^3 \sim 10^2$
$10^2 \sim 10^3$	$0.1 \sim 0.01$	$10^5 \sim 10^6$	$10^2 \sim 10^1$

注意,两个电容必须满足:

$$C_2 \leqslant \frac{1}{4Q^2}C_1 \ \text{或} \ C_1 \geqslant 4Q^2 C_2$$

③求 R_1，R_2。

由

$$f_0 = \frac{1}{2\pi\sqrt{C_1 C_2 R_1 R_2}}$$

可得

$$R_1 R_2 = \frac{1}{4\pi^2 f_0^2 C_1^2 C_2^2}$$

由

$$Q = \frac{\sqrt{C_1 C_2 R_1 R_2}}{C_2(R_1 + R_2)}$$

可得

$$R_1 + R_2 = \frac{\sqrt{C_1 C_2 R_1 R_2}}{C_2 Q} = \frac{1}{2\pi f_0 C_2 Q}$$

因此,可获得关于 R_1，R_2 的一元二次方程:

$$R^2 - R\frac{1}{2\pi f_0 C_2 Q} + \frac{1}{4\pi^2 f_0^2 C_1 C_2} = 0$$

求得

$$R_1 = \frac{\frac{1}{Q} + \sqrt{\frac{1}{Q^2} - 4\frac{C_2}{C_1}}}{4\pi f_0 C_2}, R_2 = \frac{\frac{1}{Q} - \sqrt{\frac{1}{Q^2} - 4\frac{C_2}{C_1}}}{4\pi f_0 C_2}$$

需要注意的是,该方程有解必须满足

$$\frac{1}{Q^2} - 4\frac{C_2}{C_1} \geq 0$$

(3)预习要求

①复习有源低通滤波器及有源高通滤波器的工作原理和主要性能。

②阅读本实验的全部内容。

③设计一个二阶有源低通滤波器。

指标要求:$A_m = 1$, $f_C = 1\ 000\ Hz$, $Q = 0.707$。请设计符合要求的二阶有源低通滤波器,计算该滤波器的滤波核心元件 R_1, R_2, C_1, C_2(集成运放选用 LM324)。

④设计一个二阶有源高通滤波器。

指标要求:$A_m = 2$, $f_C = 100\ Hz$, $Q = 2$。请设计符合要求的二阶有源高通滤波器,计算该滤波器的滤波核心元件 R_1, R_2, C_1, C_2,由于有放大倍数,请设计对应的电阻 R_f 和 R_F(集成运放选用 LM324)。

4)实验内容及步骤

①按预习要求的③或④项中的设计数据画出实验电路图。

②按照所设计的实验电路图在面包板上接插元件。要正确连接正、负电源,并用数字式万用表核对集成运放电源,使 $V_{CC} = \pm 15\ V$。

③接通电源,使输入端 V = 0(对地短路),调节 R,对运放进行调零($V_0 = 0$)(调零时,用调零电路)。

④输入 $V_i = 2V_{rms}$ 的交流正弦信号,在 20 Hz ~ 200 kHz 范围内改变信号源频率。用示波器监视输出波形,用交流毫伏表测量输出电压 V_o(在 f_0 附近多测几组数据,改变信号源频率时要保持输入信号 V_i 不变)。观察电路是否具有高通特性或低通特性,并记录相应的频率及输出电压幅值;绘制出电路的幅频特性;在幅频特性图中找出截止频率 f_C 的准确值。

测出的数据请填入表 4.2 和表 4.3 中。

表 4.2　低通滤波器幅频特性数据

V_i	$2V_{rms}$										
f_C/Hz											
V_o											

表 4.3　高通滤波器幅频特性数据

V_i	$2V_{rms}$										
f_C/Hz											
V_o											

⑤参照上述实验原理和步骤,查资料自行设计带阻滤波器,要求画出实验电路图,自拟实验步骤和表格,实际测出电路中心频率,同时以实测中心频率为中心,测量并画出电路的幅频特性。

5)实验报告及问题讨论

(1)实验报告

①整理实验数据和波形,列表填写。

②用坐标纸绘出实验电路的幅频特性曲线,找出截止频率 f 值。

③将实验数据与计算值对比,若有差异,分析其原因。

(2)问题讨论

①在二阶高通滤波器中,要使滤波器增益保持到较高频率,应怎样选择所用运算放大器的带宽?

②在二阶高通滤波器、二阶低通滤波器中,在频率比较高,比如 500 kHz、1 MHz 时会有什么情况发生? 产生这种情况的原因是什么? 结合这些问题,思考有源滤波电路与无源滤波电路各有哪些优缺点。

实验 3　非正弦波发生器的设计与调试

1)实验目的

①进一步理解由集成运算放大器组成的比较器的工作原理。

②加深理解由集成运放组成的各种波形发生器的工作原理。

③掌握各种波形发生器的电路构成及特点,学习自行设计和调测的方法。

2)实验仪器及元件

①函数信号发生器。

②双踪示波器。

③交流电压表。

④数字万用表。

⑤模拟电路元器件包、面包板、导线。

3)实验原理及预习要求

(1)实验原理

常用的非正弦波发生电路,一般有矩形波发生电路、三角波发生电路以及锯齿波发生电路等,它们常用于脉冲和数字系统中作为信号源。

从一般原理分析,可以利用一个滞回比较器和一个 RC 充放电回路组成矩形波发生电路,如图 4.11 所示。

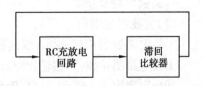

图 4.11　矩形波发生器的一般组成

已知滞回比较器的输出只有两种可能的状态:高电平或低电平。滞回比较器的两种不同的输出电平使 RC 电路进行充电或放电,于是电容上的电压将升高或降低,而电容上的电压又作为滞回比较器的输入电压,控制其输出端状态发生跳变,从而使 RC 电路由充电过程变为放电过程或相反。如此循环往复,周而复始,最后在滞回比较器的输出端即可得到一个高低电平周期性的矩形波。

矩形波发生器的电路如图 4.12 所示,其中,集成运放与电阻 R_1,R_2 组成滞回比较器,电阻 R_3,R_p 和电容 C_1 构成充放电回路,稳压管 D_z 和电阻 R_4 的作用是钳位,将滞回比较器的输出电压限制在稳压管的稳定电压值 $\pm V_{D_z}$。

如图 4.12 所示的电路参数确定,则输出电压 V_o 的波形是正负半周对称的矩形波,即方波,该电路也即方波发生器。

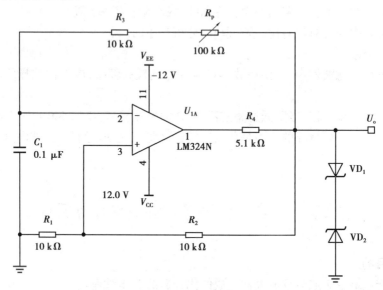

图 4.12 方波发生器电路

(2)预习要求

①分析图 4.12 中电路的工作原理,定性画出输出电压 V_o 和电容在集成运放反相端 V_c 的波形。

②若图 4.12 中电路 $R_3+R_p=10\ \mathrm{k\Omega}$,计算输出电压 V_o 的频率。

③图 4.13 中电路如何使输出波形占空比变大?利用元器件包内元件自行设计实验电路原理图。

④在图 4.14 中,如何改变输出频率,试设计两种方案并自行设计实验电路图。

⑤在锯齿波发生电路中,如何连接振荡频率?画出自拟电路图。

4)实验内容及步骤

(1)方波发生电路

实验电路如图 4.12 所示,双向稳压值一般为 5~6 V。

①按电路图接线,观察输出电压 V_o 波形及频率,与预习比较。

②分别测出 $R_3+R_p=10\ \mathrm{k\Omega}$,$R_3+R_p=110\ \mathrm{k\Omega}$ 时的频率,输出幅值,与预习比较。

③要想获得更低的频率应如何选择电路的参数,试利用其他数值的电阻电容等元器件进行实验并观测之。

(2)占空比可调的矩形波发生电路

实验电路如图 4.13 所示。前面图 4.12 中输出电压 V_o 的波形是正负半周对称的矩形波,即 V_o 等于高电平和低电平的时间各为 $T/2$,这种矩形波的占空比等于50%,如果希望矩形波的占空比能够根据需要进行调节,则可分别通过改变图 4.13 电路中的充电和放电时间常数来实现。

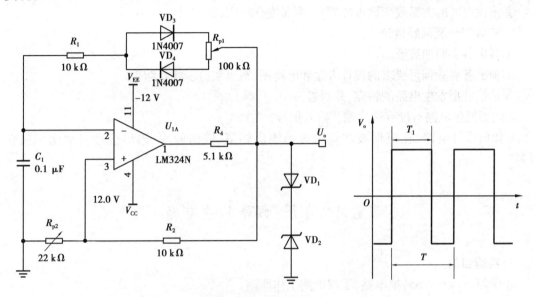

图 4.13　占空比可调的矩形波发生电路及输出波形

①按图接线,观察并测量电路的振荡频率、幅值及占空比。

②若要使占空比更大,应如何选择电路参数并用实验验证。

（3）三角波发生电路

参考实验电路,如图 4.14 所示。图中为一个三角波发生电路。图中,前一集成运放组成滞回比较器,后一集成运放则组成积分电路,滞回比较器输出的矩形波加在积分电路的反相输入端,而积分电路输出的三角波又接到滞回比较器的同相输入端,控制滞回比较器输出端的状态发生跳变,从而在后面集成运放的输出端得到周期性的三角波。

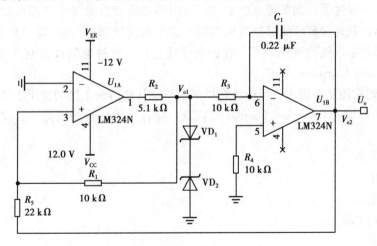

图 4.14　三角波发生器实验电路

①按自行设计的实验电路图连接线路,分别用示波器观测 V_o 和 V_{o1} 的波形,并作记录。

②如何改变输出波形的频率？按预习方案分别进行设计、实验并记录。

（4）锯齿波发生电路

①自拟实验电路，按自行设计的实验电路图连接线路，观测电路输出波形和频率，并记录。

②按预习时的方案改变锯齿波频率，测量变化范围，并记录。

5）实验报告及问题讨论

①画出各实验的波形图。

②画出各实验预习要求的设计方案和电路图，写出实验步骤及结果。

③总结波形发生电路的特点，并回答：

a.波形发生电路有没有输入端及输入信号？

b.如何设计电路，让矩形波和锯齿波的输出幅值、输出频率、输出信号占空比都独立可调？

实验 4　电压/频率转换电路

1）实验目的

①学习电压/频率转换电路，了解电路工作原理。

②学习电路参数的调整方法。

2）实验仪器及材料

①函数信号发生器。

②双踪示波器。

③交流电压表。

④数字万用表。

⑤模拟电路元器件包、面包板、导线。

3）实验内容

通常，我们会通过手动调节可变电阻或可变电容来改变波形发生电路的振荡频率，而在自动控制等场合，就通常要求能够通过电控制来调节振荡频率，常见的情况是通过一个控制电压，要求波形发生电路的振荡频率与控制电压成正比。这种电路称为电压-频率转换电路（Voltage Frequency Converter，VFC）。

VFC 电路的功能是将输入直流电压转换成频率与其数值成正比的输出电压，也称为电压控制振荡电路（Voltage Controlled Oscillator，VCO），简称为压控振荡电路。其应用广泛，常用于以下电路：

①函数发生器。

②锁相环电路。

③音调发生器。

④频移键控电路。

⑤调频电路。

VCO 电路形式繁多，如由运放构成的 VFC，或者是集成芯片构成的 VFC 等。实验参考电路如图 4.15 所示，运算放大器接±12 V 电源。该电路实际上为典型的 $U\text{-}F$ 转换电路。当输入信号为直流电压时，输出 V_o 将出现与其有一定函数关系的频率振荡波形。电路中 A_1，R_1，C_1

等组成积分电路,A_2,R_5,R_6 等组成滞回比较器,V_{p2} 是滞回比较器的参考电压,滞回比较器的输出 V_o 只有两种状态,输出上限 V_{OM} 和输出下限$-V_{OM}$。V_o 经反馈回路控制三极管 VT 的导通和截止控制电容 C_1 的充放电时间。输入电压 V_i 的大小决定了 A_1 同相输入端的电位 V_{p1},由此控制了积分电路的积分时间,以达到通过输入电压变化控制输出频率的目的。

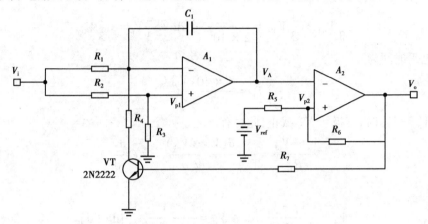

图 4.15　电压/频率转换电路

接下来,通过对整个电路的分析,推导出 V_o 的频率 f 与 V_i 的关系。

首先,来看由集成运放 A_2 组成的滞回比较器。根据叠加原理,可知 A_2 同相输入端电位

$$V_{p2} = \frac{R_6}{R_5 + R_6}V_{ref} + \frac{R_5}{R_5 + R_6}V_o$$

由此可得,比较器翻转的阈值:

当 $V_o = +V_{OM}$时,

$$V_H = \frac{R_6}{R_5 + R_6}V_{ref} + \frac{R_5}{R_5 + R_6}V_{OM}$$

当 $V_o = -V_{OM}$时,

$$V_L = \frac{R_6}{R_5 + R_6}V_{ref} - \frac{R_5}{R_5 + R_6}V_{OM}$$

为了计算方便,取 $R_5 = 100$ kΩ,$R_6 = 200$ kΩ,则由以上两式,得

$$V_H = \frac{2}{3}V_{ref} + \frac{1}{3}V_{OM}$$

$$V_L = \frac{2}{3}V_{ref} - \frac{1}{3}V_{OM}$$

当 $V_o = +V_{OM}$时,三极管 VT 饱和,忽略三极管的饱和压降,此时有

$$\frac{V_i - V_{p1}}{R_1} + C\frac{\mathrm{d}(V_A - V_{p1})}{\mathrm{d}t} = \frac{V_{p1}}{R_4}$$

其中,$V_{p1} = \dfrac{R_3}{R_2 + R_3}V_i$,整理可得

$$C\frac{\mathrm{d}V_A}{\mathrm{d}t} = \left(\frac{1}{R_4} + \frac{1}{R_1}\right)V_{p1} - \frac{V_i}{R_1}$$

取 $R_1 = 100 \ \text{k}\Omega, R_2 = R_3 = R_4 = 50 \ \text{k}\Omega$, 有

$$V_A = \frac{1}{2 \times 10^5} \frac{V_i}{C} \int \mathrm{d}t + V_L$$

将阈值电压代入上式, 有

$$\frac{2}{3} V_{ref} + \frac{1}{3} V_{OM} = \frac{1}{2 \times 10^5} \frac{V_i}{C} \int \mathrm{d}t + \frac{2}{3} V_{ref} - \frac{1}{3} V_{OM}$$

故 V_o 低电平时间为

$$T_L = \frac{4 \times 10^5}{3} \frac{V_{OM} C}{V_i}$$

同理, 当 $V_o = -V_{OM}$ 时, 三极管 VT 截止, 此时有

$$\frac{V_i - V_{p1}}{R_1} = - C \frac{\mathrm{d}(V_A - V_{p1})}{\mathrm{d}t} = - C \frac{\mathrm{d}V_A}{\mathrm{d}t}$$

所以

$$V_A = - \frac{V_i - V_{p1}}{R_1 C} \int \mathrm{d}t + V_H = - \frac{1}{2 \times 10^5} \frac{V_i}{C} \int \mathrm{d}t + V_H$$

将阈值电压代入上式, 有

$$\frac{2}{3} V_{ref} - \frac{1}{3} V_{OM} = \frac{1}{2 \times 10^5} \frac{V_i}{C} \int \mathrm{d}t + \frac{2}{3} V_{ref} + \frac{1}{3} V_{OM}$$

故 V_o 高电平时间为

$$T_H = \frac{4 \times 10^5}{3} \frac{V_{OM} C}{V_i}$$

于是, 振荡频率

$$f = \frac{1}{T_L + T_H} = \frac{3 V_i}{8 \times 10^5 V_{OM} C}$$

即振荡频率 f 随输入控制电压 V_i 线性变化, 且振荡输出为方波。

4) 实验要求

①理解电路的工作原理, 设计一个输入电压为 0~4 V, 输出频率变化为 100 Hz~2 kHz 的压控振荡器。

②学习用示波器观察输出波形的周期, 然后换算为频率, 并观察幅值。

③测量频率, 将测量结果记入表 4.4。

表 4.4　压控振荡器输出幅值及频率

V_i/V	0.5	1.0	1.5	2.0	2.5	3.0	3.5	4.0
V_o/V								
f/kHz								

5) 实验报告

①整理数据, 填入表格内。

②画出频率-电压曲线。

第 **5** 章
电子综合设计

模拟电子技术是一门实践性很强的课程,要学好它,仅靠在课堂上学好理论知识是不够的,必须加强实践性教学环节。与基础实验不同,实验目的内容比较单、课程综合设计是对某一门课程进行的综合训练,内容较丰富。通过设计、装接、调试实际的电子线路,可进一步加深对电路基础知识的理解,提高分析解决实际问题的能力。

1) 综合设计的目的和要求

①初步掌握科学研究(课程设计属于简单的科学研究)的基本方法。通过实际电路的设计计算、元件选取、安装调试等环节,初步掌握简单实用电路的分析方法和工程设计方法。

②初步掌握普通电子线路产品的生产工艺流程和安装、布线、焊接、调试等技能。

③掌握常用仪器设备的正确使用方法,学会常用电路的实验调试和整机指标的测试方法,提高实践动手能力。

④熟练掌握 EDA 仿真软件的使用。

⑤培养自学、独立分析和解决问题的能力以及开拓创新能力。

⑥通过严格的工程设计训练,逐步树立严肃认真、一丝不苟、实事求是的科学作风,并具备一定的生产观念、经济观念和全局观念。

2) 综合设计的基本程序

①指导老师上课(宣读题目和技术指标要求、设计思路、关键点提示)。

②学生自行设计、绘制电路原理图,选择电子元器件。

③经指导教师检查认可。

④绘制安装接线图。

⑤进行 EDA 仿真。

⑥领取电子元器件及材料并安装连接电路。

⑦调试电路使其性能指标符合设计要求。

⑧经指导老师验收通过。

⑨答辩。

⑩整理归还仪器、器材。

⑪编写设计总结报告。

3) 综合设计的基本方法

① 根据给定技术指标,查阅资料,比较方案,确定最优方案。

② 画出电路总体方框图。

③ 设计各单元电路,计算好元器件参数,选择电子元器件。

④ 画出详细的电路原理图,理论推算出结果,所设计电路应符合技术指标要求。

⑤ EDA 仿真测试结果正确。

⑥ 画出详细的电路接线图。

⑦ 在面包板上搭接线路或在印制板上焊接线路并测试技术指标,必要时修改电路、更换器件,直至电路技术指标全部符合要求为止。

4) 总结报告要求

① 设计内容及技术指标要求。

② 比较和选定设计的电路方案,画出电路框图。

③ 单元电路设计、参数计算、器件选择。

④ 画出完整的电路图,说明工作原理。

⑤ EDA 仿真基本方法和结果情况。

⑥ 画出完整的电路接线图。

⑦ 说明安装连(焊)接注意事项。

⑧ 调试的内容及方法。

⑨ 测试的数据、波形,并与计算结果比较分析。

⑩ 调试中出现的故障,分析和解决方法。

⑪ 总结设计电路的特点和方案的优缺点。

⑫ 设计体会。

⑬ 列出元器件清单。

⑭ 列出参考书。

实验 1　抗干扰的语音音频放大器的设计

音频域(以下简称"音频")放大电路是音频放大设备中电子线路的主要部分,也是模拟电路中最基本、应用最广泛的电路。许多其他功能的电路都是以它为基础,经过演变派生或组合而成的。目前,尽管模拟集成电路已广泛应用于模拟电路的设计中,使设计工作量大大简化。但本设计以教学训练为目的而侧重于分立元件电路,因为分立元件电路设计往往需要涉及更多的器件和电路的基本概念、工作原理和分析计算。此举对初学者而言是合适的,况且在采用集成块设计中也常常要配置必要的分立元件电路。

在语音播放传递过程中,常常会遇到干扰。

1) 技术指标要求

① 输入信号 $V_i \leq 10$ mV,输入阻抗 $R_i \geq 100$ kΩ。

② 对输入语音信号进行 500 倍放大,放大倍数可调。

③ 语音信号输出负载为喇叭(额定输出功率 0.5 W,负载阻抗 8 Ω),音量连续可调。

④语音电路频率响应为 20 Hz~20 kHz。

⑤设计 4 kHz 的正弦波信号发生器,输出幅值在 $0.1V_{pp}$ ~ $2V_{pp}$ 连续可调。

⑥制作加法器,将产生的 4 kHz 正弦波作为干扰信号加入语音信号中。

⑦设计滤波器,滤除 2 kHz 以上的信号,过渡带宽度<2 kHz,阻带衰减<−40 dB。

2)设计原理

抗干扰的语音音频放大器原理框图如图 5.1 所示,语音信号从麦克风、音频设备出来输入音频放大电路,麦克风输出的语音电压较小,典型值为 5 mV,而音频设备的输出电压比较大,典型值为 1 V。

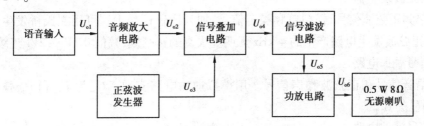

图 5.1　抗干扰的语音音频放大器原理框图

音频放大电路要有可调的放大倍数。因为人耳能听到的声音信号是 20 Hz~20 kHz,所以音频电路频率响应为 20 Hz~20 kHz。由于多级级联会影响频率,因此,这一级不能刚好在这个频带上,要适当宽些,留点余量。我们用正弦波发生电路模拟一个 4 kHz 的单频干扰,用加法器叠加到语音中,然后用滤波电路将其滤除。尽管有这个 4 kHz 的噪声加入,并且由于滤波器不可能设计得跟砖墙一样垂直,过渡带为 2 kHz,所以实际上本系统最后能听到的声音频率为 20 Hz~2 kHz,之所以音频频响特性最后达到 20 kHz,是因为如果没有这个干扰,我们用跳线跳过信号滤波电路,能正常收听更高频率的声音信号而不只是 20 Hz~2 kHz。最后,我们要推动无源喇叭发声。喇叭是用电设备,可以看作一个电阻,它不需要外接电源,所有供电都是系统提供,由于喇叭电阻很小(0.5 W,8 Ω),支持流过的额定电流为 $I = \sqrt{P/R} = \sqrt{\dfrac{0.5}{8}}\,A = $

$0.25\ A = 250\ mA$,最大电流为 $\sqrt{2}\,I \approx 0.35\ A$。集成运放,比如 LM324,在大电压输出的情况下,输出电流最大只能到 20 mA,无法提供如此大的电流直接驱动该喇叭,因此需要级联一个功放电路。

由喇叭额定功率可知,喇叭输出电压最大有效值为 $V = \sqrt{PR} = \sqrt{0.5\ W \times 8\ \Omega} = 2\ V$。以麦克风为例,5 mV 的典型输入电压,因此,系统需要 400 倍放大,考虑系统损耗,设定放大倍数为 500 倍。

3)设计说明与提示

(1)语音输入模块

驻极体话筒构成语音采集模块,应有较大的输出电阻。也可接麦克风、音频设备等,要有切换电路。U_{o1} 为驻极体话筒构成的语音输出信号,此信号也是音频放大电路的信号输入端。此处,应用插线柱连接,和后级断开,需要级联时用杜邦线连接。用示波器观察能在有声音时看到波形。

(2)音频放大电路

音频放大电路对采集的语音信号进行放大。由于话筒输出信号一般只有 5 mV 左右,而共模噪声可能高达几伏,故放大器的输入漂移和噪声因数以及放大器本身的共模抑制比都是在设计中要考虑的重要因素。话筒放大电路应是一个高输入阻抗、高共模抑制比、低漂移且能与高阻话筒配接的小信号前置放大器电路。因此,采用电容耦合的同相比例运算电路比较合适,但要注意静态工作电压的设定。该模块与前级的语音输入模块应断开,方便测试,级联时用杜邦线连接。

U_{o2} 为放大后的音频信号。测试时从信号发生器接入 10 mV_{pp},20 Hz ~ 2 kHz 正弦波信号到音频放大电路模块输入端,输出应为 5 V_{pp},无明显失真。

(3)正弦波发生器

产生单频正弦波信号,模拟单频噪声信号,加入语音信号中。可用文氏桥发生电路来实现。U_{o3} 为正弦波发生电路产生的 4 kHz 无明显失真的正弦波,幅值 0.1V_{pp} ~ 2V_{pp} 连续可调。

(4)信号叠加电路

叠加语音信号和正弦波噪声信号。用模拟加法电路实现。U_{o4} 为 U_{o2} 和 U_{o3} 叠加后的信号,应无明显失真。

(5)信号滤波电路

滤除噪声信号,保留语音信号。U_{o5} 为模拟滤波器输出。测试时,断开信号叠加电路和信号滤波电路,从信号发生器接入 20 Hz ~ 20 kHz,4V_{pp} 信号,截止频率应大于 2 kHz,输入信号为 4 kHz 时,应有 40 dB 以上的衰减。

二阶滤波器只实现了−40 dB/10 倍频的滚降速率。这还远远不够。过渡带太宽。即设置在 2 kHz 截止频率的低通滤波器,在 20 kHz 处才能有−40 dB 的衰减,无法满足要求,因此需要高阶滤波器。

接下来,讲解高通滤波器的设计。

①高阶滤波器的参数定义。

高阶滤波器关于 Q 值的定义,仍来自二阶滤波器:特征频率处的增益值,即 Q。

高阶滤波器的特征频率定义,是相移在中频基础上滞后 $n \times 45°$ 的频率点,n 为阶数。基于 Q 值,高阶滤波器仍分为巴特沃斯型($Q = 0.707$)、切比雪夫型($Q > 0.707$)、贝塞尔型($Q < 0.707$)。

②高阶滤波器的组成方法。

如表 5.1 所示,任何一个高阶滤波器都被拆分成若干独立级,每一级都由一阶或者二阶组成,其下标是其级序号。例如,表 5.1 中七阶滤波器一行,表明要形成一个七阶滤波器,必须由一级一阶滤波器,加上三级二阶滤波器串联形成。其中,第 1 级为一阶滤波器,其特征频率为 f_{01},没有品质因数概念。第 2 级后均为二阶滤波器。第 2 级的特征频率为 f_{02},品质因数为 Q_2。第 3 级的特征频率为 f_{03},品质因数为 Q_3。第 4 级的特征频率为 f_{04},品质因数为 Q_4。

表 5.1　高阶滤波器的组成

阶数	第 1 级	第 2 级	第 3 级	第 4 级	第 5 级
三阶	一阶(f_{01})	二阶(f_{02} , Q_2)			
四阶	二阶(f_{01} , Q_1)	二阶(f_{02} , Q_2)			
五阶	一阶(f_{01})	二阶(f_{02} , Q_2)	二阶(f_{03} , Q_3)		

续表

阶数	第 1 级	第 2 级	第 3 级	第 4 级	第 5 级
六阶	二阶(f_{01}, Q_1)	二阶(f_{02}, Q_2)	二阶(f_{03}, Q_3)		
七阶	一阶(f_{01})	二阶(f_{02}, Q_2)	二阶(f_{03}, Q_3)	二阶(f_{04}, Q_4)	
八阶	二阶(f_{01}, Q_1)	二阶(f_{02}, Q_2)	二阶(f_{03}, Q_3)	二阶(f_{04}, Q_4)	
九阶	一阶(f_{01})	二阶(f_{02}, Q_2)	二阶(f_{03}, Q_3)	二阶(f_{04}, Q_4)	二阶(f_{05}, Q_5)
十阶	二阶(f_{01}, Q_1)	二阶(f_{02}, Q_2)	二阶(f_{03}, Q_3)	二阶(f_{04}, Q_4)	二阶(f_{05}, Q_5)

③设计高阶滤波器需要的已知条件。

设计一个高阶滤波器,需要明确以下已知条件:

A.截止频率f_c:

任何一个高阶滤波器,都有截止频率,即实际增益为中频增益的−3.00 dB 处的频率。这是设计高阶滤波器的第一个已知条件。

B.滤波器阶数:

高阶滤波器的阶数越高,可以获得更加接近于砖墙滤波器的效果,但成本也越高,设计实现难度也相应增加。应合理选择滤波器阶数。

C.滤波器类型:

对于一个高阶滤波器来说,还需要根据滤波器的设计目的,确定滤波器的类型,包括巴特沃斯型、贝塞尔型、切比雪夫型。巴特沃斯型和贝塞尔型,都是固定参数,无须再深入选择。切比雪夫型,则需要选择带内波动最大值,一般用 dB 表示。比如 0.5 dB 切比雪夫,是指在该滤波器的幅频特性中,不包含单纯的下降段,在通带内实际增益与中频增益的差距为±0.5 dB。

④高阶滤波器系数表。

表 5.2 是高阶滤波器系数表。这个表格包含 3 阶到 10 阶。对不同类型的滤波器,都具有 2 列数据,分别为频率系数 $1/K$,以及品质因数 Q。表中 Q 值为空白的,表示该级为一阶滤波器。

表 5.2　高阶滤波器系数表

阶数	巴特沃斯		贝塞尔		0.5 dB 切比雪夫		1 dB 切比雪夫		0.25 dB 切比雪夫		0.1 dB 切比雪夫	
	$1/K$	Q	$1/K$	Q	$1/K$	Q	$1/K$	Q	$1/K$	Q	$1/K$	Q
3	1.000		1.323			0.537		0.451		0.612		0.936
	1.000	1.000	1.442	0.694	0.915	1.707	0.911	2.018	0.923	1.508	0.697	1.341
4	1.000	0.541	1.430	0.522	0.540	0.705	0.492	0.785	0.592	0.657	0.951	2.183
	1.000	1.307	1.604	0.805	0.932	2.941	0.925	3.559	0.946	2.536	0.651	0.619
5	1.000		1.502		0.342		0.280		0.401		0.475	
	1.000	0.618	1.556	0.563	0.652	1.178	0.634	1.399	0.673	1.036	0.703	0.915
	1.000	1.618	1.755	0.916	0.961	4.545	0.962	5.555	0.961	3.876	0.963	3.281

续表

阶数	巴特沃斯		贝塞尔		0.5 dB 切比雪夫		1 dB 切比雪夫		0.25 dB 切比雪夫		0.1 dB 切比雪夫	
	$1/K$	Q	$1/K$	Q	$1/K$	Q	$1/K$	Q	$1/K$	Q	$1/K$	Q
6	1.000	0.518	1.605	0.510	0.379	0.684	0.342	0.761	0.418	0.637	0.470	0.600
	1.000	0.707	1.690	0.611	0.734	1.810	0.723	2.198	0.748	1.556	0.764	1.332
	1.000	1.932	1.905	1.023	0.966	6.513	0.964	8.006	0.972	5.521	0.972	4.635
7	1.000		1.648		0.249		0.202		0.294		0.353	
	1.000	0.555	1.716	0.532	0.489	1.092	0.472	1.297	0.509	0.960	0.538	0.846
	1.000	0.802	1.822	0.661	0.799	2.576	0.795	3.156	0.804	2.191	0.813	1.847
	1.000	2.247	2.050	1.126	0.979	8.840	0.980	10.900	0.978	7.468	0.979	6.234
8	1.000	0.510	1.778	0.506	0.289	0.677	0.260	0.753	0.321	0.630	0.363	0.593
	1.000	0.601	1.833	0.560	0.583	1.611	0.573	1.956	0.596	1.383	0.611	1.207
	1.000	0.900	1.953	0.711	0.839	3.466	0.835	4.267	0.845	2.931	0.850	2.453
	1.000	2.563	2.189	1.225	0.980	11.527	0.979	14.245	0.983	9.717	0.983	8.082
9	1.000		1.857		0.195		0.158		0.232		0.279	
	1.000	0.527	1.879	0.520	0.388	1.060	0.373	1.260	0.406	0.932	0.431	0.822
	1.000	0.653	1.948	0.589	0.661	2.213	0.656	2.713	0.667	1.881	0.678	1.585
	1.000	1.000	2.080	0.761	0.873	4.478	0.871	5.527	0.874	3.776	0.878	3.145
	1.000	2.879	2.322	1.322	0.987	14.583	0.987	18.022	0.986	12.266	0.986	10.180
10	1.000	0.506	1.942	0.504	0.234	0.673	0.209	0.749	0.259	0.627	0.294	0.590
	1.000	0.561	1.981	0.538	0.480	1.535	0.471	1.864	0.491	1.318	0.507	1.127
	1.000	0.707	2.063	0.620	0.717	2.891	0.713	3.560	0.723	2.445	0.730	2.043
	1.000	1.101	2.204	0.810	0.894	5.611	0.892	6.938	0.897	4.724	0.899	3.921
	1.000	3.196	2.450	1.415	0.987	17.994	0.986	22.280	0.989	15.120	0.989	12.516

⑤高阶滤波器设计方法。

根据滤波器类型、阶数,可在表格中圈定一组数据。例如要设计一个七阶滤波器,类型为 1 dB 切比雪夫,截止频率为 f_c,则圈定数据如表 5.2 中的方框所示,得到 4 行数据,其含义如下:

第一行代表第一级的参数。有两列,左列为频率系数 $1/K$, 0.202;右列为品质因数,空格代表该级为一阶滤波器。一阶滤波器的特征频率为

$$f_0 = \frac{f_C}{K} = f_C \times \frac{1}{K}$$

一阶滤波器通常由一个电阻和一个电容形成,有以下关系:

$$f_0 = \frac{1}{2\pi RC}$$

第二行代表第二级的参数。有两列,左列为频率系数 $1/K$, 0.472, 右列为品质因数 Q, 1.297, 代表该级为二阶滤波器。该二阶滤波器的品质因数为 1.297, 特征频率为:

$$f_0 = \frac{f_C}{K} = f_C \times \frac{1}{K}$$

根据本书"有源滤波器的设计与调试"内容,已知特征频率、品质因数,完成设计即可。

第三行代表第三级的参数。可知,将第三级设计成一个特征频率为 $f_C \times 0.795$, 品质因数为 3.156 的二阶低通滤波器即可。

第四行代表第四级的参数。可知,将第四级设计成一个特征频率为 $f_C \times 0.980$, 品质因数为 10.9 的二阶低通滤波器即可。

⑥高阶滤波器系数表的获取。

已知滤波器类型及设计参数(如通带截止频率 f_p、通带最大衰减 δ_1、阻带截止频率 f_s、阻带最小衰减 δ_2),如何计算得到滤波器阶数 N、特征频率与截止频率比值 K 及品质因数 Q 呢?在"信号与系统"课程中有介绍。本实验以巴特沃斯低通滤波器为例,简单介绍如何计算,更详细的内容请参阅相关书籍。巴特沃斯低通滤波器幅度平方函数为:

$$|H_a(j\omega)|^2 = \frac{1}{1 + \left(\dfrac{\omega}{\omega_c}\right)^{2N}}$$

式中　N——正整数,代表滤波器的阶次;

　　　ω_c——截止频率。

当 $\omega = \omega_c$ 时,有

$$|H_a(j\omega_c)|^2 = \frac{1}{1 + \left(\dfrac{\omega_c}{\omega_c}\right)^{2N}} = \frac{1}{2}$$

即

$$|H_a(j\omega_c)| = \frac{1}{\sqrt{2}}$$

$$\delta_1 = 20 \lg \left|\frac{H_a(j0)}{H_a(j\omega_c)}\right| = 3 \text{ dB}$$

如将 $\omega = s/j$ 代入上式得

$$|H_a(j\omega)|^2\Big|_{\omega = \frac{s}{j}} = H_a(s)H_a(-s) = \frac{1}{\left(1 + \dfrac{s}{j\omega_c}\right)^{2N}}$$

由信号与系统知,巴特沃斯滤波器的零点全部在 $s = \infty$ 处,在有限 s 平面只有极点,因而属于"全极点型"滤波器。$H_a(s)H_a(-s)$ 的极点为

$$s_k = (-1)^{\frac{1}{2N}}(j\omega_c) = \omega_c e^{j\left[\frac{1}{2} + \frac{2k-1}{2N}\right]}, k = 1, 2, \cdots, N$$

由于 $H_a(s)H_a(-s)$ 在左半边平面的极点,即于 $H_a(s)$ 的极点,因而

$$H_a(s) = \frac{\omega_c^N}{\prod_{k=1}^{N}(s - s_k)}$$

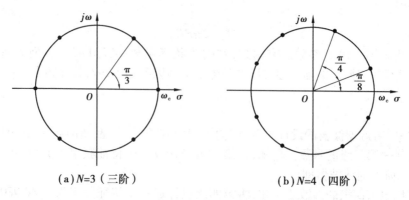

（a）N=3（三阶）　　　　　　　　（b）N=4（四阶）

图5.2　巴特沃斯滤波器 $H_a(s)H_a(-s)$ 在 s 平面的极点位置

当 N 为偶数时，$H_a(s)$ 的极点（左平面）皆成共轭对，即

$$s_k, s_{N+1-k}$$

其中，$k = 1, 2, \cdots, N/2$。这一对共轭极点构成一个二阶子系统，即

$$H_k(s) = \frac{\omega_c^2}{(s - s_k)(s - s_{N+1-k})} = \frac{\omega_c^2}{s^2 - 2\omega_c \cos\left(\frac{\pi}{2} + \frac{(2k-1)\pi}{2N}\right) + \omega_c^2}$$

这个系统由 $N/2$ 个这样级联的二阶子系统构成，即

$$H_a(s) = \prod_{k=1}^{\frac{N}{2}} H_k(s)$$

当 N 为奇数时，整个系统由一个一阶系统（极点 $s = -1$）和 $(N-1)/2$ 个二阶系统级联而成，即

$$H_a(s) = \frac{1}{s+1} \prod_{k=1}^{\frac{N-1}{2}} H_k(s)$$

例如，设计一个巴特沃斯低通滤波器。要求通带截止频率 $f_c = 4$ kHz，通带最大衰减 $\delta_1 = 3$ dB，阻带下限截止频率 $f_{st} = 8$ kHz，阻带最小衰减 $\delta_2 = 20$ dB。

设计步骤如下：

a.由题设通带截止频率 $f_c = 4$ kHz，可得到截止角频率 $\omega_c = 2\pi \times 4\,000$ rad/s，由题设阻带下限截止频率 $f_{st} = 8$ kHz，可得到阻带截止角频率 $\omega_{st} = 2\pi \times 8\,000$ rad/s。

b.求阶数 N，模拟巴特沃斯低通滤波器的幅度平方函数为

$$|H_a(j\omega)|^2 = \frac{1}{1 + \left(\dfrac{\omega}{\omega_c}\right)^{2N}}$$

将性能指标代入此式，可得

$$\delta_1 = -20 \lg |H_a(j\omega_c)| = 10 \lg\left[1 + \left(\frac{\omega_c}{\omega_c}\right)^{2N}\right] = 10 \lg 2$$

$$\delta_2 = -20 \lg |H_a(j\omega_{st})| = 10 \lg\left[1 + \left(\frac{\omega_{st}}{\omega_c}\right)^{2N}\right] = 20$$

联立求解，得

$$\frac{10^{\delta_2/10} - 1}{10^{\delta_1/10} - 1} = \left(\frac{\omega_{st}}{\omega_c}\right)^{2N}$$

因而解出，滤波器所需的最小阶数 N 为

$$N = \frac{\lg\left(\dfrac{10^{\delta_2/10} - 1}{10^{\delta_1/10} - 1}\right)}{2\lg\left(\dfrac{\omega_{st}}{\omega_c}\right)} = \frac{\lg\left(\dfrac{10^2 - 1}{10^{0.3} - 1}\right)}{2\lg 2} = 3.318$$

取大于此数的整数 $N=4$。

　　c.查表设计系统函数 $H_a(s)$，或按照下列方式计算 $H_a(s)$ 的各参数，求出极点，由

$$s_k = (-1)^{\frac{1}{2N}}(j\omega_c) = \omega_c e^{j\left[\frac{1}{2} + \frac{2k-1}{2N}\right]}, \quad k = 1, 2, \cdots, N$$

同时，取 $N=4$，可得

$$s_1 = s_4^* = \omega_c e^{j5\pi/8}, \quad s_2 = s_3^* = \omega_c e^{j7\pi/8}$$

可由

$$H_k(s) = \frac{\omega_c^2}{(s - s_k)(s - s_{N+1-k})} = \frac{\omega_c^2}{s^2 - 2\omega_c \cos\left(\dfrac{\pi}{2} + \dfrac{(2k-1)\pi}{2N}\right) + \omega_c^2}$$

得到两个二阶系统函数，它们的乘积即为系统函数 $H_a(s)$。

$$H_a(s) = H_{k1}(s)H_{k2}(s) = \frac{\omega_c^2}{s^2 + 0.765\,3\omega_c s + \omega_c^2} \cdot \frac{\omega_c^2}{s^2 + 1.847\,8\omega_c s + \omega_c^2}$$

$$= \frac{1}{\left(\dfrac{s}{\omega_c}\right)^2 + \dfrac{0.765\,3}{\omega_c}s + 1} \cdot \frac{1}{\left(\dfrac{s}{\omega_c}\right)^2 + \dfrac{1.847\,8}{\omega_c}s + 1}$$

令 $s = j\omega$，可得

$$H_a(j\omega) = \frac{1}{\left(j\dfrac{\omega}{\omega_c}\right)^2 + 0.765\,3\,j\dfrac{\omega}{\omega_c} + 1} \cdot \frac{1}{\left(j\dfrac{\omega}{\omega_c}\right)^2 + 1.847\,8\,j\dfrac{\omega}{\omega_c} + 1}$$

$$= \frac{1}{1 + \dfrac{1}{1.306\,7}j\dfrac{\omega}{\omega_c} + \left(j\dfrac{\omega}{\omega_c}\right)^2} \cdot \frac{1}{1 + \dfrac{1}{0.541\,2}j\dfrac{\omega}{\omega_c} + \left(j\dfrac{\omega}{\omega_c}\right)^2}$$

和

$$A(j\omega) = A_m \frac{1}{1 + \dfrac{1}{Q}j\dfrac{\omega}{\omega_0} + \left(j\dfrac{\omega}{\omega_0}\right)^2}$$

对比，由于巴特沃斯滤波器截止角频率 ω_c 和特征角频率 ω_0 一致，所以 $\omega_c = \omega_0$，两级的 Q 值分别为 1.306 7 和 0.541 2，与 4 阶巴特沃斯低通滤波器系数表一致，见表 5.3。

表 5.3

阶数	巴特沃斯	
	1/K	Q
3	1.000	
	1.000	1.000
4	1.000	0.541
	1.000	1.307

⑦功放电路。

功放电路是为驱动小阻抗无源喇叭而设计的功率放大电路。可用分立元件 OCL 电路实现,也可用集成功放 LM386 来实现。

集成音频功放 LM386 典型应用图,如图 5.3 所示。其中,Speaker 就是后级无源喇叭。U_{o6} 为功放电路输出,功放电路后插接"0.5 W 8 Ω"的无源喇叭,U_{o2} 处接入 10 mV$_{pp}$,1 kHz 正弦波信号,U_{o6} 输出应无明显失真且输出电压可调。

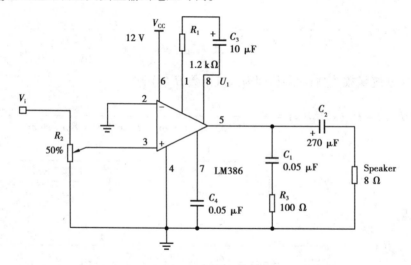

图 5.3 集成功放原理图

4)电路的安装与调试

在实验电路板上组装所设计的电路,检查无误后接通电源进行调试。在调试时要注意先进行基本单元电路的调试,再进行系统联调。也可对单元电路采取边组装边调试的方法,最后进行系统联调。

(1)语音输入及音频放大器

①静态调试:消除自激振荡。

②动态调试:在输入端输入信号 U_i(输入正弦信号、幅值与频率自选),测量输出电压 U_o,并观察和记录输出电压与输入电压的波形(幅值、相位关系),算出放大倍数 A_V。

③测量幅频特性,求出上、下限截止频率。

(2)正弦波发生电路

①观察是否起振,如未起振,分别检查文氏桥电路、同相比例放大电路是否正确工作。

②测量输出频率是否符合要求。无频率偏差太大，调节文氏桥电路的 R 和 C。

③观察波形是否失真，如果失真请调节稳幅电路。

（3）语音滤波器

①静态调试：消除自激振荡。

②测量幅频特性，计算出带通滤波电路的带宽 B_ω。

③在通带范围内，输入端输入信号 U_i（输入正弦信号、幅值与频率自选），测量输出电压，算出通带电压放大倍数（通带增益）A_V。

（4）功率放大电路

①令功率放大电路输入为零（将输入端短路），用示波器观察输出端有无自激，若有自激，应采取措施消除自激。

②在功率放大电路输入端加入 1 kHz 的正弦信号电压，逐渐加大输入电压的幅度，使输出信号达到最大不失真输出，用毫伏表测出输出电压，并记录此时输入电压的幅度。计算 A_V，P_{om} 和 η。

（5）系统联调

经过对各级放大电路的局部调试后，可以逐步扩大到整个系统的联调。

①令输入信号 $V_i = 0$（前置级输入对地短路），测量 LM386 输出端 5 脚直流输出电压应为 $V_{CC}/2$。

②输入 $f = 1$ kHz 的正弦信号，改变 V_i 幅度，用示波器观察输出电压 V_o 的波形变化情况，记录输出电压 V_o 最大不失真幅度所对应的输入电压 V_i 的变化幅度。

③输入 V_i 为一定值的正弦信号（在 V_o 不失真的范围内取值），改变输入信号的频率，观察 V_o 的幅值变化情况，记录 V_o 下降到 $0.707V_o$ 之内的频率变化范围。

④加入正弦波信号，观察输出的 V_{o4} 是否有该信号，在 V_{o5} 处是否被滤除掉。

⑤模拟试听效果。去掉信号源，改接话筒或收音机的耳机输出口，用喇叭代替负载电阻，应能听到音质清楚的声音或音乐。分别试听加入和不加入噪声的声音效果。

5）实验仪器及材料

①函数信号发生器。

②双踪示波器。

③交流电压表。

④数字万用表。

⑤模拟电路元器件包、面包板、导线。

实验 2　电容测量电路设计

通常在测量电容时，可以使用高频 Q 表或者带电容测量挡的万用电表等。设计一个电路根据电容与电压的关系，测得电容值并显示。

1）技术指标要求

①可测电容值的范围为 $C_x = 100$ nF ~ 10 μF，误差为 ±20%。

②可测电容值的挡位至少为 2 挡。

③正弦波发生器 $f_0 = 400\ \mathrm{Hz}$,误差为 $\pm10\%$。

④带通滤波电路中心频率 $f_0 = 400\ \mathrm{Hz}$,带宽 $\leqslant 120\ \mathrm{Hz}$。

⑤放大器放大倍数可调,最大为 $A_V = 1\ 000$(或 $60\ \mathrm{dB}$)。

⑥能显示测量的电容值。

提高要求:

①可测电容值的范围为 $C_x = 1\ \mathrm{nF} \sim 100\ \mathrm{\mu F}$,误差为 $\pm20\%$。

②正弦波发生器频率可选。

2)设计原理

电容电压转换,由集成运放构成的电容电压转换电路,如图 5.4 所示。其转换系数为

$$A_V = -\frac{R}{\dfrac{1}{j\omega_0 C_x}} = -j2\pi f_0 R C_x$$

所以,当输入为 V_i 时,输出电压的有效值 $V_o = 2\pi f_0 R C_x V_i$(V_i 是前级输出电压的有效值),由此可知,当频率为 f_0 的正弦波电压幅值一定,输入电压 V_i 也为定值时,对一定范围的 C_x,选定 R,则输出电压 V_o 和待测电容值 C_x 成正比。

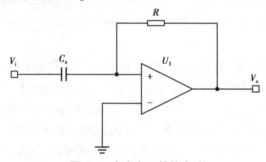

图 5.4　电容电压转换电路

由测量原理可知,在测量电路前应加入正弦波发生电路,产生一个频率稳定、幅值稳定的正弦波输入电容电压转换电路,将电容值转换成对应的电压。但此时的输出只是一个交流电压,为了测量出电压,要输出直流电压,所以要获得这个交流电压的平均值、峰值或者有效值,因而需要均值、极值检波器。最终电容测量仪的结构框图,如图 5.5 所示。

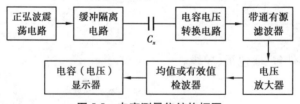

图 5.5　电容测量仪结构框图

3)设计说明与提示

(1)正弦波振荡电路

正弦波可以使用文氏桥振荡器来产生或者可以用电容三点式等其他方法产生,频率可选 $f_0 = 400\ \mathrm{Hz}$。或者用三角波发生器产生对应的三角波,然后利用差分放大器变换为正弦波,这样容易改变频率。

(2)隔离振荡电路

为了隔离振荡电路与被测电容,可以采用反相例运算电路起缓冲作用,同时,通过调节电

阻比值可改变放大缩小系数,换言之,它也是校准电路。

（3）带通滤波电路

带通滤波电路用以滤除非线性失真引起的谐波频率,为后面的测量带来干净的波形。如果设计的高阶带通滤波器品质因数 Q 值足够高,通频带足够窄,只允许 f_0 的频率分量通过时,那么也可称为选频器或选通器,这样会效果更好。

一般来说,可用二阶带通滤波器来实现简单的带通滤波,如图 5.6 所示。输入电压、输出电压和 M 点电压,列方程可得

$$\frac{V_i - V_M}{R_2} = \frac{V_M}{R_3} + \frac{V_M}{\frac{1}{sC_2}} + \frac{V_M - V_o}{\frac{1}{sC_1}}$$

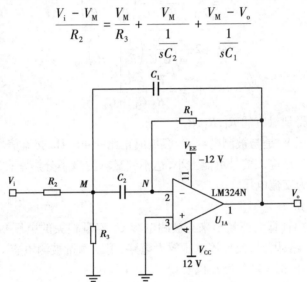

图 5.6　带通滤波电路

由反相端 N 点电压列方程,可得

$$\frac{V_M}{\frac{1}{sC_2}} = -\frac{V_o}{R_1}$$

即

$$V_M = -\frac{V_o}{sR_1C_2}$$

整理上述式子,可得

$$A(s) = \frac{V_o}{V_i} = -\frac{\dfrac{s(R_1R_3C_2)}{R_2 + R_3}}{1 + sR_2R_3\dfrac{C_1 + C_2}{R_2 + R_3} + s^2\dfrac{R_1R_2R_3C_1C_2}{R_2 + R_3}}$$

而带通滤波器的标准传递函数为

$$A(j\Omega) = A_m \frac{\dfrac{1}{Q}j\Omega}{1 + \dfrac{1}{Q}j\Omega + (j\Omega)^2}$$

133

其中

$$\Omega = \frac{f}{f_0}$$

$$Q = \frac{f_0}{\Delta f} = \frac{f_0}{f_H - f_L} = \frac{\Omega_0}{\Delta \Omega} = \frac{1}{\Omega_H - \Omega_L}$$

令 $s = j\Omega$，两式对比，中心频率 f_0、品质因数 Q、系统增益 A_m 如下：

$$f_0 = \frac{1}{2\pi} \sqrt{\frac{1}{R_1 C_1 C_2} \left(\frac{1}{R_2} + \frac{1}{R_3} \right)}$$

$$Q = 2\pi \sqrt{\frac{R_1}{C_1 C_2} \left(\frac{1}{R_2} + \frac{1}{R_3} \right)}$$

$$A_m = -\frac{R_1}{R_2} \frac{C_2}{C_1 + C_2}$$

设定好 C_1，C_2 后，可得到对应的 R_1，R_2，R_3。

此时，输出的电压 V_o 是与被测电容 C_x 容量成正比的 400 Hz 交流信号。这个信号对于显示来说有两个问题：一是输入信号可能太小，达不到显示的最小分辨率；二是显示器要求输入直流电平，因此电压为交流电压。

（4）电压放大电路

由于上级输出的 V_o（即为测量出来与被测电容 C_x 容量相关的电压）可能比较小，无法驱动下级二极管整流电路，因此，设计该电压放大电路，用以测量被测电容 C_x 的容量，为后级测量做准备。可用反相比例运算电路加以实现。

（5）平均值或有效值检波器

显示器要求输入直流电压，因而要将交流电压转换为直流电压。为此，可采用运放构成的全波整流来实现平均值电路。

因为二极管正向导通电压硅管约为 0.7 V、锗管约为 0.2 V，如果整流信号较小，用普通的整流方式将使电路无法工作或使整流波形产生严重失真。用运算放大器构成的整流电路，如图 5.7 所示，能够克服二极管正向伏安特性的非线性，所以此电路称为线性整流电路或精密整流电路。

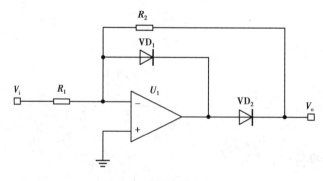

图 5.7　半波整流电路

当输入信号为正半周时，运算放大器输出负电压，二极管 VD_2 截止，VD_1 导通，整流输出电压 V_o 等于零。

当输入信号为负半周时,VD$_1$ 截止,运算放大器工作在开环状态,输出电压 $V_o = A_V V_i$。由于 A_V 很大,即使 V_i 很小,放大器的输出电压 V_o 也能使二极管 VD$_2$ 导通。VD$_2$ 导通后,运算放大器处于深度负反馈状态,失真非常小,整流电压 $V_o \approx -\dfrac{R_2}{R_1}V_i$,当 $R_2 = R_1$ 时,$V_o = -V_i$。故该电路为半波整流电路。

半波整流电路和一级加法电路组合,便可组成全波整流电路,如图 5.8 所示。A_2 及 R_3,R_4,R_5 构成反相加法电路,若 $R_1 = R_2 = R_3 = R_5 = 2R_4$,则

在 V_i 正半周(即 $V_i > 0$)时,前级半波整流电路输出为 0,$V_{o1} = 0$,则

$$V_o = -\frac{R_5}{R_3}V_i = -V_i$$

在 V_i 负半周(即 $V_i < 0$)时,则

$$V_o = -\frac{R_5}{R_3}V_i - \frac{R_5}{R_4}V_{o1} = -\frac{R_5}{R_3}V_i - \frac{R_5}{R_4}\left(-\frac{R_2}{R_1}V_i\right) = -\frac{R_5}{R_3}V_i + \frac{R_5}{R_4}\frac{R_2}{R_1}V_i = V_i$$

可见,V_{o1} 为正向的半波整流电压,V_o 为负向的全波整流电压。

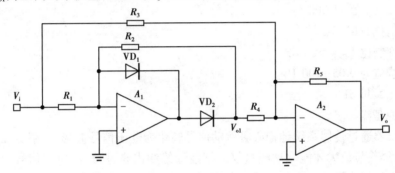

图 5.8　全波整流电路

由于输出 V_o 为负向全波整流电路,若将电路中的整流二极管 VD$_1$ 和 VD$_2$ 的极性反接,则变成正向全波整流电路。

正弦信号有效值的测量一般是把正弦信号整流、滤波后,测量滤波后的直流分量,即测量交流信号的平均值,而在表头中给以有效值的刻度。傅里叶分析表明,全波整流的直流分量为

$$V = \frac{2V_m}{\pi}$$

式中　V_m——正弦波的峰值。

全波整流的直流分量输出的有效值为 $\dfrac{V}{\sqrt{2}}$。以上两个电压都可用比例运算求得。

半波整流波形包含高次谐波分量,为了测量直流分量,可加一级低通滤波电路滤除高次谐波分量。

4) 实验仪器及材料

① 函数信号发生器。

② 双踪示波器。

③交流电压表。

④数字万用表。

⑤模拟电路元器件包、面包板、导线。

实验 3　心电信号放大系统的设计

心电图是诊断心脏病的一种十分有用的工具。正常时,心脏的电激动由窦房结开始,传至心房、房室交界区,经房室束及左右束传至心室,这种激动起源及传导方式传导速度均是规律性的,若激动起源异常或传导异常,在心电图上均能显示出来。另外,心脏各部位产生的电位大小和参与激动的心肌细胞数目的多少、心肌细胞当时所处的状态等有关,这类改变在心电图上也能反映出来。心电波信号仪是展现心电图的仪器,对医生诊断心脏相关病情有很大作用。

1)技术指标要求

①信号放大倍数:1 000 倍。

②输入阻抗≥10 MΩ。

③共模抑制比 K_{CMR}≥60 dB。

④频率响应为 0.05～100 Hz。

⑤信噪比≥40 dB。

2)设计原理

心电波仪器通过传感系统地把心脏跳动信号转化为电压信号波形,一般为微伏到毫伏数量级,这时需经信号放大才能驱动测量仪表把波形绘制出来,所以心电波信号放大系统是心电波仪器的主要组成部分。对放大系统的要求为:能有效放大微弱的心电波信号,同时抑制干扰信号。

心电波放大系统方框图如图 5.9 所示,各级模块的功能分别如下:

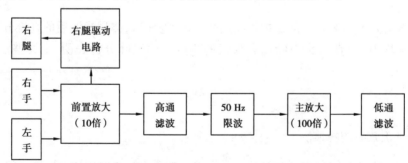

图 5.9　心电波放大系统方框图

(1)前置放大电路

将人体的体表电压采集进入系统,而人体心电在肌肤上的电压低、电阻大。因此,需要高输入阻抗,大于 10 MΩ;高共模抑制比(CMRR);低噪声、低漂移。

(2)右腿驱动电路

工作原理是由于所有信号都从人体不同位置获得,因此有基本的缓慢变化电位,也就是共模信号。该电路就是将由人体体表获得的共模电压通过负反馈放大的方式输回人体,从而达到抵消共模干扰的作用,从根本上抑制共模电压。

（3）高通滤波电路

由于心电信号微弱,需要多级放大,而多级直接耦合的直流放大器虽能满足要求,但多级直接耦合的直流放大器容易引起基线飘移。此外,由于极化电压存在的缘故,动态心电图机的直流放大器更不能采用多级直接耦合。

（4）50 Hz 陷波电路

心电信号由于频率低、信号小,而电源采用的是 50 Hz 市电转换得到的直流电,由于放大倍数较大,被滤波的 50 Hz 频率放大后会严重干扰心电信号,因此,要滤除 50 Hz 的工频,而系统工作频率又在 0.05~100 Hz,不能削弱 50 Hz 以外的信号。

（5）低通滤波电路

因为电磁干扰越来越严重,所以心电信号在采集过程中不仅有 50 Hz 的工频干扰和低频、直流分量的干扰,还有其他高频干扰,需要滤除大于 100 Hz 的干扰。

3）设计说明与提示

（1）前置放大电路

根据需求“高输入阻抗,大于 10 MΩ”,可采用同相输入比例放大电路,根据需求“高共模抑制比（CMRR）,低噪声、低漂移”,可采用差分电路,综合来看,可采用高输入阻抗、高共模抑制比的仪器仪表放大器来完成任务。

仪器仪表放大器如图 5.10 所示,输入电压为差模信号 $V_i = V_{i+} - V_{i-}$。差动输入级中电阻 R_8, R_9 用于限流及保护运放,电容 C_1, C_2 用于滤掉高频杂散信号。因电路结构和参数对称,故可抑制零点漂移。差动输入级电压放大倍数为共模抑制级放大差模信号、抑制共模信号,由“虚短虚断”可知,2,3 两点的电势和 V_{i+}, V_{i-} 相等,则 R_2 上的电压为 V_i。如果 $R_1 = R_2 = R_3$,那么 1,4 间的电压就为 $V_1 - V_4 = 3V_i$,A_3 构成一个减法电路,如果 $R_4 = R_6$ 且 $R_5 = R_7$,那么该级电压放大倍数为

$$V_o = \frac{R_5}{R_4}(V_1 - V_4) = \frac{3R_5}{R_4}V_i$$

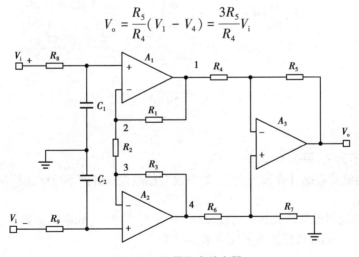

图 5.10　仪器仪表放大器

（2）右腿驱动电路

根据续期“通过负反馈放大的方式输回人体,从而达到抵消共模干扰的作用,从根本上抑

制共模电压",可采用反相比例运算放大电路。

（3）高通滤波电路

可用 SK 高通滤波器的设计方法,设计出 $f_0 = 0.05$ Hz,阻滞衰减优于 40 dB 的滤波器。

（4）50 Hz 陷波电路

可用双"T"形结构的陷波器来制作,双"T"形陷波器的电路图,如图 5.11 所示。

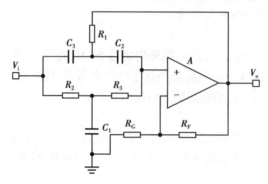

图 5.11　双"T"形陷波器的电路图

当 $2R_1 = R_2 = R_3 = R$,$\frac{1}{2}C_1 = C_2 = C_3 = C$ 时,集成运放工作在线性区域,用"虚短虚断",可以计算出

$$A(j\omega) = G \times \frac{1 + (j\omega)^2 C^2 R^2}{1 + j\omega CR(4 - 2G) + (j\omega)^2 C^2 R^2}$$

其中,$G = 1 + \dfrac{R_F}{R_G}$,而带阻滤波器或陷波器的标准式为

$$A(j\Omega) = G \times \frac{1 + \left(j\dfrac{\omega}{\omega_0}\right)^2}{1 + j\dfrac{\omega}{\omega_0}(4 - 2G) + \left(j\dfrac{\omega}{\omega_0}\right)^2} = G \times \frac{1 + (j\Omega)^2}{1 + j\Omega(4 - 2G) + (j\Omega)^2}$$

由两式对比可知

$$A_m = G$$

$$f_0 = \frac{1}{2\pi RC}$$

$$Q = \frac{1}{4 - 2G}$$

为了保证 Q 值不为负,那么 $G<2$,即 $1<G<2$。

双"T"形陷波器电路计算较为复杂,如果没有已经设计好的 50 Hz 选频器,那么也可用选频器来进行改造。

观察标准陷波器的频率表达式可以发现,如果 A_m 均为 1,标准陷波器和标准带通滤波器相加,恰好等于 1。标准带通滤波器频率表达为

$$A_{BP}(j\Omega) = A_m \times \frac{\dfrac{1}{Q}j\Omega}{1 + \dfrac{1}{Q}j\Omega + (j\Omega)^2}$$

于是,可以想到的最简单的陷波器,就是用"1"减去一个带通滤波器。而"1",就是原始输入信号。

$$A_{BR}(j\Omega) = A_m - A_m \times \frac{\frac{1}{Q}j\Omega}{1 + \frac{1}{Q}j\Omega + (j\Omega)^2} = A_m\left(1 - \frac{\frac{1}{Q}j\Omega}{1 + \frac{1}{Q}j\Omega + (j\Omega)^2}\right) = A_m \frac{1 + (j\Omega)^2}{1 + \frac{1}{Q}j\Omega + (j\Omega)^2}$$

如图 5.12 所示的选频器。其本身是反相的,因此用一个标准加法器,可以实现陷波器,如图5.12所示。

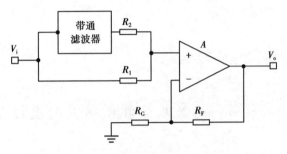

图 5.12　利用选频器设计陷波器

(5)低通滤波电路

用 SK 低通滤波器的设计方法,设计出 $f_0 = 100$ Hz,阻滞衰减优于 40 dB 的滤波器。

最后,获得的信号可以在示波器上看到。在实际应用中,为保证心电波不饱和失真,以免后级心电信号监测系统工作失误,有必要再增加一级自动增益控制级,其功能为控制场效应管工作在可变电阻区,使漏源阻抗随栅源电压的大小而改变,从而改变运放的反馈比,达到控制增益的目的(此部分选做)。

指标测试说明:

①输入阻抗(R_i)测量:测量电路如图 5.13 所示,其中 $V_s = 2$ mV,串联接入电阻 $R_s = 1$ MΩ,测量此时的 V_o,输入电阻

$$R_i = \frac{V_i}{V_s - V_i} R_s$$

其中,$V_i = \dfrac{V_o}{A_V}$,A_V 为系统放大倍数。

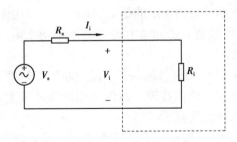

图 5.13　输入阻抗测试

②检查共模抑制比 K_{CMR}:两个输入端短接对地输入 1 V、1 Hz 的正弦共模信号,用交流电压表测量输出电压信号 V_{oc},计算共模放大倍数 $A_C = V_{oc}/V_{ic}$。由于已经测量出系统总体放大

倍数,因此倍数为差模放大倍数 A_d,此时可进一步计算共模抑制比 $K_{CMR} = 20 \ln(A_d/A_c)$,如果 $A_d \geq 1\,000$,$A_c \leq 1$,则 $K_{CMR} \geq 60$ dB。

③信噪比测量:信噪比 $SNR = 20 \ln(V_{omax}/V_n)$,当差模输入信号 V_{id} 上升到输出波形刚好不失真(用示波器观察)时,$V_o = V_{omax}$。此时,拔出输入端,将输入端短路接地,再测量输出电压 $V_o = V_n$。一般地,当差模放大倍数大于 1 000,如果 $V_n \leq 15$ μV,则信噪比 $SNR \geq 40$ dB。

4)选用器材及测量仪表

①函数信号发生器。

②双踪示波器。

③交流电压表。

④数字万用表。

⑤模拟电路元器件包、面包板、导线。

实验 4　简易晶体管图示仪的设计

晶体管特性图示仪(简称"图示仪")是一种利用电子扫描原理直接观测晶体管参数和性曲线的仪器。使用图示仪,可以比较两个同类晶体管的特性曲线进行挑选配对。也可用来测试场效应晶体管和某些集成电路以及光电器件的特性和曲线。本实验主要设计一个简易晶体管图示仪,加深同学对晶体三极管特性的理解和测试手段的研究。

1)技术指标要求

①方波发生器频率为 $f_0 = 1$ kHz,误差为 ±5%,幅值可调,最大 9 V。

②锯齿波发生器:可产生无失真的锯齿波,频率为 $f_0 = 1$ kHz,幅值可调,最大为 9 V。

③阶梯波发生器:阶数 ≥3 阶。

④可在示波器上用 XY 通道模式看到三极管输出特征曲线。

⑤可测量 PNP 和 NPN 三极管的输出特征曲线。

2)设计原理

三极管输出特征曲线横轴为 u_{CE},纵轴为 i_C,在示波器上由于要显示电压信号,所以可以用集电极电阻电压 u_{R_c} 或射极电阻电压 u_{R_e} 来替换。水平电压 u_{CE} 接入示波器 X 轴或 CH1 通道,当其从小到大增长时,扫描光点也应从左到右移动,在移动的同时垂直方向 u_{R_e} 接入示波器 Y 轴或 CH2 通道,示波器垂直方向显示的是 $u_{R_e} = i_e R_e \approx i_c R_e$,由于 R_e 是固定值,所以示波器垂直方向显示的就是 i_C 乘以系数 R_e。这样在垂直和水平两个电压的作用下,荧光屏上可显示出一条 $i_C = f(u_{CE})$ 的曲线。

如图 5.14 所示,改变一次 I_B 值可显示一条不同的曲线。如果 I_B 是一个周期性变化的信号,就可得到一组以 I_B 为参变量的曲线簇。通常可用阶梯波发生器给被测管提供变化的 I_B 信号,从而得到如图 5.15(b)所示的曲线簇。

如图 5.15(a)、(b)所示为 I_B 与 u_{CE} 之间的关系曲线。阶梯波电流 I_B 的周期 T_B 是扫描电压 u_{CE} 周期 T_S 的整数倍,即 $T_B = nT_S$,通常取 $n = 4 \sim 12$。在阶梯波的一个周期内,阶梯波每上升一个阶梯,相当于改变了一次参数 I_B,只要集电极扫描电压 u_{CE} 与阶梯波 I_B 之间保持如图 5.15(a)、(b)所示的时间关系,那么显示被测晶体管输出特性曲线所需的 u_{CE} 和 I_B 就能同步。

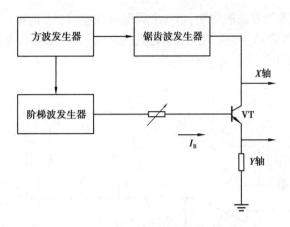

图 5.14　晶体管图示仪结构框图

由图 5.15 可知,在每一个扫描周期 T_S,荧光屏上的光点从左向右和从右向左移动各一次,描绘出一条曲线。当一个扫描周期结束时,阶梯波上升一级,荧光屏上的光点也相应跳跃一个高度,描绘出第二条曲线。所以,改变阶梯波每个周期的级数,可得到不同的曲线数,荧光屏显示的曲线数目等于阶梯波电流 I_B 的周期 T_B 与扫描电压 u_{CE} 的周期 T_S 之比 n。

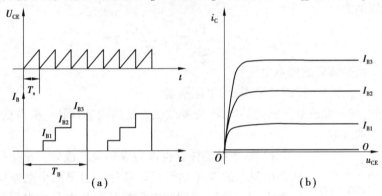

图 5.15　扫描电压与阶梯波及显示曲线之间的关系

3)设计说明与提示

(1)方波发生器、锯齿波发生器

前面已做过方波发生器、三角波发生器单元电路的实验,可参考前面各个电路来进行设计。

(2)阶梯波发生器

图 5.16 是一个阶梯波发生器,其中 A_1 构成方波发生器,C_2,D_1,D_2,A_2,BT_{33} 单结晶体管构成低频振荡器,输出信号 V_o 为阶梯波。工作过程:A_1 产生幅度为 V_{pp} 的方波信号,在方波的负半周 D_2 截止,D_1 经 C_2 导通,电容 C_2 被充上 $-V_{op}$ 的电压。当方波为正半周时,D_1 截止,D_2 通过 C_2 导通,C_2 被充上 $+V_{op}$ 的电压,因此,在一个周期内 C_2 上的电荷变化量为 $\Delta Q = 2C_2V_{op}$,同时也是在一个周期内传送到 C_3 上的电荷量,一个周期内电容 C_3 的电压增量为

$$\Delta V_{C_3} = \frac{\Delta Q}{C_3} = \frac{2C_2V_{op}}{C_3}$$

由于二极管 VD_2 单向导通,方波每个周期向电容 C_3 传递 $2C_2V_{op}$ 的电荷,即每个阶梯电压的幅

度均为 ΔV_3，保持时间等于方波的周期，当 n 个周期后，电容 C_3 上的电压达到单结晶体管的峰点电压 V_P 时，单结晶体管 eb_1 导通，电容 C_3 的电压放电完毕。然后，方波信号再经 C_2,D_2 向 C_3 传递电荷，如此循环工作。

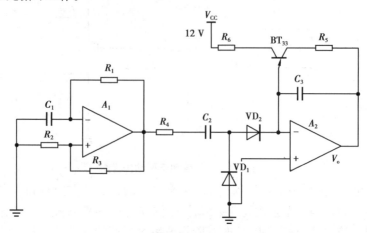

图 5.16　阶梯波发生器实验电路图

阶梯波的周期为

$$T_{阶} = nT_{方} = \frac{V_P}{\Delta V_3}T_{方} = \frac{V_P C_3}{2C_2 V_{op}}T_{方}$$

式中　　V_P——单结晶体管的峰点电压；

　　　　$\pm V_{oP}$——方波正半周（或负半周）的电压幅度。

从上式可知，如果要改变阶梯波的周期，即要改变方波的周期；同时，要改变方波的幅度，即能调节阶梯波的级数。

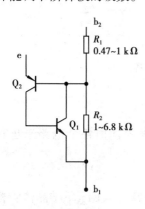

图 5.17　单结晶体管
替代电路

提示：单结晶体管也称为双基极二极管。单结晶体管是在一块高电阻率的 N 型硅半导体基片上引出两个电极作为两个基极 b_1 和 b_2，b_1 和 b_2 之间的电阻就是硅片本身的电阻。单结晶体管不但外形与普通三极管相似，而且与 NPN 三极管测量时也有相似之处。单结晶体管的发射极 e 对两个基极 b_1,b_2 均呈现 PN 结的正向特性，正小反大，与普通 NPN 型晶体管特性一样。利用单结晶体管的 b_1 与 b_2 之间没有 PN 结的特性，可以与普通 NPN 管相区别。b_1 与 b_2 之间正反向电阻都一样，为 $3\sim10$ kΩ，而 NPN 型晶体管的集电极与发射极之间是一个正向 PN 结和一个反向 PN 结串联，用万用表测量时正反向阻值都很大。如无 BT_{33}，可用图5.17 电路代替，单结晶体管有一个重要参数：η（分压比），同型号不同后缀以及不同型号的单结晶体管的 η 有差别，在替换电路中可调整 R_1 和 R_2 的阻值形成不同的 η。

4）选用器材及测量仪表

①函数信号发生器。

②双踪示波器。

③交流电压表。

④数字万用表。

⑤模拟电路元器件包、面包板、导线。

实验 5　设计一个多波形信号发生器

1)技术指标要求

①要求产生方波、三角波、正弦波。

②要求正弦波由三角波产生。

③所有波形频率范围分别为 10~100 Hz、1~10 kHz,单独可调。

④输出电压:方波输出电压峰-峰值 $V_{pp} \leqslant 24$ V,三角波 $V_{pp} \leqslant 6$ V,正弦波 $V_{pp} \geqslant 1$ V。

⑤波形特性:方波上升时间 $t_r < 50$ μs(1 kHz,最大输出时),三角波非线性失真系数 THD<2%,正弦波 THD<5%。

⑥采用运放、差分器件设计完成。

2)设计思路

多波形信号发生器方框图,如图 5.18 所示,设计思路为:先通过比较器产生方波,方波通过积分器产生三角波,三角波通过差分放大器产生正弦波。设计差分放大器时,传输特性曲线要对称、线性区要窄,输入的三角波的幅度 U_m 应正好使晶体管接近饱和区或截止区。

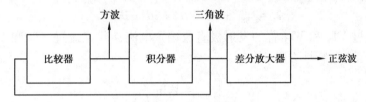

图 5.18　多波形信号发生器方框图

3)设计说明与提示

(1)方波-三角波转换电路

由滞回比较器与积分器组成正反馈闭环电路,同时输出方波与三角波。可参考实验"非正弦波发生器的设计与调试"进行设计。

(2)三角波-正弦波转换电路

三角波-正弦波转换电路是一种在波形发生中经常用到的电路,具有广泛的实用意义。比如,在数字锁相合成器中,可以很方便地得到一个精确频率的方波信号。将此方波信号经过积分可以得到三角波信号,再通过本电路就可以得到一个精确频率的正弦信号。

三角波-正弦波的转化可以通过分段线性拟合等方法来实现,这里介绍一种利用严格匹配的差分对管的大信号特性来产生正弦波的电路。此电路结构简单、便于调试,非线性失真可达到1%以下。对其他方法有兴趣的读者可参阅其他书籍。

①电路结构。电路的工作原理可以从差分管的转移特性来加以理解,如图 5.19 所示。当三角波输入接近差分管的饱和区时,输出波形会被图中的 S 形曲线削平。输入电压合适时,可使输出非常接近正弦波。

电路工作原理图,如图 5.19 所示。图中 VT$_1$ 和 VT$_2$,VT$_3$ 和 VT$_4$ 分别为两对严格匹配的三极管。VT_3 和 VT_4 组成比例电流源;R_{10} 用来调整 VT_1 的偏置状态以使其处于 S 形曲线的中心位置;R_7 用来调整输入信号的大小,使其在 S 形曲线的合适部分转移至输出端。

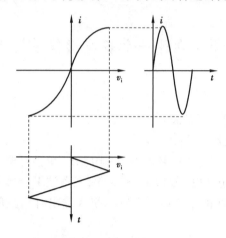

图 5.19　差分管转移特性

实际制作时,可采用集成三极管阵列或匹配对管,如 LM394,BG319 等。

②电路分析。在下面的分析中,我们认为 VT_1 和 VT_2 是理想匹配的(虽然在实际应用中可能会有一些失配导致二次谐波失真,但是可以调整至 1% 以下),并且 $R_1 = R_2 = R$,$R_3 = R_4$。从图 5.20 中可以得出 VT_1 基极电位

$$v_I = v_{BE1} + IR - IR + iR + iR - v_{BE2}$$

其中,I 代表流过 VT_1 和 VT_2 管的发射极直流偏置电流,i 代表流过 VT_1 和 VT_2 管的交流电流。根据三极管电流特性方程,有

$$\begin{cases} v_{BE1} = V_T \ln \dfrac{i_{C1}}{I_S} \\[3mm] v_{BE2} = V_T \ln \dfrac{i_{C2}}{I_S} \end{cases}$$

有

$$v_I = 2iR + V_T \ln \frac{i_{C1}}{i_{C2}}$$

其中,$i_{C1} = I + i$,$i_{C2} = I - i$,于是可得

$$\frac{v_I}{V_T} = \frac{i}{I} \frac{2RI}{V_T} + \ln \frac{1 + \dfrac{i}{I}}{1 - \dfrac{i}{I}}$$

对其中的对数项进行泰勒展开:

$$\ln \frac{1 + \dfrac{i}{I}}{1 - \dfrac{i}{I}} = 2 \frac{i}{I} + \frac{2}{3} \left(\frac{i}{I} \right)^3 + \frac{2}{5} \left(\frac{i}{I} \right)^5 + \cdots$$

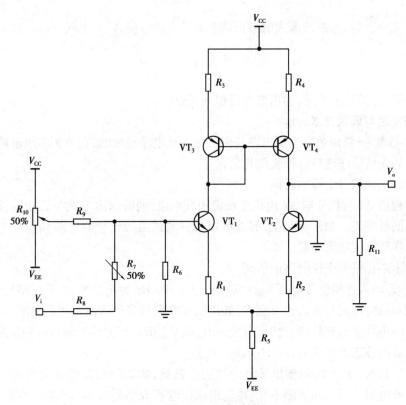

图 5.20　三角波转正弦波转换电路图

对于 $\dfrac{i}{I}<1$,

$$\frac{v_{\mathrm{I}}}{V_{\mathrm{T}}} = \frac{i}{I}\left(\frac{2RI}{V_{\mathrm{T}}}+2\right) + \frac{2}{3}\left(\frac{i}{I}\right)^{3} + \frac{2}{5}\left(\frac{i}{I}\right)^{5} + \cdots$$

于是

$$\frac{1}{2\left(\dfrac{RI}{V_{\mathrm{T}}}+1\right)}\frac{v_{\mathrm{I}}}{V_{\mathrm{T}}} = \frac{i}{I} + \frac{2}{3}\frac{1}{2\left(\dfrac{RI}{V_{\mathrm{T}}}+1\right)}\left(\frac{i}{I}\right)^{3} + \frac{2}{5}\frac{1}{2\left(\dfrac{RI}{V_{\mathrm{T}}}+1\right)}\left(\frac{i}{I}\right)^{5} + \cdots$$

若要求 i 与 v_{I} 成正弦关系

$$i = K_{1}\sin K_{2}v_{\mathrm{I}}$$

说明当且仅当 v_{I} 作线性变化时, i 才能作正弦变化, 整理上式并对其泰勒展开, 有

$$K_{2}v_{\mathrm{I}} = \arcsin\frac{i}{K_{1}} = \frac{i}{K_{1}} + \frac{1}{6}\left(\frac{i}{K_{1}}\right)^{3} + \frac{3}{40}\left(\frac{i}{K_{1}}\right)^{5} + \cdots$$

比较 $\dfrac{v_{\mathrm{I}}}{V_{\mathrm{T}}}$ 与式 $K_{2}v_{\mathrm{I}}$ 表达式, 并只保留一次项, 可得

$$\begin{cases} K_{1} = I \\[2mm] K_{2} = \dfrac{1}{2\left(\dfrac{RI}{V_{\mathrm{T}}}+1\right)V_{\mathrm{T}}} \end{cases}$$

又因 $K_2 V_m = \dfrac{\pi}{2}$，三角波的最大值与正弦波的最大值对应，代入上式，有

$$\frac{V_m}{V_T} = \frac{\pi}{2}\left[2\left(\frac{RI}{V_T} + 1\right)\right] = \pi\left(\frac{RI}{V_T} + 1\right)$$

即三角波幅值 V_m 满足上式时，输出波形近似为正弦波。

4）电路安装与调试技术

三角波-方波-正弦函数发生器电路是由三级单元电路组成的，在装调多级电路时，通常按照单元电路的先后顺序进行分级装调与级联。

（1）方波-三角波发生器的装调

由于比较器 A1 与积分器 A2 组成正反馈闭环电路，同时输出方波与三角波，故这两个单元电路可以同时安装。如果不起振，那么可以分别调试滞回比较器电路和积分电路，两个电路都正常工作后再级联到一起。

（2）三角波-正弦波变换电路的装调

经电容 C_1 输入差模信号电压 $U_{id} = 50$ mV、$f_i = 100$ Hz 的正弦波，查看传输特性曲线是否对称，如果不对称，可调节 R_{10}，也可在 R_5 处接调零电阻调节对称性。然后逐渐增大 U_{id}，直到传输特性曲线形状呈饱和趋势，此时，对应的 U_{id} 即 U_{idm} 值。移去信号源，再将 C_1 左端接地，测量差分放大器的静态工作点 I_o、U_{c1}、U_{c2}、U_{c3}、U_{c4}。

将三角波接入，这时 V_o 的输出波形应接近正弦波，如果输出幅值过大失真，那么请在输入端接入可调电阻分压。如波形不好，在输出端接电容 C 然后接地，调整 C 的大小可改善输出波形。如果 V_o 的波形出现以下几种正弦波失真，则应调整和修改电路参数。产生失真的原因及采取的措施有如下几种。

①钟形失真。与三角波相似，比较陡峭，那么传输特性曲线的线性区太宽，此时应减小 R_2。

②半波圆顶或平顶失真。传输特性曲线对称性差，工作点 Q 偏上或偏下，此时应调整电阻 R_3 和 R_4。

③非线性失真。三角波的线性度较差引起的非线性失真，主要受运放性能的影响。可在输出端加滤波网络，即在输出端接电容 C，然后接地（$C = 0.1$ μF）改善输出波形。

（3）性能指标测量与误差分析

①方波输出电压 $U_{pp} \leqslant 2V_{CC}$。因为运放输出级由 PNP 型与 NPN 两种晶体管组成复合互补的对称电路，输出方波时，两管轮流截止与饱和导通，导通时受输出电阻的影响，使方波输出值小于电源电压值。

②方波的上升时间 t_τ，主要受运算放大器转换速率的限制。如果输出频率较高，可接入加速电容，一般取值为几十皮法。

5）选用器材及测量仪表

①函数信号发生器。

②双踪示波器。

③交流电压表。

④数字万用表。

⑤模拟电路元器件包、面包板、导线。

实验 6　集成三端稳压器及应用电源设计

使用变压器、整流二极管、滤波电容及集成稳压块来设计直流稳压电源;学习扩展电蹭出功率的方法;掌握直流稳压电源的主要性能参数及测试方法。

1)设计要求

熟练掌握集成稳压器的基本结构和应用,能够根据需要组成各种稳压电源电路。

选择设计以下内容:

①使用固定输出三端稳压器,设计一个具有正负输出各 15 V(1.5 A)的稳压电路。

②使用正 5 V 固定输出三端稳压器,设计一个具有输出大于 5 V 可调整的稳压电路(如 12 V)。

③使用固定输出三端稳压器 7805,设计一个具有恒流输出的电源电路。

④使用输出可调整三端稳压器,设计一个具有 0~30 V 连续可调整的稳压电路。

⑤设计一种提高稳压电源负载能力的电路。

2)设计原理

(1)电源变压器

电源变压器参数选择,参照表 5.4

表 5.4　小型变压器的效率

副边功率 P_2/W	<10	10~30	30~80	80~200
效率	0.6	0.7	0.8	0.85

通过表 5.4 可以算出变压器原边的功率 P_1。

(2)整流滤波电路

整流滤波电路可以选择单相桥式整流电路,将变压器副边交流电压 V_2 变成脉动的直流电压。再经滤波电容 C 滤除纹波,输出直流电压 V_I。V_I 与交流电压 V_2 的关系为

$$V_I = (1.1 \sim 1.2)V_2$$

式中　V_2——交流电压 v 的有效值。

每只整流二极管加的最大反向电压 V_{RM} 为

$$V_{RM} = \sqrt{2}V_2$$

通过每只二极管的平均电流 I_D 为

$$I_D = \frac{1}{2}I_R = \frac{0.45V_2}{R}$$

式中　R——整流滤波电路的负载电阻,为电容 C 提供放电回路,RC 放电时间常数应满足

$$RC > (3 \sim 5)\frac{T}{2}$$

式中　T——50 Hz 交流电压的周期,即 $T=20$ ms。

（3）线性集成稳压器

一般线性集成稳压器由于只有 3 个引出端子,即输入端、输出端和公共端,故称为三端式稳压器。它具有性能稳定、价格低廉等优点,因而得到广泛应用。三端式稳压器有两大类:一类输出电压是固定的,称为固定输出三端稳压器;另一类输出电压是可调的,称为可调输出三端稳压器。

①三端固定输出集成稳压器。

三端固定输出集成稳压器通用产品有 CW7800 系列(正输出)和 CW7900 系列(负输出)。输出电压由具体型号中的后两个数字代表,有 5 ,6 ,9 ,12 ,15 ,18 ,24 V 等档次。其额定输出电流以 78 或(79)后面所加字母来区分。L 表示 0.1 A,M 表示 0.5 A。无字母表示 1.5 A。例如,CW7805 表示输出电压为+5 V,额定输出电流为 1.5 A。

CW7800 系列集成稳压器的内部电路除增加了一级启动电路外,其余部分与前面所述串联稳压电路基本结构和工作原理一样。其基准电压源的稳定性更高,保护电路更完善。

②三端可调输出集成稳压器。

三端固定输出集成稳压器外形及管脚排列三端可调输出集成稳压器是在三端固定输出集成稳压器的基础上发展起来的,可用少量的外部元件方便地组成精密可调的稳压电路,应用更为灵活。典型产品 CW117/CW217/CW317 系列为正电压输出,负输出系列有 CW137/CW237/CW337 等。同一系列的内部电路和工作原理基本相同,只是工作温度不同。根据输出电流的大小,每个系列又分为 L 型系列($I_o \leqslant 0.1$ A)、M 型系列($I_o \leqslant 0.5$ A)。如果不标 M 或 L,则表示该器件 $I_o \leqslant 1.5$ A。

4）实验内容

对于前面要求的各种电路,根据集成稳压器件的特性进行设计并用实验加以验证。根据器件性可调负载,记录负载改变时输出电压的变化情况,观察稳压特性,并记录各种稳压电源的纹波情况。

设计报告中,说明所设计稳压电源电路的基本工作原理,根据实验记录对稳压电源进行分析,例如,对设计内容⑤说明在提高电源负载能力方面是否达到设计效果。

5）选用器材及测量仪表

①函数信号发生器。

②双踪示波器。

③交流电压表。

④数字万用表。

⑤模拟电路元器件包、面包板、导线。

第 **6** 章
模拟电路仿真

6.1 Multisim 软件介绍

Multisim 14 是专门用于电路仿真和设计的软件之一,是美国国家仪器(National Instruments,NI)有限公司推出的一款具有工业品质、使用灵活、功能强大的仿真工具,是目前最为流行的 EDA 软件之一,适用于板级的模拟/数字电路的设计工作。该软件是基于 Windows 操作系统平台,设计的图形操作界面,虚拟仿真了一个与实际情况非常相似的电子电路实验工作台,几乎可以完成在实验室进行的所有电子电路实验,已被广泛应用于电子电路分析、设计、仿真等各项工作中。

软件以直观的图形界面,展现了一个集成各种虚拟仪器,如示波器、万用表、信号发生器等的电子实验工作台,并且提供了超过 17 000 多种元器件的 SPICE 模型。可将电路所需的元器件和仿真所需的测试仪器直接拖放到屏幕上,可用鼠标将它们连接起来,软件仪器的控制面板和操作方式都与实物相似,测量数据、波形和特性曲线如同在真实仪器上看到的。而且软件有许多普通实验室不容易见到和用到的,价格相对昂贵的高端仪器,如逻辑分析仪、网络分析仪等。这些虚拟仪器提供了一种快速进行电路仿真结果分析的手段,同时也便于今后更好地理解和运用实验室中的这些真实仪器。

同时,Multisim 14 提供了许多分析功能。常见的有直流工作点分析、交流分析、瞬态分析、傅里叶分析,也有一些不常用的:噪声分析、失真度分析、温度扫描分析等。Multisim 14 可作为产品设计的重要依据。

学习和掌握好这个仿真工具,对以后电路学习、设计、分析都大有裨益。

6.2　Multisim 基本操作

6.2.1　创建电路窗口

运行 Multisim 14,软件自动打开一个空白电路窗口。电路窗口是用户放置元器件、创建电路的工作区域,用户也可以通过单击工具栏中的口按钮(或按"Ctrl+N"组合键),新建一个空白电路窗口。

注意:可利用工具栏中的缩放工具 ，在不同比例模式下查看电路窗口,鼠标滑轮也可实现电路窗口的缩放;按住"Ctrl"键的同时滚动鼠标滑轮,可以实现电路窗口的上下滚动。鼠标滑轮动作模式可在"Options"→"Preferences"→"Parts"对话框中进行设置。

Multisim 14 允许用户创建符合自己要求的电路窗口,其中,包括界面的大小,网格、页数、页边框、纸张边界及标题框是否可见,符号标准(美国标准或欧洲标准)。

初次创建一个电路窗口时,使用的是默认选项。用户可以对默认选项进行修改,新的设置会和电路文件一起保存,这就可以保证用户的每一个电路都有不同的设置。如果在保存新的设置时设定了优先权,即选中了"Set as default"复选框,那么当前的设置不仅会应用于正在设计的电路,而且还会应用于此后将要设计的一系列电路。

1)设置界面大小

①选择菜单"Options"→"Sheet Properties"→"Workspace"(或者在电路窗口内单击鼠标右键选择"Properties"→"Workspace"选项)命令,系统弹出"Sheet Properties"对话框,如图 6.1所示。

图 6.1　"Sheet Properties"对话框

②从"Sheet size"下拉列表框中选择界面尺寸。这里提供了几种常用型号的图纸供用户

选择。选定下拉框中的纸张型号后,与其相关的宽度、高度将显示在右侧"Custom size"中。

③若想自定义界面尺寸,可在"Custom size"选项组内设置界面的宽度和高度值,根据用户习惯单位可选择 Inches(英尺)或 Centimeters(厘米);另外,在"Orientation"选项组中,可设置纸张放置的方向为横向或者竖向。

④设置完毕后,单击"OK"按钮确认,若取消设置,则单击"Cancel"按钮。选中"Set as default"复选框,可将当前设置保存为默认设置。

2)显示/隐藏表格、标题框和页边框

Multisim 14 的电路窗口中可以显示或者隐藏背景网格、页边界和边框。更改设置的电路窗口的示意图显示在选项左侧的"Show"选项组中。选择菜单"Options"→"Sheet Properties"→"Workspace"命令,如图 6.2 所示。

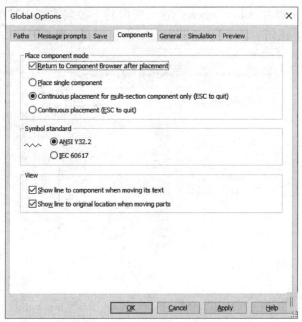

图 6.2　"Global Options"对话框

①选中"Show grid"选项,电路窗口中将显示背景网格。用户可根据背景网格对元器件进行定位。

②选中"Show page bounds"选项,电路窗口中将显示纸张边界。纸张边界决定了界面的大小,为电路图的绘制限制了一个范围。

③选中"Show border"选项,电路窗口中将显示电路图边框。该边框为电路图提供了一个标尺。

也可用下列两种方法之一为当前电路设置这些选项:

①激活菜单选项 View/Show Grid,View/Show Border 或者 View/Show Page Bounds。

②在电路窗口中单击鼠标右键,从弹出的菜单中选择 Show Grid,Show Border 或者 Show Page Bounds。

3)选择符合标准

Multisim 14 允许用户在电路窗口中使用美国标准或欧洲标准的符号。选择"Option"→

"Global Options"→"Components"命令,系统弹出"Global Options"对话框,如图 6.2 所示。在"Symbol standard"选项组内选择,其中,ANSI 为美国标准,IEC 为欧洲标准。

4) 元器件放置模式设置

在图 6.2 的"Place component mode(元器件放置模式)"选项组内选中"Return to Component Browser after placement"复选框,在需要放置多个同类型元器件时,放置一个元器件后自动返回元器件浏览窗口,继续选择下一元器件,而不需要再去工具箱中抓取。

若选中"Continuous placement [ESC to quit]"单选按钮,则取用相同的元器件时,可以连续放置,而不需要再去工具箱中抓取。

5) 选择电路颜色

选择"Options"→"Sheet Properties"→"Colors"命令,系统弹出"Sheet Properties"对话框,如图 6.3 所示。用户可以在"Color scheme"选项组内的下拉列表框中选取一种预设的颜色配置方案,也可以选择下拉列表框中的"Custom"选项,自定义一种自己喜欢的颜色配置。

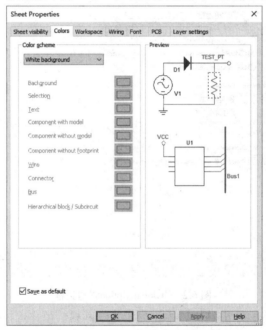

图 6.3 "Sheet Properties"对话框

6) 为元器件的标识、标称值和名称设置字体

选择"Options"→"Sheet Properties"→"Font"(或者在电路窗口内单击鼠标右键选择"Font"项)命令,可以为电路中显示的各类文字设置大小和风格。

6.2.2 元器件的选取

原理图设计的第一步是在电路窗口中放入合适的元器件。

Multisim 14 的元器件分别存放在 3 个数据库中:"Master Database""Corporate Database"和"User Database"。Master Database 是厂商提供的元器件库;Corporate Database 是用户自行向各厂商索取的元器件库;User Database 是用户自己建立的元器件库。详细参见 Tools/Database/Database Manager。也可通过以下两种方法在元器件库中找到元器件:

①通过电路窗口上方的元器件工具栏或选择菜单"Place"→"Component"命令浏览所有的元器件系列。

②查询数据库中的、特定的元器件。

第一种方法是最常用的。各种元器件系列都被进行逻辑分组,每一个组由元器件工具栏中的一个图标表示。这种逻辑分组是 Multisim 14 的优点,可以节约用户的设计时间,减少失误。

每一个元器件工具栏中的图标与一组功能相似的元器件相对应,在图标上单击鼠标,可打开这一系列的元器件浏览窗口。例如,单击元器件工具栏中的"Place Basic"选项,打开元器件浏览窗口,如图 6.4 所示。

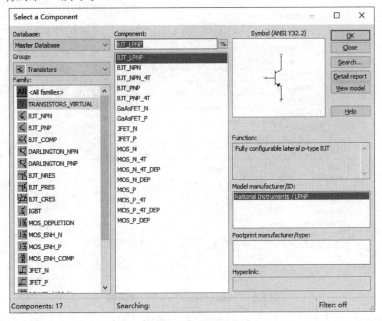

图 6.4　元器件浏览窗口

"Multisim 14"为虚拟元器件提供了独特的概念。虚拟元器件不是实际元器件,也就是说,在市场上买不到,也没有封装。虚拟元器件系列的按钮在浏览窗口"Family"列表框中呈绿色,名称中均加扩展名"_VIRTUAL"。在电路窗口中,虚拟元器件的颜色与其他元器件的默认颜色相同。

若电路设计过程中经常使用某一类型的元器件,可以打开"View"→"Toolbars"菜单,选中所需类型的对应项,此时该类型元器件的工具箱显示在工作区域,便于用户频繁取用某一元器件。例如,选中"View"→"Toolbars"→"Analog component"选项,打开"Analog component"工具箱,如图6.5所示。

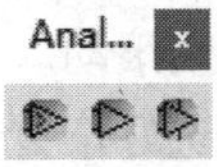

图 6.5　"Analog component" 工具箱

6.2.3　放置元器件

1) 选择元器件和使用浏览窗口

默认情况下,元器件设计工具栏图标按钮是可见的。单击工具栏图标,打开详细的浏览窗口,如图 6.6 所示。窗口中各栏功能如下:

①Database:元器件所在的库。

②Group:元器件的类型。

③Family:元器件的系列。

④Component:元器件的名称。

⑤Symbol:显示元器件的示意图。

⑥Function:元器件功能简述。

⑦Model manufacturer/ID:元器件的制造厂商/编号。

⑧Footprint manufacturer/type:元器件的封装厂商/模式。

⑨Hyperlink:超链接文件。

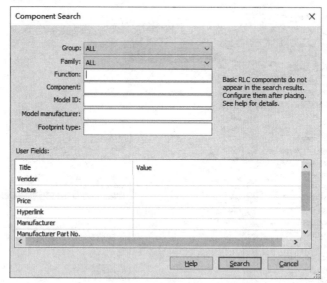

图 6.6 "Component Search"对话框

从"Component"列表框中选择需要的元器件,其相关信息也将随之显示;如果选错了元器件系列,可以在浏览窗口的"Component"下拉列表框中重新选取,其相关信息也将随之显示。

选定元器件后,单击"OK"按钮,浏览窗口消失,在电路窗口中,被选择的元器件的影子跟随光标移动,说明元器件处于等待放置的状态。

移动光标,元器件将跟随光标移到合适的位置。如果光标移到了工作区的边界,工作区会自动滚动。

选好位置后,单击鼠标即可在该位置放下元器件。每个元器件的流水号都由字母和数字组成,字母表示元器件的类型,数字表示元器件被添加的先后顺序。例如,第一个被添加的电源的流水号为"U1",第二个被添加的电源的流水号为"U2",以此类推。

如果放置的是虚拟元器件,它与实际元器件的颜色不同,其颜色可以在"Options"→"Sheet Properties"→"Colors"窗口中更改。

此外,浏览器窗口右侧按钮也提供元器件的信息。

①Search 按钮:本按钮的功能是搜索元器件,单击该按钮,系统会弹出"Component Search"对话框,如图 6.6 所示。在文本框中输入元器件的相关信息即可查找到需要的元器件。例如,输入"74",搜索结果如图 6.7 所示。

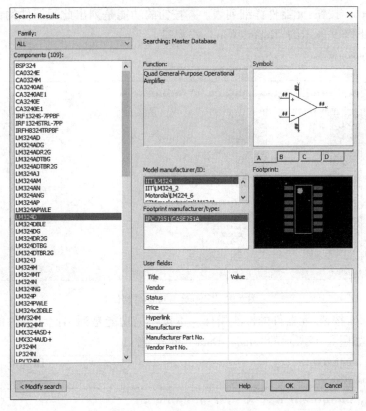

图 6.7　元器件搜索结果

也可在"Component"下面的文本框输入想找的器件,注意要在左边"Group"下选对应的元器件类型,如不知道类型,可选"All families",输入时用" * "可实现模糊查询,如图 6.8所示。

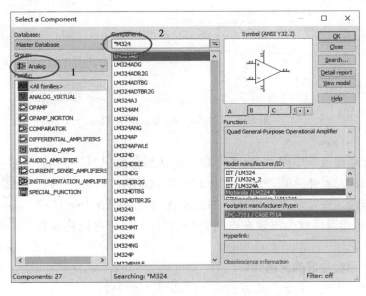

图 6.8　元器件模糊搜索结果

②Detail report 按钮：元器件详细列表。本按钮的功能是列出此元器件的详细列表，单击该按钮，出现如图6.9所示的"Report Window"窗口。

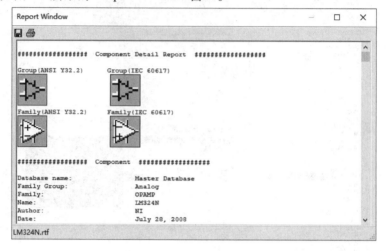

图6.9 "Report Window"窗口

③View model 按钮：元器件的性能指标。本按钮的功能是列出此元器件的性能指标，单击该按钮，出现如图6.10所示的"Model Data Report"窗口。

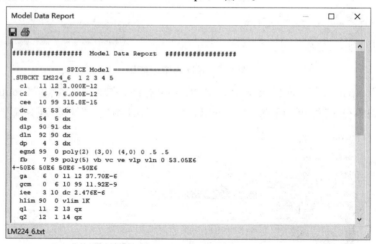

图6.10 "Model Data Report"窗口

2）使用"In Use List"

每次放入元器件或子电路时，元器件和子电路都会被"记忆"，并被添加进正在使用的元器件清单——"In Use List"中，如图6.11所示，为再次使用提供了方便。要复制当前电路中的元器件，只需在"In Use List"中选中，被复制的元器件就会出现在电路窗口的顶端，用户可以将其移到任何位置。

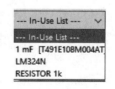

图6.11 使用的
元器件清单

3）移动一个已经放好的元器件

可以用下列方法之一将已经放好的元器件移到其他位置：

①用鼠标拖动这个元器件。

②选中元器件,按住键盘上的箭头键可以使元器件上下左右移动。

元器件的图标和标号可分别移动,也可作为整体一起移动。如果想移动元器件,一定要选中整个元器件,而并非只是它的图标。

打开"Options"→"Global Options"→"General"对话框,选中"Autowire component on move, if number of connections is fewer than"选项,则在移动元器件的同时,将自动调整连接线的位置,如图 6.12 所示。

若元器件连接线超过一定数量,移动元器件时自动调整连线效果有时不理想。这种情况下,对超过一定连接数量的元器件,用户可选择手动布线。用户可根据实际情况设定该数量,如图 6.12 所示,默认值为 12。

图 6.12　自动调整连线

4) 复制/替换一个已经放置好的元器件

①复制已放置好的元器件。

选中此元器件,然后选择菜单"Edit"→"Copy"命令,或者单击鼠标右键,从弹出的菜单中选择"Copy"命令;选择菜单"Edit"→"Paste"命令,或者单击鼠标右键,在弹出的菜单中选择"Paste"命令;被复制的元器件的影像跟随光标移动,在合适的位置单击鼠标放下元器件。一旦元器件被放下,还可以用鼠标将其拖到其他位置,或者通过快捷键剪切(Ctrl+X)、复制(Ctrl+C)和粘贴(Ctrl+V)。

②替换已放好的元器件。

选中此元器件,选择菜单"Edit"→"Properties"命令("Ctrl+M"快捷键),出现"元器件属性"对话框,如图 6.13 所示;在将被替换的元器件上双击,也会出现如图 6.13 所示的元器件属性对话框。使用窗口左下方的"Replace"按钮,可以很容易地替换已经放好的元器件。

单击"Replace"按钮,出现元器件浏览窗口,在浏览窗口中选择一个新的元器件,单击"OK"按钮,新的元器件将代替原来的元器件。

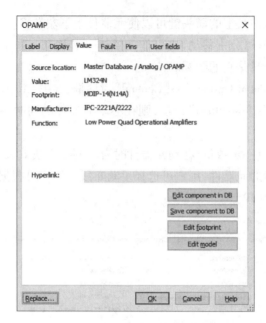

图 6.13　"元器件属性"对话框

5）设置元器件的颜色

设置元器件的颜色和电路窗口的背景颜色时，可以打开"Option"→"Sheet Properties"→"Colors"窗口进行设置。

更改一个已放好的元器件的颜色：在该元器件上单击鼠标右键，在弹出的菜单中选择"Colors"选项，从调色板上选取一种颜色，再单击"OK"按钮，元器件变成该颜色。

更改背景颜色和整个电路的颜色配置：在电路窗口中单击鼠标右键，在弹出的菜单中选择"Properties"选项，在弹出的窗口"Colors"选项中设定颜色。

6.2.4　连线

把元器件在电路窗口中放好后，就需要用线把它们连接起来。所有的元器件都有引脚，可以选择自动连线或手动连线，通过引脚用连线将元器件或仪器仪表连接起来。自动连线是Multisim 14 的一项特殊功能。也就是说，Multisim 14 能够自动找到避免穿过其他元器件或覆盖其他连线的合适路径；手动连线允许用户控制连线的路径。设计同一个电路时，也可把两种方法结合起来。例如，可以先用手动连线，然后再转换成自动连线。专业用户和高级专业用户还可在电路窗口中为相距较远的元器件建立虚拟连线。

1）自动连线

在两个元器件之间自动连线，把光标放在第一个元器件的引脚上（此时光标变成一个"+"符号），单击鼠标，移动鼠标，就会出现一根连线随光标移动；在第二个元器件的引脚上单击鼠标，Multisim 14 将自动完成连接，自动放置导线，而且自动连成合适的形状（此时必须保证"Global Options"→"General"选项卡的"Autowire when wiring components"复选框被选中），如图 6.14 所示。

图6.14 "自动连线设置"对话框

注意:

①如果连线失败,可能是元器件离得太近,稍微移动位置,或用手动连线即可。

②若想在某一时刻终止连线,按下"Esc"键即可。

③当被连接的两个元器件中间有其他元器件时,连线将自动跨过中间的元器件,如果在拖动鼠标的同时按住"Shift"键,则连线将穿过中间的元器件。删除一根连线:选中它,然后按"Delete"键或者在连线上单击鼠标右键,再从弹出的菜单中选择"Delete"命令。

2) 手动连线

如果未选中"Autowire wihen wiring components"复选框,元器件连接时需要手动连线。

连接两个元器件:把光标放在第一个元器件的引脚上(此时光标变成"+"符号),单击鼠标左键,移动鼠标,就会出现一根连线跟随鼠标延伸;在移动鼠标的过程中,通过单击鼠标来控制连线的路径;在第二个元器件的引脚上单击鼠标完成连线,连线按用户要求进行布置。

若想在某一时刻终止连线,可按"Esc"键。

3) 自动连线和手动连线相结合

可以把这两种连线方法结合起来使用。Multisim 14 默认的是自动连线,如果在连线的过程中按下了鼠标,相当于把导线锁定到了这一点(这就是手动连线),然后 Multisim 14 继续进行自动连线。这种方法使用户大部分的时间能够自动连线,而只是在一些路径比较复杂的连线过程中,才使用手动连线。

4) 定制连线方式

用户可按自己的意愿设置如何让 Multisim 14 来控制自动连线。

①在"Global Options"→"General"选项卡的 Wiring 选项组中有两个选项:"Autowirewhen wiring components"和"Autowire component on move"复选框。选中"Autowire when wiring components",Multisim 14 在连接两个元器件时将自动选择最佳路径,若未选中此复选框,用户在连线时可以更自由地控制连线的路径;选中"Autowire component on move"复选框,当用户移动

一个已经连入电路中的元器件时,Multisim 14 自动把连线改成合适的形状,不选中此选项组,连线将和元器件移动的路径一样,如图 6.15 所示。

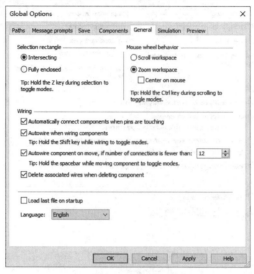

图 6.15　"定制连线方式"对话框

②选择"Options"→"Sheet Properties"→"Wiring"选项卡,在"Drawing Option"选项组中可以为当前电路和以后将要设计的电路中的连线和总线设置宽度;单击"OK"按钮保存设置,或是选中"Save as default"复选框,再单击"OK"按钮为当前电路和以后设计的电路保存设置。

③在图 6.16 所示的"制图布线设置"对话框"BusLine Mode"选项组中,可以对总线模式进行设置。Multisim 14 提供了"Net Mode"和"Busline Mode"两种总线布线模式,"制图布线设置"对话框,如图 6.16 所示。

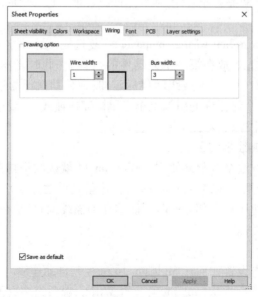

图 6.16　"制图布线设置"对话框

5)修改连线路径

改变已经画好的连线路径:选中连线,在线上会出现一些拖动点;将光标放在任一点上,按住鼠标左键拖动此点,可以更改连线路径,或者在连线上移动鼠标箭头,当它变成双箭头时按住左键并拖动,也可以改变连线的路径。用户可以添加或移走拖动点,以便更自由地控制导线的路径;按"Ctrl"键,同时单击想要添加或去掉的拖动点的位置。

6)设置连线颜色

连线的默认颜色是在"Options"→"Sheet Properties"→"Colors"窗口中设置的。改变已设置好的连线颜色,可在连线上单击鼠标右键,然后在弹出的菜单中选择"Net Color"命令,从调色上选择颜色,再单击"OK"按钮。只改变当前电路的颜色配置(包括连线颜色),在电路窗口单击鼠标右键,可以在弹出的菜单中更改颜色配置。

6.2.5　手动添加节点

如果从一个既不是元器件引脚也不是节点的地方连线,就需要添加一个新的节点(连接点)。当两条线连接起来时,Multisim 14 会自动在连接处增加一个节点,以区分简单的连线交叉的情况。

手动添加一个节点:

①选择菜单"Place"→"PlaceJunction"命令,鼠标箭头的变化表明准备添加一个节点;也可以通过单击鼠标右键,在弹出的菜单中选择"Place Schematic"命令。

②单击连线上想要放置节点的位置,在该位置出现一个节点。

与新的节点建立连接;把光标移近节点,直到它变为"+"形状;单击鼠标,可以从节点到希望的位置画出一条连线。

6.2.6　旋转元器件

使用弹出式菜单或"Edit"菜单中的命令可以旋转元器件。下面只介绍弹出式菜单的使用方法。旋转元器件:在元器件上单击鼠标右键;从弹出的菜单中选择旋转元器件:在元器件上单击鼠标右键;从弹出的菜单中选择"Rotate 90° Clockwise(顺时针旋转 90°)"命令,或"Rotate 90° counter Clockwise(逆时针旋转 90°)"命令,如图 6.17 所示。

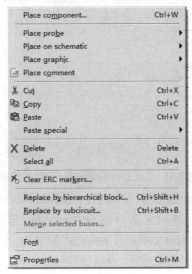

图 6.17　旋转元器件

与元器件相关的文本,如标号、标称值和其他元器件信息将随着元器件的旋转而更换位置,引脚标号会随着引脚一起旋转,与元器件相连的线也会自动改变路径。

6.2.7 设置元器件属性

每个被放置在电路窗口中的元器件还有一些其他属性,这些属性决定着元器件的各个方面,但这些属性只影响该元器件,并不影响其他电路中的相同电阻元件或同一电路中的其他元器件。根据元器件类型的不同,这些属性决定了以下部分或全部:

①在电路窗口中显示元器件的识别信息和标号。

②元器件的模型。

③对某些元器件,如何把它应用在分析中。

④应用在元器件节点的故障。

这些属性也显示了元器件的标称值、模型和封装。

(1)显示已被放置的元器件的识别信息

可用以下两种方法设置元器件的识别信息:

①用户在"Options"→"Sheet Properties"→"Sheet Visibility"选项组中的设置(图6.18),将决定在电路中是否显示元器件的某个识别信息,如元器件标识、流水号、标称值和属性等;也可以在电路窗口中单击鼠标右键,在弹出的窗口中,仅对当前电路进行设置。

图6.18 "元器件识别信息设置"对话框

②为已放置的元器件设置显示识别信息:在元器件上双击,或者选中元器件后单击"Edit"→"Properties"命令,系统弹出元器件的属性对话框;选择"Display"选项卡,如图6.19所示。默认状态下,选中"Use sheet visibility settings"复选框,元器件会按照预先指定的电路设置显示识别信息(如图中灰色区域选项);若取消对此复选框的选取,图6.19中灰色区域变为有效,选中需要显示的元器件信息项,单击"OK"按钮保存设置,元器件将按用户指定的模

式显示其识别信息。

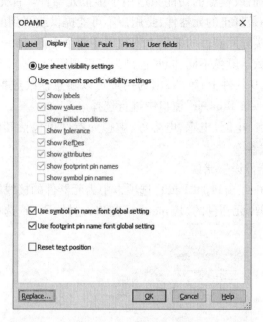

图 6.19　"已放置的元器件识别信息设置"对话框

（2）查看已放置的元器件的标称值或模型

选择菜单"Edit"→"Properties"命令，或在元器件上双击，系统弹出"元器件属性"对话框，在"Value"选项卡中显示了当前元器件的标称值或模型。根据元器件的种类，可以看到两种"Value"选项卡；实际器件的"Value"选项卡，如图 6.20 所示，实际元器件的标称值不能改动；而虚拟元器件的标称值可以改动，其"Value"选项卡如图 6.21 所示。

图 6.20　实际元器件的标称值或模型　　**图 6.21　虚拟元器件的设置值**

用户可以修改任何一个选项，若取消更改，单击"Cancel"按钮即可；若保存更改，单击"OK"按钮即可。

注意,这种更改标称值或模型的功能只适用于虚拟元器件。首先,重要的是要理解这些元器件,虚拟元器件并不是真正的元器件,是用户不可能提供或买到的,它们只是为了方便而提供的。虚拟元器件与实际元器件的区别表现在以下两个方面:第一,在元器件列表中,虚拟元器件与实际元器件的默认颜色不同,同时也是为了提醒用户,它们不是实际器件,所以不能把它们输出到外挂的 PCB 软件上;第二,因为用户可以随意修改虚拟器件的标称值或模型,所以不需要再从"Component Browser"窗口中进行选择。

虚拟元器件包括电源、电阻、电感、电容等,虚拟元器件也包括其他和理论相对应的理想器件,如理想的运算放大器。

(3)为放置好的元器件设置错误

用户可以在"Properties"窗口的"Fault"选项卡中为元器件的接线端设置错误。

双击元器件,系统弹出元器件的"Properties"窗口;选择"Fault"选项卡,如图 6.22 所示。

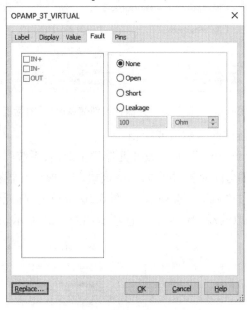

图 6.22　元器件错误设置

选择要设置错误的引脚;为引脚设置错误类型。错误类型描述见表 6.1;退出更改,单击"Cancel"按钮;保存更改,单击"OK"按钮即可完成该设置。

表 6.1　错误类型的描述

选项	描述
None	无错误
Open	给接线端分配一个阻值很高的电阻,就像接线端断开一样
Shon	给接线端分配一个阻值很低的电阻,以至于对电路没有影响,就像短路一样
Leakage	在选项的下方指定一个电阻值,与所选接线端并联,这样电流将不经过此元器件而直接泄露至另一接线端

（4）自动设置错误

当用户使用自动设置错误选项时，必须指明错误的个数，或指明每一种错误的个数。使用自动设置选项：

①选择菜单"Simulate"→"Auto Fault Option"命令，系统弹出"Auto Fault（自动设置错误）"对话框，如图6.23所示。

②使用上下箭头可以在Short，Open，Leak文本框中直接输入数值，Multisim 14将随机为相应的错误类型设置指定数目的错误。在"Any"文本框中输入数值，Multisim 14将随机设置某一类型的错误。

③如果选择的错误类型是Leak，则需要在"Specify leak resistance"文本框中输入电阻的数值和单位。

④退出更改，单击"Cancel"按钮；保存设置，单击"OK"按钮。

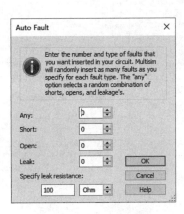

图6.23 自动设置错误

6.2.8 标识

Multisim 14为元器件、网络和引脚分配了标识。用户也可以更改、删除元器件或网络标识。这些标识可在元器件编辑窗口中设置。除此之外，还可以为标识选择字体风格和大小。

（1）更改元器件标识和属性

对于大多数的元器件来说，标识和流水号由Multisim 14分配给元器件，也可以在元器件的"Properties"对话框中的"Label"选项卡中指定。

为调用的元器件指定标识和流水号：双击元器件，出现元器件属性对话框；单击"Label"选项卡，如图6.24所示。可在"RefDes"文本框和"Label"文本框中输入或修改标识和流水号（只能由数字和字母构成——不允许有特殊字符或空格）；可在"Attributes"列表框中输入或修改元器件特性（可以任意命名和赋值）。例如，可以给元器件命名为制造商的名字，也可以是一个有意义的名称。例如，"新电阻"或"5月15日修正版"等；在"Show"复选框中可以选择需要显示的属性，相应的属性即和元器件一起显示出来了。退出修改，单击"Cancel"按钮；保存修改，单击"OK"按钮。

如果用户对多个元器件指定了相同的流水号，Multisim14会提醒将不会得到理想的结果。对于专业或高级专业用户来说，如果继续，Multisim 14将在元器件和相同的流水号之间建立一个虚拟的连接。如果不是专业或高级专业用户，则不允许为多个元器件指定相同的流水号。

（2）更改节点编号

Multisim14自动为电路中的网络分配网络编号，用户也可以更改或移动这些网络编号。更改网络编号：双击导线，出现网络属性对话框，如图6.25所示。可以在此对网络进行设置；保留设置，单击"OK"按钮；否则，单击"Cance"按钮。

注意：

①在更改网络编号时要格外谨慎，因为对于仿真器和外挂PCB软件来说，网络编号是非常重要的。

②选中网络编号，将它拖到新的位置，即可移动网络编号。

图 6.24　更改元器件的标识和属性　　　　图 6.25　更改网络编号

（3）添加标题框

用户可以在标题框的对话框中为电路输入相关信息，包括标题、描述性文字和尺寸等。

为电路添加标题框：

①选择"Place"→"Title Block"命令，在出现的对话框中选择标题框模板，单击将标题框放置在电路图中。

②选中标题框，利用鼠标拖动标题框到指定位置，或者选择"Edit"→"Title Block Position"命令，将标题框定位到 Multisim 14 提供的预设位置。

③双击标题框，在出现的对话框中输入电路的相关信息，如图 6.26 所示。单击"OK"按钮，即可完成电路图标题框的添加。

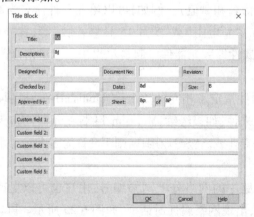

图 6.26　添加标题框

Multisim 14 向用户提供了对话框模式修改功能，选中当前电路标题框，选择"Edit"→"Edit Symbol/title Block"选项，在"Title Block Editor"中可按要求对标题框模式进行修改。

（4）添加备注

Multisim 14 允许用户为电路添加备注，如说明电路中的某一特殊部分等。

添加备注的步骤如下：选择菜单"Place"→"Place Text"命令，单击想要放置文本的位置，出现光标；在该位置输入文本；单击电路窗口的其他位置结束文本的输入。

注意：

①删除文本：在文本框上单击鼠标右键，从弹出的快捷菜单中选择"Delete"键或直接按"Delete"键。

②更改文本的颜色和字体：在文本框上单击鼠标右键，从弹出的快捷菜单中选择"Pen Color"命令，在调色板中选择理想的颜色；从弹出的快捷菜单中选择"Font"选项，在"字体"对话框中设置用户所需的字体样式。

（5）添加说明

除了给电路的特殊部分添加文字说明，还可以为电路添加一般性的说明内容，这些内容可以被编辑、移动或打印。"说明"是独立存放的文字，并不出现在电路图中，其功能是对整张电路图的说明，所以在一张电路图中只有一个说明。添加说明的步骤如下：

①选择菜单"Tools"→"Description Box Editor"命令，出现"添加文字说明"的对话框，如图6.27所示。

图6.27 "添加文字说明"对话框

②在弹出的对话框中直接输入文字。

③输入完成后，单击图6.27所示的关闭按钮退出文字说明编辑窗口，返回电路窗口；单击电路窗口页直接切换到电路窗口，无须关闭文字说明编辑窗口。

注意：

①在文字说明编辑窗口中可以打印说明。

②仅查看当前电路说明时，可选择菜单"View"→"Description Box"命令。

6.2.9 子电路和层次化

1）子电路与层次化概述

Multisim 14允许用户把一个电路内嵌在另一个电路中。为了简化电路的外观，被内嵌的电路，或者说子电路在主电路中只显示为一个符号。

对于工程化/团体化设计来说，子电路的功能还可以扩展到层次化设计。在这种情况下，子电路被保存为可编辑的、独立的略图文件。子电路和主电路的连接是一种活动连接。也就是说，如果把电路A作为电路B的子电路，可以单独打开电路A进行修改，而这些修改会自动反映到电路B中，以及其他用到电路A的电路中，这种特性称为层次化设计。

Multisim 14的层次化设计功能允许用户为内部电路建立层次，以增加子电路的可重复利用性和保证设计者们所设计电路的一致性。例如，可以建立一个库，把具有公共用途的子电路存入库中，就可以利用这些电路组成更加复杂的电路，也可以作为其他电路的另一个层次。

因为 Multisim 14 的工程化/团体化设计能够把相互连接的电路组合在一起,并可以自动更新,这就保证了对子电路的精心修改都可以反映到主电路中。通过这种方法,用户可以把一个复杂的电路分成较小的、相互连接的电路,分别由小组的不同成员来完成。

对于没建层次的用户来说,子电路将成为主电路的一部分,只在此主电路中,才能打开并修改子电路,而不能直接打开子电路。同时,对子电路的修改只会影响此主电路。保存主电路时,子电路将与其一起被保存。

2)建立子电路

在电路中接入子电路之前,需要给子电路添加输入/输出节点,当子电路被嵌入主电路时,该节点会出现在子电路的符号上,以便使设计者能够看到接线点。

①在电路窗口中设计一个电路或电路的一部分。创建一个用与非门组成的 RS 触发器作为子电路,如图 6.28 所示。

②给电路添加输入/输出节点。

a.选择菜单"Place"→"Connectors"→"Output connector"命令,出现输入/输出节点的影子随光标移动。

b.在放置节点的理想位置单击鼠标,放下节点,Multisim 14 自动为节点分配流水号。

c.节点被放置在电路窗口中后,就可以像连接其他元器件一样,将节点接入电路中,如图 6.29 所示。

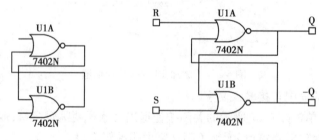

图 6.28 建立子电路　　　　图 6.29 节点接入电路

④保存子电路。

3)为电路添加子电路

添加子电路的步骤如下:

①选择菜单命令"Place"→"New Subcircuit",在出现的对话框中为子电路输入名称。单击"OK"按钮,子电路的影子跟随鼠标移动,在主电路窗口中单击将子电路放置到主电路中,如图 6.30 所示。此时在设计工具箱中,主电路文件下加入了子文件"Sub1(X1)",如图 6.31 所示。

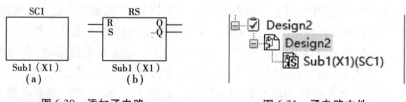

图 6.30 添加子电路　　　　图 6.31 子电路文件

②双击打开"Sub1(X1)"子文件,此时子电路窗口为空白窗口;复制或剪切需要的电路或

电路的一部分到子电路窗口中;关闭子电路窗口返回主电路窗口,子电路图标变为如图 6.30
(b)所示,这时子电路添加完成。

用子电路替代其他元器件:

①在主电路中选中需要被替换的元器件。

②选择菜单命令"Place"→"Replace by Subcircuit",在出现的对话框中为子电路输入新的
名称,如图 6.32 所示。单击"OK"按钮,则在电路窗口中被选中的部分被移走,出现子电路的
影子跟随鼠标移动,表明该子电路(该子电路为选中部分的子电路)处于等待放置的状态。

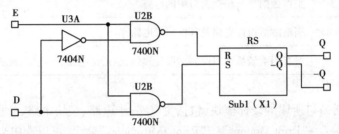

图 6.32 子电路替换元器件

③在主电路中合适的位置单击鼠标,放下子电路,则子电路以图标的形式显示在主电路
中,同时,其名称也显示在它的旁边。

子电路名称与其他元器件名称一起出现在"In Use"列表中。子电路的符号也可以像其
他元器件一样操作,如旋转和更改颜色等。

6.2.10 打印电路

Multisim 14 允许用户控制打印一些具体方面,包括是彩色输出,还是黑白输出;是否有打
印边框;打印时是否包括背景;设置电路图的比例,使之适合打印输出。

选择菜单"File"→"Print Options"→"Print Sheet Setup"命令,为电路设置打印环境。打印
设置对话框如图 6.33 所示。

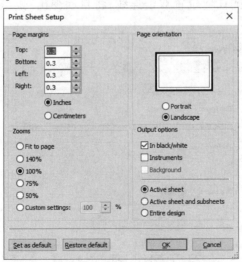

图 6.33 "打印设置"对话框

通过选择复选框来设置对话框右下角的部分。电路打印选项说明见表 6.2。

表 6.2　电路打印选项说明

打印选项	描述
In Black/White	黑白打印,不选此项,则打印的电路中彩色的元器件为灰色
Instruments	在分开的纸张上打印电路和仪表
Background	连同背景一起打印输出,用于彩色打印
Current Circuit	工作区内当前激活窗口中的电路
Current and Subcircuits	当前激活窗口电路及其所属子电路
Entire Design	所有当前激活窗口所属的设计模块,包括主电路、子电路、模块电路、分页电路

所有当前激活窗口所属的设计模块,包括主电路、子电路、模块电路、分页电路。

选择菜单"File"→"Print Options"→"Print Instruments"命令,可以选中当前窗口中的仪表并打印出来,打印输出结果为仪表面板。电路运行后,打印输出的仪表面板将显示仿真结果。

选择菜单"File"→"Print"命令,为打印设置具体的环境。要想预览打印文件,应选择菜单"File"→"Print Preview"命令,电路出现在预览窗口中。在预览窗口中可以随意缩放,逐页翻看,或发送给打印机。

6.2.11　放置总线

总线是电路图上的一组并行路径,它们是连接一组引脚与另一组引脚的相似路径。例如,在 PCB 板上,实际上它只是一根铜线或并行传输字的几位二进制位的电缆。

选择菜单"Place"→"Place Bus"命令,在总线的起点单击鼠标,在总线的第二点单击鼠标,继续单击鼠标直到画完总线,在总线的终点双击鼠标,完成总线的绘制。总线的颜色与虚拟元器件一样,在总线的任何位置双击连线,将自动弹出"总线属性"对话框,如图 6.34所示。

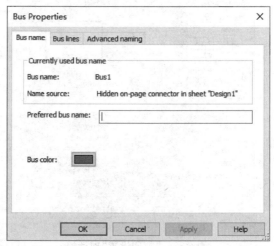

图 6.34　"总线属性"对话框

注意:

①欲更改总线的颜色,可以在总线上单击鼠标右键,从弹出的菜单中选择"Bus color"命令。

②欲更改总线的流水号(Multisim 14 默认的流水号为"Bus"),在总线上双击,在弹出的"总线属性"对话框中更改流水号。

6.2.12 使用弹出菜单

1)没有选中元器件时的弹出菜单

在没有选中元器件的情况下,在电路窗口中单击鼠标右键,系统弹出属性命令菜单,主要命令说明见表6.3。

表6.3 主要命令说明

命令	说明
Place Component	浏览元器件,添加元器件
Place Junction	添加连接点
Place Wire	添加连线
Place Bus	添加总线
Place Input/Output	为子电路添加输入/输出节点
Place Hierarchical Block	打开子电路文件
Place Text	在电路上添加文字
Cut	把电路中的元器件剪切到剪贴板
Copy	复制
Paste	粘贴
Place as Subcircuit	在电路中放置子电路
Place by Subcircuit	由子电路取代被选中的元器件
Show Grid	显示或隐藏网格
Show Page Bounds	显示或隐藏图纸的边界
Show Title Block and Border	显示或隐藏电路标题块和边框
Zoom In	放大
Zoom Out	缩小
Find	显示电路中元器件的流水号的列表
Color	设置电路的颜色
Show	在电路中显示或隐藏元器件信息
Font	设置字体
Wire Widh	为电路中的连线设置宽度
Help	打开 Multisim 14 的帮助文件

2)选中元器件时的弹出菜单

在选中的元器件或仪器上单击鼠标右键,系统弹出属性命令菜单,主要命令说明见表6.4。

表 6.4　主要命令说明

命令	说明
Cut	剪切被选中的元器件、电路或文字
Copy	复制被选中的元器件、电路或文字
Flip Horizontal	水平翻转
Flip Vertical	垂直翻转
90 Clockwise	顺时针旋转 90°
90 CounterCW	逆时针旋转 90°
Color	更改元器件的颜色
Help	打开 Multisim 14 的帮助文件

3）菜单来自选中的连线

在选中的连线上单击鼠标右键，系统弹出属性命令菜单，命令说明如下：
①Delete：删除选中的连线。
②Color：更改连线的颜色。

6.3　Multisim 虚拟仪器

6.3.1　虚拟仪器的概述

NI Multisim 14 软件中提供许多虚拟仪器，与仿真电路同处在一个桌面上。用虚拟仪器来测量仿真电路中的各种电参数和电性能，就像在实验室中使用真实仪器测量真实电路一样，这是 NI Multisimn 14 软件最具特色的地方。用虚拟仪器检验和测试电路是一种最简单、最有效的途径，能起到事半功倍的作用。虚拟仪器不仅能测试电路参数和性能，而且可以对测试的数据进行分析、打印和保存等。

在 NI Multisim 14 软件中，除了有与实验室中常规的传统真实仪器外形相似的虚拟仪器，还可以根据测量环境的需求设计合理的具有个性化的仪器，或称为自定义仪器。设计自定义仪器，需要有 NI LabVIEW 图形化编程软件的支持。

1）认识虚拟仪器

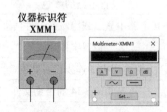

(a)仪器图标　(b)仪器接线符号　(c)仪器面板

图 6.35　虚拟仪器的表示形式

虚拟仪器在仪器栏中以图标方式显示，而在工作桌面上又有另外两种显示：一种显示是仪器接线符号，仪器接线符号是仪器连接到电路中的桥梁；另一种显示是仪器面板，仪器面板上能显示测量结果。为了更好地显示测量信息，可对仪器面板上的量程、坐标、显示特性等进行交互式设定。以万用表为例，展示了仪器图标、仪器接线符号、仪器面板，如图 6.35 所示。

（1）接虚拟仪器到电路图中

①单击仪器栏中需要使用的仪器图标后，移动光标到电路设计窗口中，再单击鼠标，仪器图标变成了仪器接线符号在设计窗口中显示。各仪器图标在仪器工具栏中排列，如图 6.36 所示。

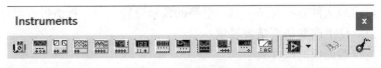

图 6.36　仪器工具栏

若 NI Mulisim 14 界面中没有仪器栏显示，则可单击主菜单上的"View"（视图）→"Toolbars"（工具）→"Instruments"（仪器）命令，或单击主菜单上的"Simulate"（仿真）→"Instruments"（仪器）命令，仪器栏就会出现。

如图 6.36 所示，仪器栏中各仪器图标排序为：万用表、函数信号发生器、功率表、双通道示波器、四通道示波器、波特图仪、频率计、字发生器、逻辑转换仪、逻辑分析仪、伏安分析仪、失真度分析仪、频谱分析仪、网络分析仪、Agilent 函数发生器、Agilent 万用表、Agilent 示波器、Tetorix 示波器、LabVIEW 测试仪、NI ELVIS 测试仪、电流探针。具备了这些仪器，就拥有了一个现代化的电子实验室。

②仪器接线符号上方的标识符用于标识仪表的种类和编号。例如，电路中使用的第一个万用表被标为"XMM1"，使用的第二个万用表被标为"XMM2"，以此类推。这个编号在同一个电路中是唯一的。当新建了另一个电路时，使用第一个万用表时还是被标为"XMM1"。

③用鼠标左键单击仪器接线符号的接线柱，并拉出一条线，即可连接到电路中的引脚、引线、节点上去。若要改变接线的颜色，可在仪器接线符号的上方用鼠标右键单击，系统弹出下拉菜单后选择"Segment Color"选项，在出现的对话框中选择想要的颜色后单击"OK"按钮即可。

④若要使用 LabVIEW 仪器，可单击鼠标 LabVIEW 仪器下的小三角，再单击子菜单中的仪器，放入工作台面上。

以上只说明如何把仪器从库中提出并接到电路上，下面说明如何操作这些仪器。

（2）操作虚拟仪器

①双击仪器接线符号即可弹出仪器面板。可以在测试前或测试中更改仪器面板的相关设置，如同实际仪器一样。更改仪器面板的设置，一般是更改量程、坐标、显示特性、测量功能等。仪器面板设置的正确与否对电路参数的测试非常关键，如果设置不正确，很可能导致仿真结果出错或难以读数。

不是所有的仪器面板上的参数都可以修改，当鼠标指针在面板上移动时，鼠标由箭头符号变成小手形状，表示它是可修改的，否则不可以修改。

②"激活"电路：单击仿真 ▷ 按钮，也可在菜单中选择"Simuate"（仿真）→"Run"命令进行仿真。电路进入仿真，与仪器相连的电路上的那个点上的电路特性和参数就被显示出来了。

在电路被仿真的同时，可以改变电路中元器件的标值，也可以调整仪器参数设置等，但在有些情况下必须重新启动仿真，否则显示的一直是改变前的仿真结果。

暂停仿真，单击仿真暂停按钮 ▮▮，也可在菜单中选择"Simulate"→"Pause"命令，暂停仿真。

结束仿真:单击仿真按钮■,也可在菜单中选择"Simulate"→"Stop"命令。

2)使用虚拟仪器的注意事项

①在仿真过程中,电路的元器件参数可以随时改变,也可以改变接线。

②一个电路中可允许多个不同仪器与多个同样的仪器同时使用。

③可以以电路的文件方式对某一测试电路的仪器设置与仿真数值进行保存。

④可以在图示仪上改变仿真结果显示。

⑤可以改变仪器面板的尺寸大小。

⑥仿真结果很容易以.TXT,.LVM 和.TDM 形式输出。

3)虚拟仪器分类

NI Mulisim 14 虚拟仪器可分为六大类:

①模拟(AC 和 DC)仪器。

②数字(逻辑)仪器。

③射频(高频)仪器。

④电子测量技术中的真实仪器,如 Agilent,Tektronix 仪器模拟。

⑤测试探针。

⑥LabVIEW 仪器。

6.3.2 数字万用表

NI Multisimn 14 提供的数字万用表外观和操作方法与实际的设备十分相似,主要用于测量直流或交流电路中两点间的电压、电流、分贝和阻抗。数字万用表是自动修正量程仪表,所以在测量过程中不必调整量程。测量灵敏度根据测量需要,可以修改内部电阻来进行调整。数字万用表有正极和负极两个引线端。如图 6.37 所示是数字万用表的图标、接线符号与仪器面板。

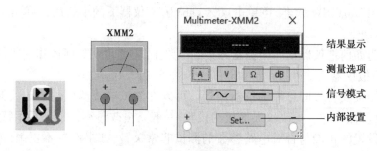

图 6.37 数字万用表

1)选择测量项目

测量内容有 4 项,用 4 个按键来控制,图 6.38 中选择了电阻值的测量。使用中可根据需要选择需要测量的项目,其方法是移动鼠标到需要测量项目的按钮上单击鼠标。

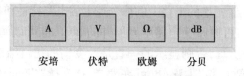

图 6.38 数字万用表测量选项

（1）电流测量

单击仪器面板上的 A 按钮，选择电流测量。这个选项用来测量电路中某一支路的电流，将万用表串联到电路中去，其操作与实际中的电流表的操作一样，如图 6.39 所示。

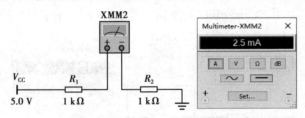

图 6.39　数字万用表测量电流

若要测量另一个支路的电流，可把另一个万用表串联到电路中，再开始仿真。当万用表作为电流表使用时，其内阻很低。

若要改变电流表的内阻，可单击"Set"按钮。

（2）电压测量

单击仪器面板中的 V 按钮，选择电压测量。这个选项用来测量电路中两点之间的电压，把测试笔并联到要测试的元器件两端，如图 6.40 所示。测试笔可以移动，以测量电路中另外两点之间的电压。当万用表作为电压表使用时，其内阻很高。

单击"Set"按钮，可以改变万用表的内阻。

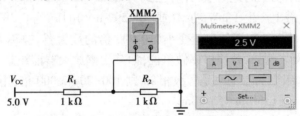

图 6.40　数字万用表测量电压

（3）电阻测量

单击仪器面板中的 Ω 按钮，选择电阻测量。这个选项用来测量电路中两点之间的阻抗。电路中两点之间的所有元器件被称为"网络组件"。要测量阻抗，就要把测试笔与网络组件并联，如图 6.41 所示。

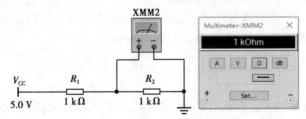

图 6.41　数字万用表测量电阻

要精确测量组件和"网络组件"的阻抗，必须满足以下 3 点：

①网络组件中不包括电源。

②组件或网络组件是接地的。

③组件或网络组件不与其他组件并联。

（4）dB（分贝）测量

单击仪器面板中的 dB 按钮，选择 dB 量程。这个选项用来测量电路中两点之间的电压增益或损耗。图 6.42 是万用表测试 dB 时与电路的连接，两测试笔应与电路并联。

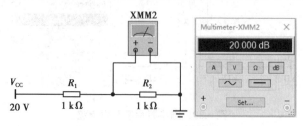

图 6.42　数字万用表测量分贝

①dB 是工程上的计量单位，无量纲。电子工程领域里也借用这个计量单位，公式为 dB = 20 lg(V_{out}/V_{in})（V_{out} 为电路中某点的电压，V_{in} 为参考点的电压）。例如，电子学中放大器的电压放大倍数就是输出电压与输入电压的比值，计量单位是"倍"，如 10 倍放大器，100 倍放大器。而在工程领域中的放大 10 倍、100 倍的放大器，也被称为增益是 20 dB、40 dB 的放大器。

如图 6.42 所示，参考电压为 1 V，在 R_2 上分压为 10 V，所以测量出来是 $20 \lg\left(\dfrac{10\text{ V}}{1\text{ V}}\right) = 20$ dB。

②dBm 是一个表示功率的绝对值，计算公式为 dBm = 10 lg P（即功率值/1 mW）。1 mW 的定义是在 600 Ω 负载上产生 1 mW 功率（或 754.597 mV 电压）为 0 dBm。

③使用 dB，dBm 的好处在于使数值变小（10 000 倍的放大器，被称为增益为 80 dB 的放大器），读写、运算方便。例如，若用倍率做单位，如某功率放大器前级是 100 倍（40 dBm），后级是 20 倍（13 dBm），级联的总功率是各级相乘，则 100×20＝2 000 倍；用分贝做单位时，总增益就是相加，为 40 dBm+13 dBm＝53 dBm。

在 NI Multisim 14 提供的数字万用表中，计算 dB 的参考电压默认值为 754.597 mV。

2）信号模式（AC 或 DC）

单击仪器面板中的 ~ 按钮，测量正弦交流信号的电压或电流。任何直流信号都被剔除掉了，数字万用表上显示的是有效值。

单击仪器面板中的 — 按钮，测量直流电压或电流。

若要同时测量交流与直流电压的有效值，可将交流电压表与直流电压表同时接到两个节点上，分别测量交流与直流的情况。然后，用下面的公式计算交流与直流状况下的电压有效值。注意，这个公式不是普遍使用的，只能与万用表联用。

$$RMS_{\text{voltage}} = \sqrt{V_{\text{DC}}^2 + V_{\text{AC}}^2}$$

3）内部设置

理想的仪表对电路的测量应没有影响，如电压表的阻抗应无限大，当它接入电路时不会产生电流的分流，电流表对于电路来说，应该是没有阻抗的。真实电压表的阻抗是有限的，真实电流表的阻抗也不等于零。真实仪器的读数值总是非常接近理论值，但永远不等于理论值。

NI Multisim 14 的万用表模拟实际中的万用表，电流表阻抗可设置得小到接近 0，电压表的阻抗可设置得大到接近无穷大，所以测量值与理想值几乎一致。但在一些特殊情况下，需要改变它的状态,使它对电路产生影响(设置阻抗大于或小于某一个值)。比如,要测量阻抗很高的电路两端的电压,就要调高电压表的内阻抗。如果要测量阻抗很低的电路的电流,就要调低电流表的内阻抗。内阻很低的电流表在高阻抗的电路中可能引起短路错误。

默认的内部设置:

①单击"Set"按钮,系统弹出万用表的设置窗口,如图 6.43 所示。

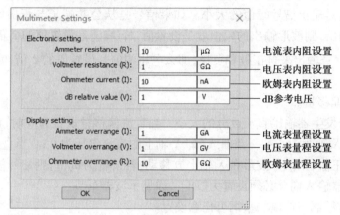

图 6.43　数字万用表的性能设置

②改变需要修改的选项。

③保存修改,单击"OK"按钮。若要放弃修改,单击"Cancel"按钮即可。

6.3.3　函数信号发生器

函数信号发生器是产生正弦波、三角波和方波的电压源。Multisim 14 提供的函数信号发生器能给电路提供与现实中完全一样的模拟信号,而且波形、频率、幅值、占空比、直流偏置电压都可以随时更改。函数信号发生器产生的频率可以从一般音频信号到无线电波信号。

函数信号发生器通过 3 个接线柱将信号送到电路中。其中"公共端"接线柱是信号的参考点。

若信号以地作为参照点,则将公用接线柱接地。正接线柱提供的波形是正信号,负接线柱提供的波形是负信号。信号发生器图标、接线符号、面板如图 6.44 所示。

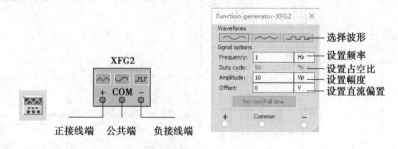

图 6.44　信号发生器图标、接线符号、面板

(1)波形(Waveforms)选择

可以选择 3 种波形作为输出,即正弦波、三角波和方波。需要输出某种波形,用鼠标单击相应的按钮即可。

（2）信号设置（Signal Options）

①Frequency 频率（1 Hz~1 000 THz）。设置信号发生器频率。

②Duty Cycle 占空比（1%~99%）。设置脉冲保持时间与间歇时间之比，它只对三角波和方波起作用。

③Amplitude 振幅（0~1 000 TV）。

设置信号发生器输出信号幅值的大小。如果信号是从公共端子与正极端子或是从公共端子与负极端子输出，则波形输出的幅值就是设置值，峰-峰值是设置值的 2 倍，有效值为：峰-峰值$\div 2\sqrt{2}$。如果信号输出来自正极和负极，那么电压幅值是设置值的 2 倍，峰-峰值是设置值的 4 倍。

④Offset 直流偏移量。

设置函数信号发生器输出直流成分的大小。当直流偏移量设置为 0 时，信号波形在示波器上显示的是，以 X 轴为中心的一条曲线（即 Y 轴上的直流电压为 0）。当直流偏移量设置为非 0 时，若设置为正值，则信号波形在 X 轴上方移动；若设置为负值，则信号波形在 X 轴下方移动。当然，示波器输入耦合必须设置为"DC"，详见示波器章节。

直流偏移量的量纲与振幅的量纲可任意设置。

（3）上升和下降的时间设置（Set Rise/Fall Time）

Rise/Fall Time 方波上升和下降的时间设置（或称波形上升和下降沿的角度），将输出波形设置成方波才起作用。

（4）操作范例

①无偏置互补功率放大器电路。函数发生器的正弦波幅度设定为 10 mV（峰值），频率为 1 kHz，用示波器的可观察到无偏置的共射放大电路和输入输出电压，由于没有直流偏置，导致三极管不导通，三极管工作在截止区，输出只有 12 V 直流电压而没有交流信号，如图 6.45 所示。

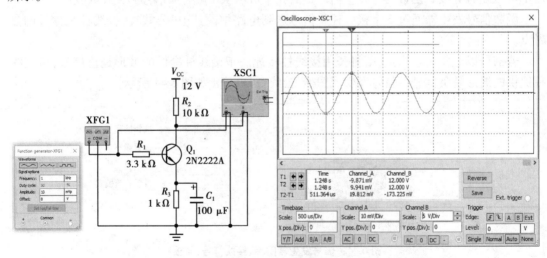

图 6.45　无偏置的共射放大电路和输入输出电压

②有偏置互补功率放大器电路。同样的电路，但是在晶体管上加上合适的直流偏置，函数发生器的三角波幅度仍设定为 10 mV（峰值），直流偏置为 1 V，频率为 1 kHz，同样用示波器可观察到有偏置共射放大电路和输入输出电压。示波器达到 AC 挡，看其交流部分，已经实现

了将输入的 20 mV_{pp} 信号放大到约 2.4V_{pp},如图 6.46 所示。此时三极管由于基极直流偏置提高到 1 V,三极管的 be 间的 PN 结被打通,进入了放大区,开始正常放大。

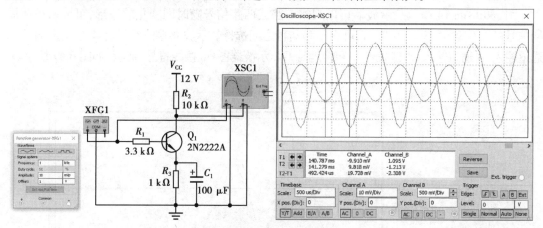

图 6.46　有偏置的共射放大电路和输入输出电压

6.3.4　功率表

功率表用来测量电路的交流、直流功率,功率的大小是流过电路的电流和电压差的乘积,量纲为瓦特。所以,功率表有 4 个引线端:电压正极和负极、电流正极和负极。功率表中有两组端子,左边两个端子为电压输入端子,与所要测试的电路并联;右边两个端子为电流输入端子,与所要测试的电路串联。功率表也能测量功率因数。功率因数是电压和电流相位差角的余弦值。功率表图标、接线符号、面板,如图 6.47 所示。

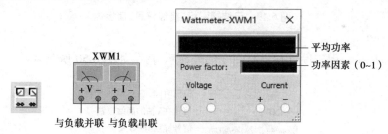

图 6.47　功率表图标、接线符号、面板

图 6.48 显示的 PowerFactor 功率因数为 1,因为流过电阻的电流与电压没有相位差。

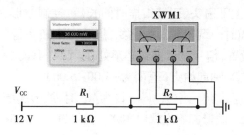

图 6.48　接在电路中的功率表

6.3.5　双踪示波器

NI Multisim 14 中双踪示波器可以观察一路或两路信号随时间变化的波形,可分析被测周期信号的幅值和频率。扫描时间可在纳秒与秒之间选择。示波器接线符号有 4 个连接端子:A 通道输入、B 通道输入、外触发端 T 和接地端 G。示波器图标、接线符号、面板,如图 6.49 所示。

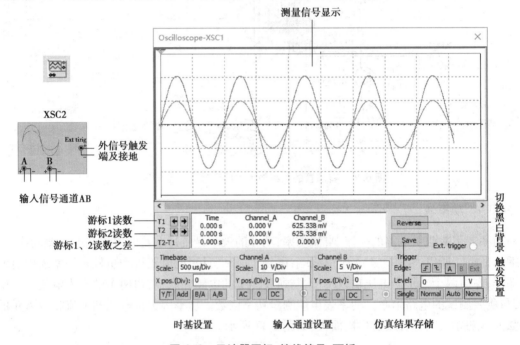

图 6.49　示波器图标、接线符号、面板

1)时基

时基(Timebase):用于设置扫描时间及信号显示方式,如图 6.50 所示。

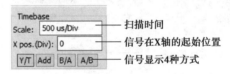

图 6.50　时基数值框

(1)Scale 设置扫描时间

设置扫描时间是通过上下箭头、调整扫描时间长短、控制波形在示波器 X 轴向显示的清晰度。信号频率越高,扫描时间调得越短。比如,想看一个频率是 1 kHz 的信号,扫描时间调到 1 ms/Div 最佳。以上设置,信号显示方式必须处在(Y/T)状态。

(2)X pos.设置信号在 X 轴起始点(范围为−5.00~5.00)

设置信号在 X 轴上的起点。当"X pos."设为"0"时,波形起始点就从示波器显示屏的左边沿开始。如果设一个正值,波形起始点就向右移。如果设一个负值,波形起始点就向左移。

(3)Y/T,Add,A/B 和 B/A 信号显示方式

①按下〈Y/T〉按钮,示波器显示信号波形是关于时间轴 X 的函数。

②按下〈A/B〉或〈B/A〉按钮,示波器显示信号波形是把 B 通道(或 A 通道)作为 X 轴的

扫描信号,将 A 通道(或 B 通道)信号加载在 Y 轴上。

③按下〈Add〉按钮,是将 A 通道与 B 通道信号相加在一起显示的。

2)**示波器接地**

若电路中已有接地端,示波器可以不接地。

3)**通道(Channel)的设置**

A 和 B(通道)的设置框,如图 6.51 所示。

(1)Scale 设置

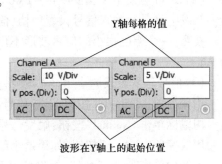

图 6.51　A 和 B(通道)的设置框

设置信号在 Y 轴向的灵敏度,即每刻度的电压值,范围为 1fV/Div~TV/Div。

如果示波器的显示处在 A/B 或 B/A 模式时,它也可控制 X 轴向的灵敏度。

若要在示波器上得到合适的波形显示。信号通道必须作适当调整。例如,Y 轴刻度电压值设置为 1 V/Div 时,示波器显示输入信号 AC 的电压为 3 V 比较合适。如果每刻度电压值大,波形就会变小;相反,每刻度电压值太小,波形就会变大,甚至两峰顶将会被截断。

(2)Y pos 设置

该设置项为控制波形在 Y 轴上的位置。

当"Y pos."被设置为"0"时,信号波形以 X 为对称轴;被设置为"1.00"时,信号波形就移到 X 轴上方,以 Y=+1 为对称轴;设置为"-1.00"时,波形就以 Y=-1 为对称轴。

改变输入 A,B 通道信号波形在 Y 方向上的位置,可以使它们容易被分辨。通常情况下,通道 A、B 波形总是重叠的,如果增加通道 A 的"Y pos."值,减小通道 B 的"Y pos."值,两者的波形就可以分离,从而容易分析,便于研究。

(3)"AC""O""DC"输入耦合方式

"AC"(交流)耦合时只有信号的交流部分被显示。交流耦合是示波器的探头上串联电容起作用,就像现实中的示波器一样。使用交流耦合,第一个周期的显示是不准确的。一旦直流部分被计算出来,并在第一个周期后被剔除掉,波形就正确了。

"DC"(直流)耦合时不仅有信号的交流部分,还有直流部分叠加在一起被显示。此时的"Y pos."应选择为 0,以便测量直流成分。

用示波器测试电路的交流信号时,千万不要在示波器的测试笔上串接一个电容,因为这样做就不能为示波器提供电流通路,在仿真电路时,被认为是错误的。

4)**触发(Trigger)**

触发设置决定了输入信号在示波器上的显示条件,如图 6.52 所示。

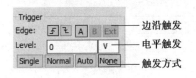

图 6.52　触发设置

(1)Edge 触发沿选择

用鼠标单击 f 按钮,在波形的上升沿到来时触发显示。

用鼠标单击 t 按钮,在波形的下降沿到来时触发显示。

触发信号可由示波器内部提供,也可由示波器外部提供。内部的主要来源是通道 A 或通道 B 的输入信号。若需要由通道 A 波形触发沿触发,用鼠标单击 A 按钮;若需要由通道 B 波形触发沿触发,用鼠标单击 B 按钮。需要外部的触发信号触发时,用鼠标单击示波器 Ext 按钮。外部的触发信号接地须与示波器接地相连接。

（2）Lavel 触发电平（-999 fV~1 000 TV）

触发电平是给输入信号设置门槛,信号幅度达到触发电平时,示波器才开始扫描。

技巧:一个幅度很小的信号波形不可能达到触发电平设置的值,这时要把触发电平设置为 Auto。

（3）信号触发方式 Single Normal Auto None

用鼠标单击"Single"按钮:触发信号电平达到触发电平门槛时,示波器只扫描一次。

用鼠标单击"Normal"按钮:触发信号电平只要达到触发电平门槛时,示波器就扫描。

用鼠标单击"Auto"按钮:如果是小信号或希望尽可能快地显示,则选择"Auto"按钮。

用鼠标单击"None"按钮:触发信号不用选择。一旦按下"None"按钮,示波器通道选择、内外触发信号选择就毫无意义。

5）显示屏设置和存盘

显示屏背景设置、存盘,如图 6.53 所示。

（1）切换示波器显示屏背景

示波器显示屏背景色可以在黑白之间切换,用鼠标单击"Reverse"按钮,原来的白色背景变为黑色,再单击"Reverse"按钮,又由黑色变为白色,但是切换先决条件为系统必须处在仿真状态。

（2）仿真数据保存

用鼠标单击"Save"按钮,将仿真数据保存起来。保存方式:一种是以扩展名为 *.scp 的文件形式保存;另一种是以扩展名为 *.lvm 的文件形式保存,也可以以扩展名为 *.tdm 的文件形式保存。

6）垂直游标使用

若要显示波形各参数的准确值,需拖动显示屏中两根垂直游标到期望的位置。

显示屏下方的方框内会显示垂直游标与信号波形相交点的时间值和电压值,如图 6.54 所示。两根垂直游标同时可显示两个不同测点的时间值和电压值,并可同时显示其差值,这为信号的周期和幅值等测试提供了方便。

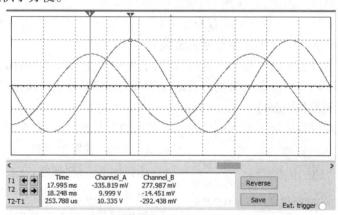

图 6.53　显示屏背景　　图 6.54　两根垂直游标到期望的位置时、时间和电压值显示
　　设置、存盘

在电路仿真时,示波器可以重新接到电路的另一个测试点上,而仿真开关不必重新启动,示波器会自动刷新屏幕,显示新接点的测试波形。如果在仿真过程中调节了示波器的设置,

示波器也会自动刷新。

为了显示详细信息,可更改示波器的有关选项,此时波形有可能出现不均匀的情况。如果是这样,重新仿真电路,以得到详细显示。还可以通过设置,增减仿真波形的逼真度,若设置采集波形时间步长大,则仿真速度快,但波形欠逼真;相反,设置采集波形时间步长小,则波形逼真,但仿真速度慢。

7) 操作范例

如图 6.55 所示为方波占空比可调的电路,图中有电位器,上面标有 Key = A。在电路仿真过程中,只要单击计算机键盘上的"A"键,电阻值将减少 5% 的设定值;要增加电阻值,只要同时按住"Shift+A"组合键即可。

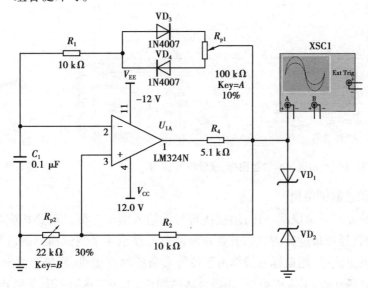

图 6.55 方波占空比可调的电路

按下"A"键一次,减少或增加的幅度是可以设定的,本例中设定为 ±5%,也可设定为其他值,视测试需要而定。示波器测量方波占空比,如图 6.56 所示。

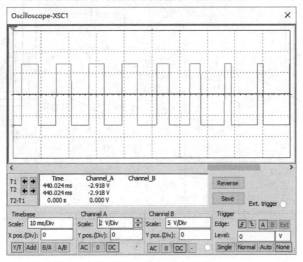

图 6.56 示波器测量方波占空比

6.3.6 四通道示波器

四通道示波器与双通道示波器在使用方法和参数调整方式上基本一样,只是多了一个通道控制旋钮。当旋钮拨至某个通道位置时,才能对该通道进行一系列设置和调整。四通道示波器图标、接线符号、面板,如图 6.57 所示。

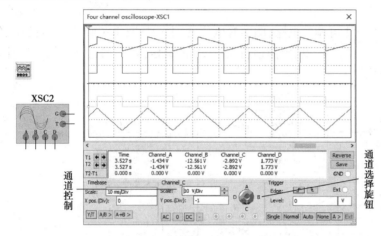

图 6.57 四通道示波器图标、接线符号、面板 图 6.58 通道颜色设置

1)四通道示波器的使用

四通道示波器与其他仪器一样,用接线符号的输入端子与测试电路相应测点连接,双击接线符号,打开仪器面板进行测试。若要在示波器上显示 4 个测试通道的波形,可设置 4 种不同的颜色。其方法是:用鼠标右键单击示波器某通道的连接线,系统会弹出如图 6.58 所示的菜单,再单击"Segment Color"菜单,选择合适的颜色,单击"OK"按钮,某通道显示的波形颜色就确定了。用同样的方法还可选择其他通道的颜色。图 6.59 所示的四通道示波器测量了电路中的 4 个测试点,设置了 4 种不同的颜色。

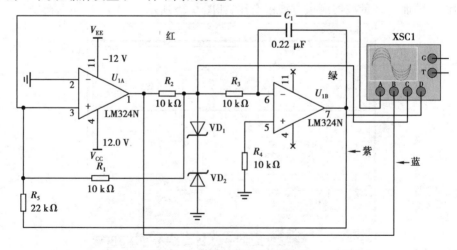

图 6.59 通道用 4 种不同颜色显示

2）四通道示波器设置

在仿真前后或仿真过程中都可以改变四通道示波器设置，以达到最佳的测试结果。

（1）Timebase 时基

时基设置，如图 6.60 所示。

Scale 扫描时间设置：当测量方式在（Y/T）或（A+B）选项时（A+B 表示 A 通道信号与 B 通道信号相加），可改变 X 轴扫描周期。

X pos., Y/T 与前面讲的示波器功能相同。A/B 与前面讲的示波器功能也相同，只是在四通道示波器中，存在四通道信号组合问题，所以，当用鼠标右键单击"A/B"按钮时，系统弹出如图 6.61 所示的菜单，根据测试需要，选择其中一项。当用鼠标右键单击"A+B"按钮时，系统弹出如图 6.62 所示的菜单，根据测试需要，选择其中一项。因为有 4 个通道，组合方式多，所以信号的选择必须用一个菜单栏表示。

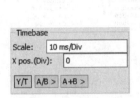

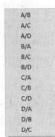

图 6.60　时基设置　　　　图 6.61　李沙育图　　图 6.62　信号叠加
　　　　　　　　　　　　　　信号选择　　　　　　　选择

（2）Channel 通道设置

由于有四通道输入，输入的四通道信号不可能在幅度上、频率上都很接近，因此，每个通道必须针对输入信号的实际情况进行单独设定，以便获得最佳的测试效果。具体操作，如图 6.63 所示，拨盘上的缺口，对齐 A,B,C,D 通道中的一个，如图 6.63 所示中的缺口对准 B，即可对 B 通道的显示进行 Scale（刻度）、Y pos.（设置信号在 Y 轴上的位置，以便让四通道信号在示波器显示屏上相互分离）调整等。用同样的方法可以对其他通道的设置进行调整。

（3）AC,0,DC,Trigger 设置

AC,0,DC 与前面讲的示波器功能完全相同。对于 Trigger（触发信号），唯一要注意的是四通道，选择哪一种信号作为触发信号由操作者决定，如图 6.64 所示。

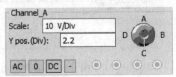

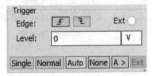

图 6.63　信号通道的设置　　　　图 6.64　触发信号通道选择

（4）Save

存储仿真的有关数据，只需按"Save"按钮，仿真的有关数据则自动用 ASCII 文本保存下来，如图 6.65 所示。

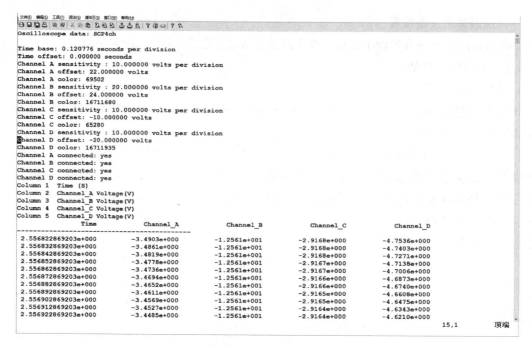

图 6.65　ASCII 保存文件

3) 四通道示波器测量

四通道示波器数据测量,与前面讲的示波器功能完全相同,即将左右两边的游标移动到关心的位置进行读数测量。游标可以用鼠标拖动,也可以单击数据框左边的箭头移动,使游标移动到需要的位置。

与前面讲的示波器功能所不同的是,在用鼠标右键单击游标线时,系统弹出一个下拉菜单,如图 6.66 所示,显示可设置参数项。移动鼠标到期望参数项单击,系统弹出"参数"文本框,如图 6.67 所示,进行数字设置。这样可以精确定位游标在 X 坐标轴上的位置,更有利于测量。

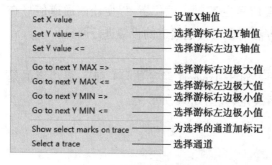

图 6.66　选择要设置的参数

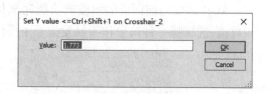

图 6.67　参数输入

在如图 6.68 所示的示波器四通道中,为了让通道更加醒目,可对此通道加设 Marks 标记。在图 6.68 所示的显示中,通道 B 加设了 Marks 标记,标记形状为△。

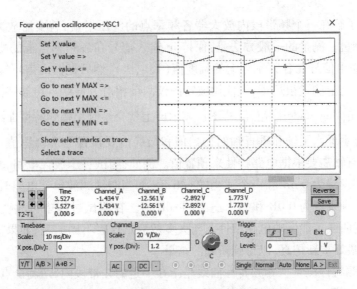

图 6.68　四通道示波器指定数据显示

6.3.7　波特图仪

波特图仪(Bode Plotter)能产生一个频率范围很宽的扫描信号,用以测量电路幅频特性和相频特性。波特图仪的图标、接线符号、面板,如图 6.69 所示。显示屏显示的是测量幅频特性曲线。

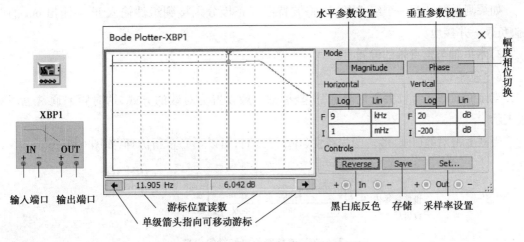

图 6.69　波特图仪的图标、接线符号、面板

使用波特图仪测量幅频特性和相频特性曲线时,电路输入端必须接有信号源。若没有信号源,电路不能仿真。但使用何种信号源并不会影响测量结果,如用函数发生器或用元器件库中的 AC_POWER 作为电路输入端信号源,效果一样。

1)测量模式

(1)Mode 模式选择

①Magnitude 幅频特性测量。幅频特性是指在一定的频带内,两测试点间(如电路输入in、电路输出 out 两测试点)的幅度比率随频率变化的特性,如放大器电压增益在一定频带内

并非一致,为了了解在一个频带段内放大器各频率点的电压增益,就要对放大器进行电压增益幅频特性的测量。测量的一般方法是:保持 in 输入信号在各频率点上的幅度值(如电压)一定,测量 out 输出信号在各频率点上的幅度值(如电压),然后把输出信号幅度值作图,求得幅频响应曲线。这个测量很烦琐,但使用波特图仪测量相对方便些。将波特图仪与被测电路相连,用鼠标单击 Magnitude 按钮,波特图仪显示屏上就会绘制出幅频特性曲线。

波特图仪显示屏水平轴和垂直轴的初始值和最终值要预置一个合适值。水平轴设置某一个频带段,垂直轴需要根据电路特性来预置值。例如,测试一个放大电路,垂直轴的初始值和最终值应分别设置为 0 dB 和一个适当的+dB 值;而当测试滤波单元电路时,垂直轴的初始值和最终值可分别设置为 0 dB 和一个适当的−dB 值。在测试过程中可改变这些预置值,使波特图仪显示的曲线更能反映电路特性。与大多数测量仪表不同的是,如果波特图仪被移动到别的测量点,最好重新仿真,以得到精确的结果。

②Phase 相频特性测量。相频特性曲线是指在一定的频带段内,两测试点间(如电路输入in、电路输出 out 两测试点)的相位差值,以度表示。与测量幅频特性一样,用鼠标单击 Phase 按钮,就能绘制出相频特性曲线。

幅度比率和相位差都是频率(Hz)的函数。

(2)测量方法

将仪器输入端口的正极与电路 in 的正极相连,输出端口的正极与电路 out 的正极相连。将仪器输入端口的负极与仪器输出端口的负极一并接地。

如果测量是针对一个组件的,则将波特图仪正极分别接到组件输入 in 和输出 out 的两端,负极一并接地。

2)水平轴与垂直轴的设置

(1)基本设置

当比值或增益有较大变化范围时,坐标轴一般设置为对数的方式,这时频率通常也用对数表示。

当刻度由对数(log)形式变为线性(lin)形式时,可以不必重新仿真,如图 6.70 所示。

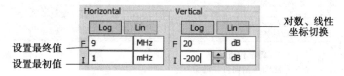

图 6.70 波特图仪坐标轴等设置

(2)Horizontal 水平轴刻度

水平轴(X 轴)显示的是频率。它的刻度由横轴的初始值和最终值决定。当要分析的频率范围比较大时,使用对数刻度。

设置水平轴初始值(I)和最终值(F)时,一定要使 I<F。NI Multisim 14 不允许 I>F 的情况出现。

(3)Vertical 纵轴刻度

纵轴(Y 轴)的刻度和单位是由测量的内容决定的,见表 6.5。

表 6.5　测量内容

测量内容	使用坐标	最小初始值	最大最终值
幅频增益	log	−200 dB	200 dB
幅频增益	lin	0	10e+09
相频	lin	−720°	720°

测量电压增益时,纵轴显示的是电路输出电压与输入电压的比率,使用对数坐标时,单位是分贝。使用线性时,显示输出电压与输入电压的比率。当测量相频响应曲线时,纵轴刻度显示相位角的差值,单位为度。

设置纵轴(Y轴)的初始值(I)和最终值(F)时,也一定要使 $I<F$。NI Multisim 14 不允许 $I>F$ 的情况出现。

3)读数

垂直游标使用前一般都在波特图仪屏幕的左边边沿上,如图 6.71 所示。移动波特图仪的垂直游标到某一频率上,与该频率相对应增益或是相位的差值将被显示出来,如图 6.72 所示。

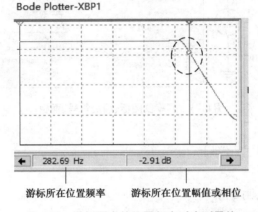

图 6.71　游标所在的位置频率对应测量值

移动垂直游标的两种方法:

①用鼠标单击波特图仪底部的箭头,可精细调整垂直游标位置,如图 6.72 所示。

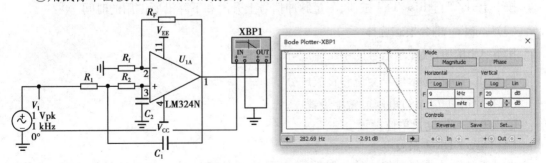

图 6.72　滤波器电路幅频响应曲线

②用鼠标单击波特图仪的左边沿上部倒立小三角不放,再移动鼠标即拖动垂直游标到要测量的点的位置,该方法可粗略调试垂直游标位置。

4)操作范例

操作范例,如图 6.72 所示。

注意:

用波特图仪测试电路幅频特性和相频特性曲线时,电路中一定要有信号源,如图 6.72 所示中的信号源是 V_1。

6.3.8 频率仪

频率仪是测量信号频率、周期、相位、脉冲信号的上升沿时间和下降沿时间等的仪器。使用方法也是将接线符号接到电路中,打开仪器面板后进行测量。图 6.73 所示是频率仪图标、接线符号、面板。使用过程中应注意根据输入信号的幅值,调整频率计的 Sensitivity(灵敏度)和 Trigger Level(触发电平)。

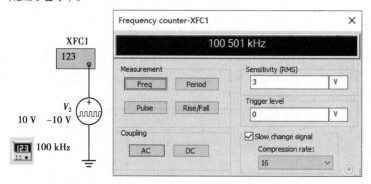

图 6.73 频率仪图标、接线符号、面板

1)频率仪使用

面板上各按钮的功能介绍如下:

(1)Measurement 测量

按下频率 Freq 按钮,测量频率。

按下脉冲 Pulse 按钮,测量正负脉冲宽度。

按下周期 Period 按钮,测量信号一个周期所用的时间。

按下上升/下降 Rise/Fall 按钮,测量脉冲信号上升沿和下降沿所占用的时间。

(2)Coupling 耦合模式选择

按下 AC 按钮,仅显示信号的中交流成分。

按下 DC 按钮,显示信号交流和直流成分。

(3)Sensitivity(RMS)电压灵敏度设置

输入电压灵敏度及单位设置。

(4)Trigger Level 触发电平

电平值触发及单位设置。输入波形的电平达到并超过触发电平设置数值时,才开始测量。

2)实例操作

按图 6.73 所示接线,信号源选择 100 kHz 脉冲波,按下 ▶ 按钮,或从主菜单上选择"Simulate"→"Run"命令,开始仿真。若测量频率,用鼠标单击 Freq 按钮,测量输入信号的频率。要测量输入信号的其他参量,按下相应的按钮。

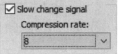

若频率仪迟迟不显示输入信号的频率。这时选中"Slow change signal"复选框,提高压缩比率,从而便于测量低频信号源,如图 6.74 所示。

图 6.74 提高压缩比率

6.3.9 伏安特性图示仪

IV Analyzer 伏安特性图示仪是专门用于测量下列器件伏安特性的仪器。这些器件包括 Diode(二极管)、BJT PNP(PNP 双极型晶体管)、BJT NPN(NPN 双极型晶体管)、PMOS(P 沟道耗尽型 MOS 场效应晶体管)、NMOS(N 沟道耗尽型 MOS 场效应晶体管)。

1)伏安特性图示仪的使用

IV Analyzer 伏安特性的图示仪图标、接线符号、面板,如图 6.75 所示。

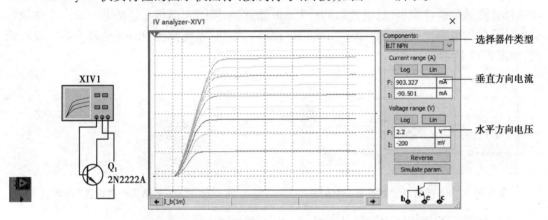

图 6.75 IV Analyzer 伏安特性的图示仪图标、接线符号、面板

从 IV Analyzer 操作面板右边的 Components 器件下拉菜单中选择要测试的器件类别,这里选取的是 BJT NPN 器件类,同时在面板右边的下方有一个映像该类别器件的电路接线符号。单击"Simulate param"仿真参数按钮,系统弹出"仿真参数设置"对话框,如图 6.76 所示。根据要求选择相应的参数范围。

若测量的元器件已在电路中,必须让测量器件的引脚与整个电路断开,方能测试。

下面介绍各类器件在仿真参数对话框中的设置。

2)Diode,BJT PNP,BJT NPN,PMOS,NMOS 器件仿真参数设定

(1)PMOS(P 沟道耗尽型 MOS 场效应晶体管)器件仿真参数设定

如图 6.76 所示,若改变 V_ds(P 沟道耗尽型 MOS 场效应晶体管的漏-源之间的电压)电压,则在左边 Source Name V_ds 对话框中输入。

①Start 输入扫描 V_ds 的起始电压。

②Stop 输入扫描 V_ds 的终止电压,量纲单位可在其右边选择。

③Increment 横轴扫描输入增量,或者说是设置扫描步长。步长大小决定图像曲线上测点的疏密。

若改变 V_gs(P 沟道耗尽型 MOS 场效应晶体管的栅-源之间的电压)电压,则在右边 Source Name V_gs 对话框中输入。

①Start 输入扫描 V_gs 的起始电压。

②Stop 输入扫描 V_gs 的终止电压,量纲单位可在其右边选择。

③Num steps 纵轴扫描输入量,或者说设置多少根曲线。图像中每一根曲线对应一个 V_gs值。

④Normalize Data 复选框被选中显示伏安特性曲线是在 X 轴的正值范围内;反之,则在负值范围内。

说明:

在伏安特性图示仪的面板上,纵轴表示电流坐标轴[Current Range(A)],横轴表示电压坐标横轴[Voltage Range(V)]。坐标轴坐标有两种表示方法:一种是对数型;另一种是线性型。如图 6.77 所示用线性坐标系统显示了 PMOS 伏安特性曲线。

(2)Diode(二极管)器件仿真参数设定

测量 Diode 与测量 PMOS 器件一样,从 IV Analyzer 操作面板右边的 Components 下拉菜单中选择要测试的器件类别,这里选取的是 Diode 器件类,同时在面板右边的下方有一个映像该类别的器件的电路接线符号。单击"Simulate param"按钮,系统弹出 Dialog 仿真参数设置对话框,如图 6.77 所示。

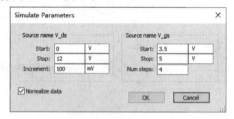

图 6.76 "PMOS 仿真参数设置"对话框

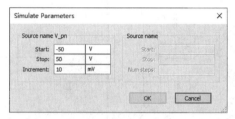

图 6.77 "Diode 仿真参数设置"对话框

因为是二极管,所以只用 Simulate Parameters 对话框中的一半。

①Start 输入扫描 V_pn 的起始电压,量纲单位在其右边选择。

②Stop 输入扫描 V_pn 的终止电压,量纲单位在其右边选择。

③Increment 扫描输入的增量,或者说是设置步长长度。步长大小决定了图像曲线上测点的疏密。

(3)BJT PNP 器件仿真参数设定

"BJT PNP 器件仿真参数设置"对话框,如图 6.78 所示。若改变 V_ce(集电极与发射极之间)电压,则在左边 Source Name V_ce 对话框中输入。

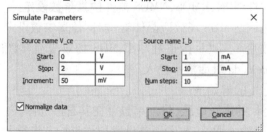

图 6.78 "BJT PNP 器件仿真参数设置"对话框

①Start 输入扫描 V_ce 的起始电压,量纲单位在其右边选择。

②Stop 输入扫描 V_ce 的终止电压,量纲单位在其右边选择。

③Increment 扫描输入的增量,或者说是设置步长。若改变 I_b(集电极)电流,则在右边 Source Name I_b 中输入。

④Start 输入扫描 I_b 的起始电流,量纲单位在其右边选择。

⑤Stop 输入扫描 I_b 的终止电流,量纲单位在其右边选择。

⑥Num steps 输入多少步,或者说设置多少根曲线。图像中每一根曲线对应一个 I_b 值。

⑦Normalize data 复选框被选中,显示伏安特性曲线是在 X 轴的正值范围内;反之,则在 X 轴的负值范围内。

其他 NPN 双极型晶体管(BJT NPN)和 N 沟道耗尽型 MOS 场效应晶体管(NMOS)器件的 "仿真参数设置"对话框的设置方法相似,这里就不再赘述。

3) 伏安特性图示仪上的数据测量

器件分析运行后的仿真图,与图 6.79 所示很相似,当游标不在分析曲线上时,伏安特性图示仪下方分析数据框中是空的,如图 6.79 所示。用鼠标拖动伏安特性图示仪上方的游标到曲线上就能在分析数据框中显示数据,要选择相对应的那根曲线,只要用鼠标在曲线上单击即可。

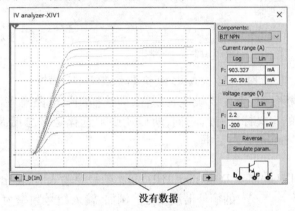

图 6.79 伏安特性图示仪数据框中是空的

游标在 X 坐标轴的位置,既可以用鼠标拖动,也可以单击数据框两边的箭头,使其移动到需要的位置;为了精确定位游标在 X 坐标轴上的位置,还可以用鼠标右键单击游标,系统弹出下拉菜单,进行数字设置,如图 6.80 所示。这与四通道示波器测量的设置相同,在此不再赘述。

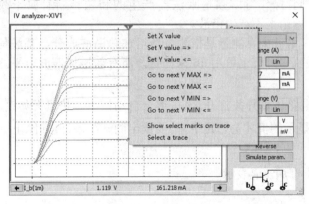

图 6.80 用输入数据测量曲线上某一点的值

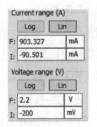

图 6.81 改变坐标轴的起始值与终止值

为了让曲线在不同的应用场合具有不同的显示,可以改变坐标轴的起始值与终止值,图6.81是改变坐标轴起始值与终止值的设置对话框,可以通过减小或增加坐标轴起始值与终止值的差距,使曲线的某一部分更加突出。

6.3.10 失真度分析仪

失真度分析仪是测试电路总谐波失真和信噪比的仪器。一个典型的失真度分析仪可以测量的频率范围为在 20 Hz~100 kHz。失真度分析仪只有一个输入点,其图标、接线符号、面板,如图 6.82 所示。

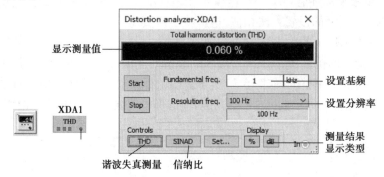

图 6.82 失真度分析仪图标、接线符号、面板

当使用失真度分析仪时,首先要设定其属性,即选择测试电路总谐波失真还是测试信噪比。因为总谐波失真的定义标准有所不同,所以还必须选择定义总谐波失真 THD 类型的选项,如图 6.83 所示的"Settings"对话框。

1) 总谐波失真

总谐波失真(Total Harmonic Distortion,THD)是指信号源输入时,输出信号比输入信号多出的额外谐波成分。例如,输入信号频率为 1 kHz,但输出信号除了有输入信号 1 kHz 的频率成分外,还可能有 2,3,4 kHz 等谐波成分。

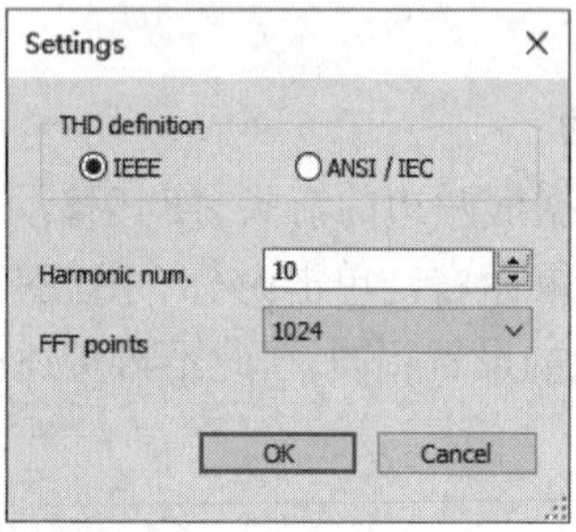

谐波产生的原因是信号传输过程中有非线性变换。非线性变换包括信号放大时的饱和或截止失真、二极管单向导通、晶闸管操作等。频率乘法器产生的和频、差频,属于线性变换,理论上不产生谐波。

图 6.83 "Settings"对话框

谐波失真测量是指测量新增加总谐波成分与基波信号成分的百分比,也可用 dB 来衡量。所有新增加谐波电平之和称为总谐波失真。

按下 Start 按钮:测试开始,其电路仿真开关打开,该按钮会自动按下。仿真开始时,测试的数值不太稳定,经过一段时间后显示的值才会稳定下来,要读出测试结果,最好停止仿真。

按下 Stop 按钮:测试停止。

总谐波失真可用 dB 值表示,也可用%值表示。

①Fundamental Freq:设置基频栏。

②Resolution Freq:设置分辨率的频率栏。

2) 信纳比(SINAD)

信纳比(SINAD)是信号+噪声+谐波的功率与谐波+噪声的功率比值。相对于信噪比来

说,它将直流和谐波噪声也考虑在内。设备的信纳比越高,表明它产生的杂音越少,常用 dB
值表示。

3)设置

①设置按钮(Settings)的功能是设定 THD 测试参数。

②THD Definition:指谐波失真的定义标准有两种选项,即 IEEE 和 ANSI/IEC。选择 ANSI
IEC 时,仅对总谐波失真计算有用;选择 IEEE 与选择 ANSI/IEC 对 THD 计算略有不同。

③Harmonic Num:谐波次数设定。

④FFT Points:电路进行 FFT 分析变换的点数设定,如图 6.84 所示。

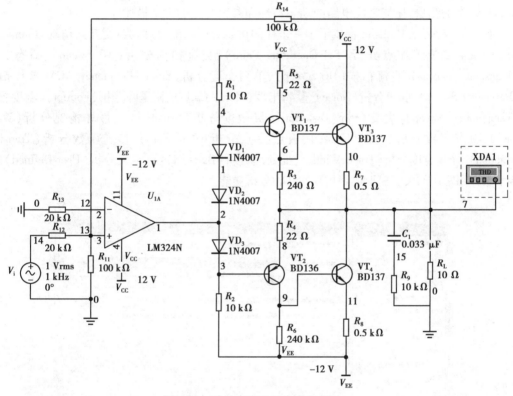

图 6.84　功放电路进行失真度分析

4)操作范例

放大电路中接入失真分析仪,如图 6.84 所示。图 6.85 是图 6.84 放大电路的总谐波失真
测量值,图 6.86 所示是放大电路的信噪比测量值。

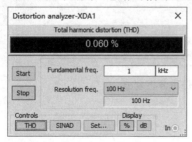

图 6.85　电路总谐波失真测量

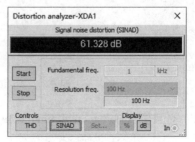

图 6.86　电路信纳比测量

6.4　Multisim 常用的电路仿真分析方法

模拟电路的设计与分析,需要考虑电路的静态和动态性能指标,通过理论知识,可以进行相关的数学建模和计算,以确定电路是否满足设计要求。然而,模拟电路的性能与元器件的精度、参数和环境温度的变化紧密相关,无论通过对电路的理论分析还是实际测量,都非常麻烦,甚至难以完成。Multisim 为此提供了多种电路仿真分析方法,它不仅可以完成电压、电流、波形和频率的测量,还能完成电路的动态特性和参数变化的完整描述。

如图 6.87 所示,Multisim 提供了丰富多样的仿真分析功能,具体为:交互式仿真(Interactive Simulation)、直流工作点分析(DC Operating Point)、交流扫描分析(AC Sweep)、瞬态分析(Transient Analysis)、直流扫描(DC Sweep)、单频交流分析(Single Frequency AC)、参数扫描(Parameter.Sweep)、噪声分析(Noise)、蒙特卡罗(Monte Carlo)、傅里叶分析(Fourier)、温度扫描(Temperature Sweep)、失真分析(Distorion)、灵敏度分析(Sensitivity)、最坏情况分析(Worst Case)、噪声因数分析(Noise Figure)、极点-零点分析(Pole Zero)、传递函数分析(Transfer Function)、光迹宽度分析(Trace Width)、批处理分析(Batched)、自定义分析(User-Defined)等。接下来介绍常用的关于模拟电路仿真的几种分析功能。

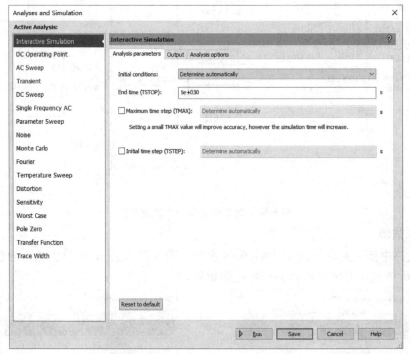

图 6.87　Multisim 常用仿真分析功能

6.4.1　交互仿真(Interactive Simulation)

如图 6.88 所示,Multisim 的"仪器"栏中包含有示波器、信号源、万用表等常用仪器。交互仿真就是使用这些虚拟仪器进行电路的仿真和测量。绘制好电路图以后,单击图 6.89 工具栏中"Simulation"栏中的绿色三角图标启动仿真,红色方块图标停止。此时就可以直接通过单击虚拟仪器查看仿真的结果。

图 6.88　Multisim 工具栏中的虚拟"仪器"栏

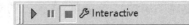

图 6.89　Multisim 工具栏中的"Simulation"栏

这里对所有仪器仿真的时间设置做详细说明。图 6.90 是对分压电路进行的交互仿真,首先绘制好分压电路,其次放置虚拟示波器到电路上并连接,最后可以在图 6.87 的左侧,即"Interactive Simulation"对话框设置"End Time"和"Maximum time step"等参数来控制仿真的持续时间和步进,从而得到满意的仿真结果。

仿真的持续时间"End Time"的设置可以直接用默认时间 1e+30 s(即 $1×10^{30}$ s),等效于在结束仿真之前,电路中的信号会持续不断地变化,此时可以在虚拟仪器上观察电路的动态特性。"End Time"也可以设置为一个有限长度,具体的设置值可以结合信号的频率。比如在图 6.90 中输入信号的频率为 1 kHz,它的周期为 0.001 s,如果把"End Time"设置为 0.01 s,那么开始仿真后,在虚拟仪器上,可以观察到 10 个周期的信号波形。

计算机系统的本质是一个数字系统,对模拟电路的交互仿真,是用离散采样来逼近连续,"Maximum time step"就是采样间隔,一般用系统默认值即可。如果需要观察更光滑的波形,可以把"Maximum time step"设置得较小。这里还是以输入信号频率 1 kHz 为例,"Maximum time step"设置为 1e-005 s(即 $1×10^{-5}$ s),即每个信号周期采样点数为 100 点。"Maximum time step"越小,采样点数相对增多,信号波形更光滑,但会增加仿真运算的复杂度。

交互仿真不需要专门设置信号"输出"点,因为虚拟仪器连接线路,直接就表明了输出关系。如图 6.90 所示,示波器的两个通道 A 和 B,分别并联在电阻 R_1 和电源 V_1 两端。在虚拟示波器的界面上,A 通道即为电阻 R_1 上的电压,B 通道则表示电源 V_1 两端的电压。每个通道还可以设置刻度,对信号缩放显示;而标度对两个通道同时进行时间轴的尺度拉升显示。

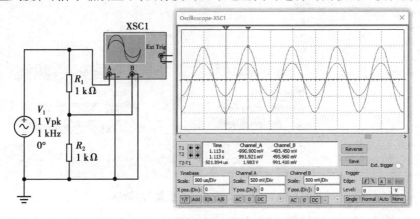

图 6.90　分压电路的交互仿真结果

6.4.2 直流工作点分析

直流工作点分析的目的是确定放大电路的静态工作点,例如,三极管放大电路中的基极电流 I_B、集电极电流 I_C、三极管 $B\text{-}E$ 间电压 V_{BE} 和三极管 $C\text{-}E$ 间电压 V_{CE} 等参数。

这里为了分析方便,可以把每个节点的标号名称显示出来,其方法是点击"Options(选项)"菜单中的"Sheet visibility(电路图属性)"子菜单,在弹出的对话框中选择"Net names(网络名称)"选项,设置"Show all(全部显示)"即可。

下面以三极管基本共射放大电路为例,说明直流工作点分析的方法和步骤。如图 6.91 所示,在"Analyses and Simulation"对话框左边的"Active Analysis"列表中选择当前的分析类型为"DC Operation Point"。

图 6.91 右边的"Selected variables for analysis"变量列表栏中选择合适的变量,并且还可对现有变量进行表达式组合。基本的变量主要包括电流、电压和功率,分别用 I、V 和 P 表示。括号里的,即为对应的元器件。比如 $I(C_1)$ 表示流经电容 C_1 的电流,$V(1)$ 表示电路中节点 1 的参考电压,$P(R_1)$ 表示 R_1 电阻上消耗的功率。

图 6.91 右边的"分析选项"和"求和"等设置,可直接用系统默认参数。

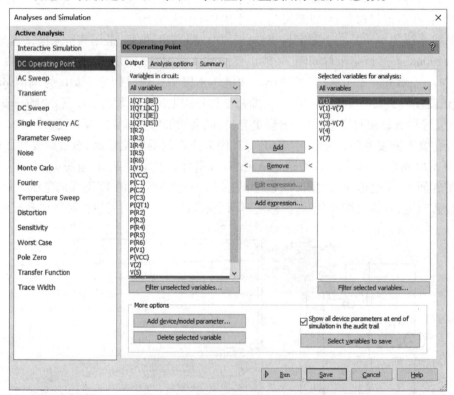

图 6.91 "直流工作点分析设置"对话框

为了分析直流工作点,选择图 6.92 中的 1,3 和 7 这 3 个节点的变量和对应的表达式如:$V(1)-V(7)$,$V(3)-V(7)$ 等。完成上述设置以后,点击"Run"按钮,即可进行仿真分析。分析结果显示在图 6.93 所示的窗口中。节点 1 基极的静态工作点电压为 2.599 1 V,节点 3 集电极的静态工作点电压为 5.595 3 V,节点 7 发射极的静态工作点电压为 1.955 1 V,V_{BE} 约为 643.6 mV。因此,该三极管工作在放大状态。

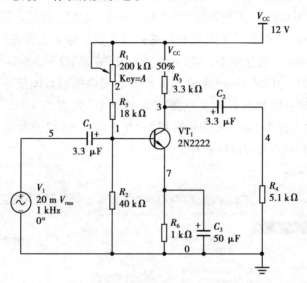

图 6.92 三极管基本共射放大电路

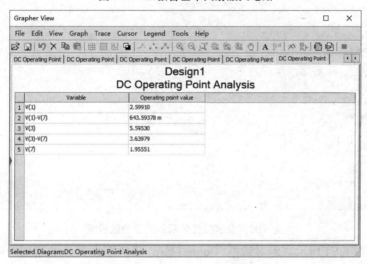

图 6.93 直流工作点分析结果

6.4.3 交流扫描分析

放大电路中存在电容或电感等器件,它们的阻抗随频率的变化而变化,从而使得放大电路在不同频率的条件下,放大倍数会改变。这种特性称为电路的频率响应。

交流扫描分析方法就是针对电路的频率响应特性,它的输出波形横坐标是频率,纵坐标就是电路的放大特性,包括幅频和相频。通过对幅频曲线的分析,可以得到放大电路的通频带等指标特性。而相频曲线体现的是滤波电路对信号的延时特性。

交流扫描分析时,系统均默认电路的输入信号为正弦信号,信号的频率由用户设置的扫描范围,通过这些频率点的正弦信号激励电路,然后得到一系列频率点上的电路响应数据。

使用交流扫描时,电路的各元器件使用交流小信号模型,直流电源将被置零。

下面以三极管共射放大电路为例,说明交流扫描分析的方法与具体步骤。电路如图 6.94 所示,扫描类型选择图 6.94 左侧列表框中的"AC Sweep(交流分析)"。图 6.94 右侧的对话框中"Frequency parameters(频率)"下设置具体的扫描参数。这里主要包括"Start frequency(起始频率)""Stop frequency(终止频率)""Sweep type(扫描类型)""Number of points per decade(每十倍频点数)"和"Vertical scale(垂直刻度)"等。可以根据具体任务的要求,选择合适的对应频率参数。针对三极管共射放大电路,"起始频率"设置为 1 Hz,"停止频率"设置为 10 GHz,"扫描类型"选择为 Decade(十倍频程),"每十倍频点数"设置为 10,垂直刻度选择为 Logarithmic(对数)或 Decibel(分贝)坐标。

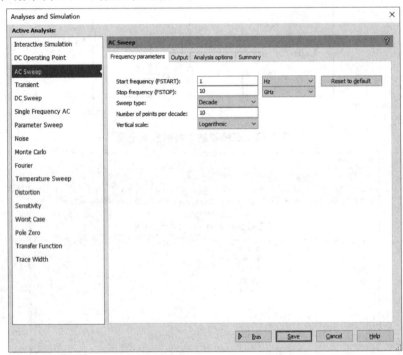

图 6.94　交流扫描分析的频率参数设置

接下来,在图 6.94 所示右侧对话框"Output(输出)"栏下设置好电路图中的输出节点,这里选择节点 4 作为放大电路的交流输出观测点。

完成上述设置后,单击图 6.95 工具栏中"Simulation"栏中的绿色三角图标启动仿真,结果如图 6.96 所示,其中上部波形为幅频,下部波形为相频。通过工具栏中的"显示光标"按钮,在幅频波形中会显示两个游标,分别拖动,可以从图中读出放大电路通频带的上限和下限截止频率。当垂直刻度为对数坐标,需要先找到幅频曲线的最高点,然后分别左右拖到幅频下降到 0.707 倍,此时的横坐标即为截止频率。如果垂直刻度选择分贝坐标,此时需要从幅频曲线的最高点,拖动到下降 3 dB 处。

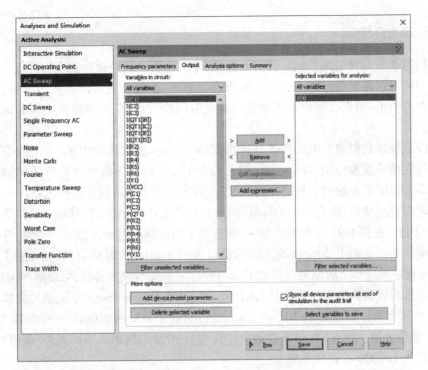

图 6.95　交流扫描分析的输出参数设置

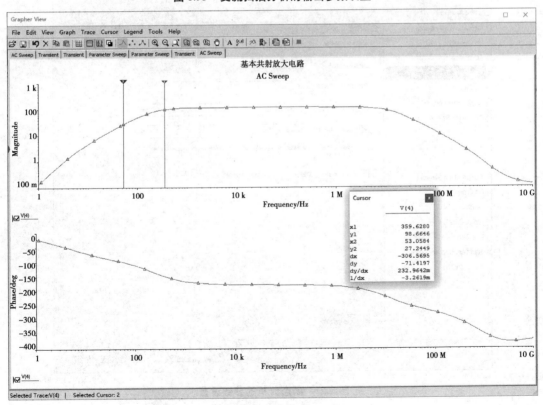

图 6.96　交流扫描分析结果

6.4.4　瞬态分析

交流扫描本质是对电路频域特性的分析,在输出结果中横坐标是频率物理量。而对于电路时域响应的求解需要通过瞬态分析。在瞬态分析中,系统将直流电源视为常量,交流电源按时间值对应输出,所以在输出结果中横坐标是时间物理量,是对电路在不同时间坐标下的输出求解。

下面以三极管共射放大电路为例,说明瞬态分析的方法与具体步骤。如图 6.97 所示,扫描类型选择左侧列表框中的"Transient(瞬态分析)",右侧对话框中设置具体的瞬态分析参数。这里最关键的是起始时间和终止时间,以及最大时间步长。同样选择电路图 6.97 中的节点 4 作为输出观测变量,设置"Start time(起始时间)"从 0 时刻开始,"End time(终止时间)"为 0.005 s,因此,在图 6.97 的分析结果中,观测到 5 个周期反向放大信号。注意,这里的输入信号的频率就是图 6.97 中的交流输入信号源设置的 1 kHz,其周期为 0.001 s,所以"终止时间"0.005 s 正好对应 5 个周期的时域波形。当分析的曲线不够光滑时,可以适当缩小步长,用增加仿真运算的代价换取更光滑的仿真结果。勾选"Maximum time step",填写采样最大步长为 1×10^{-6} s,那么采样周期为 1×10^{-6} s = 1 μs,此时对应 1 kHz 的正弦波,一个周期采样 1 000个点,波形非常光滑。图 6.98(a)采样最大步长为 1e-004 s,波形下半周光滑,而图 6.98(b)采样最大步长为 1e-006 s,波形光滑。

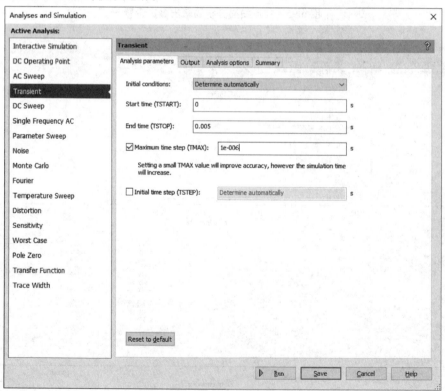

图 6.97　瞬态分析的参数设置

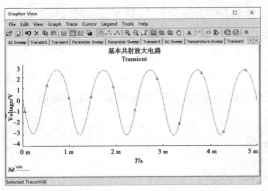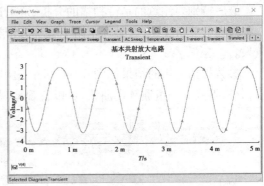

(a) 最大步长 1×10^4 s，波形不光滑　　　　(b) 最大步长 1×10^6 s，波形正常

图 6.98　瞬态分析结果

6.4.5　参数扫描分析

参数扫描(Parameter Sweep)分析是指在规定参数范围内调整指定元件的参数,对电路指定节点的时域或频域特性进行分析。该分析主要用于电路性能的优化。

下面以三极管共射放大电路为例,选择图 6.99 中负载电阻 R_4 作为元件调整参数,说明参数扫描的方法与具体步骤。如图 6.99 所示,扫描类型选择左侧列表框中的"Parameter Sweep (参数扫描)",右侧的对话框中选择"Analysis parameters"设置具体的分析参数。其中"Device type(器件类型)"选择"Resistor","Name(名称)"选择"R4","Parameter(参数)"选择"resistance","Start(开始)""Stop(停止)""Number of points(点数)"和"Increment(增量)"等参数是针对选定的元器件,这里就是负载电阻 R_4 。为了分析三极管放大电路的放大特性和负载电阻的关系,可以选择电阻 R_4 的阻值"开始"为 1 kΩ ,"停止"为 20 kΩ ,"点数"为 5 次,因此"增量"为 4.75 kΩ 。

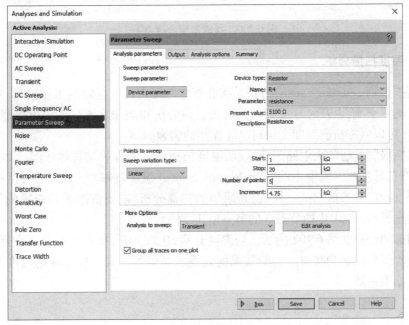

图 6.99　参数扫描分析的参数设置

最后特别要注意的是待扫描的分析,这里选择的是"交流分析",这是因为参数扫描并非一种独立的分析类型,它必须依附于某种分析类型,通过调整指定元件参数,实现对应的分析效果。

参数扫描分析的结果如图 6.100 所示,由图可知,软件根据指定负载电阻 R_4 的一系列阻值,分析得到了一组通频带曲线,可以直观地观察不同负载电阻对电路频域特性的影响。

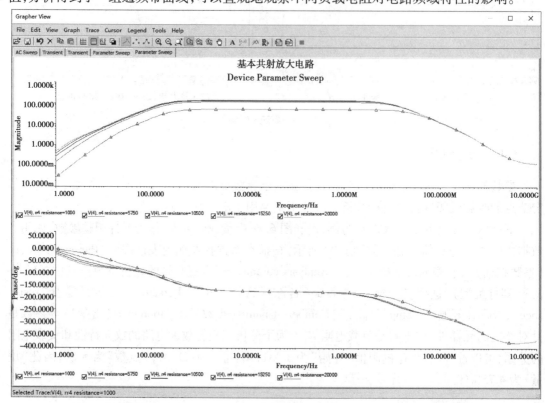

图 6.100　参数扫描分析结果

6.4.6　温度扫描分析

温度扫描(Temperature Sweep)分析是指在规定范围内改变电路的工作温度,对电路指定节点进行直流或交流,以及时域或频域的分析。该分析相当于在不同的温度背景下,多次仿真电路性能,可以快速检测温度变化对电路性能的影响。

下面以三极管共射放大电路为例,说明温度扫描分析的方法与具体步骤。如图 6.101 所示,扫描类型选择左侧列表框中的"Temperature Sweep(温度扫描)",右侧的对话框中设置扫描参数。温度扫描和参数扫描一样,也是附加的扫描分析,需要依附于待扫描的类型。输出的节点变量选择图 6.101 中的节点 3 的节点电压 $V(3)$。

温度扫描的结果如图 6.102 所示。当温度升高,Q 点上升,节点 3 的电压会逐渐下降,甚至引起三极管工作在饱和状态。实验结果的表现和晶体管的集电极电流随温度升高而升高的理论分析结果一致。

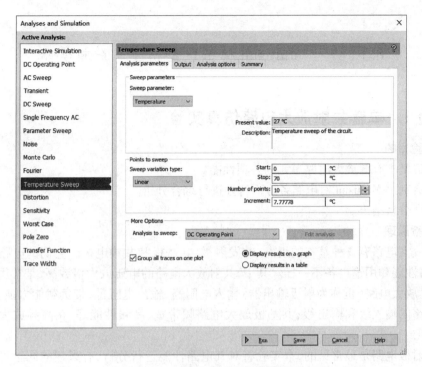

图 6.101 温度扫描分析的参数设置

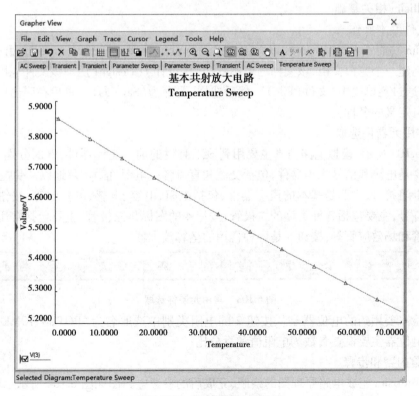

图 6.102 温度扫描分析结果

6.5 基于 Multisim 模拟电路仿真与分析实验

实验 1 单管共射放大电路仿真实验

1）实验目的

①理解基本有源放大电路单元的各项性能。

②学会利用 Multisim 对电路各方面特性进行综合分析。

③学会分析结果。

2）实验原理

单管放大电路有 3 种基本的组态:共发射极、共基极和共集电极。它们的电路结构各不相同,电路性能和用途也各不一样。其中,共射放大电路的电压放大倍数高,是常用的电压放大器;共集放大电路(也称为射极输出器)输入电阻高、输出电阻低、带负载能力强,常用于多级放大电路的输入级和输出级;共基极放大电路频带宽、高频性能好,在高频放大器中十分常见。

共发射极电路是最常见的,本实验将对其电路性能进行分析,有兴趣的同学可自行对后两种电路进行类似的仿真和分析。

3）Multisim 相关基础

(1)文件基本操作

Multisim 功能强大、使用方便,以文件方式进行设计管理。打开 Multisim 应用程序后,自动为用户创建一个空白文档,该文档的名称默认为"设计 1(Design1)"。该文件也可以由用户重命名,即通过菜单栏中"文件(File)",然后选择"另存为(Save as)",最后在弹出的对话框中设置用户自定义的名称。

(2)常用元器件选取

如图 6.103 所示,模拟电路仿真主要用到该工具栏的前五类元器件,下面分别予以介绍:按钮 1 主要是电源和信号源类器件,包括交流和直流各类电源、信号源、地以及受控源;按钮 2 的图标是电阻符号,主要是基本的模拟器件,包括电阻、电容、电感、电位器等;按钮 3 的图标是二极管符号,主要包括各种类型的二极管;按钮 4 的图标是三极管,主要包括常用的各种类型的三极管和场效应管等;按钮 5 是各种常用的运算放大器。

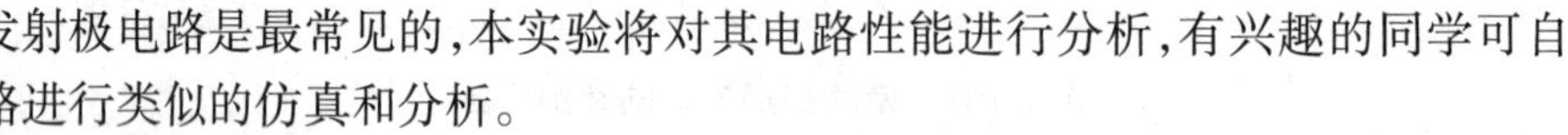

图 6.103 常用元器件选取

本实验需要用到的电位器是从按钮 2 的电阻类别中选取名为"POTENTIOMETER"的元器件。该电位器主要设置参数为电阻值和百分比。

4）实验内容和步骤

利用 Multisim 完成电路原理图的绘制,完成后的参考电路图如图 6.104 所示。由图可知,该电路采用分压式偏置、带发射极电阻的静态工作点稳定结构。输入峰峰值 0.01 V,频率 1 kHz 正弦信号,负载是电阻 R_4,输入与输出通过电容 C_1,C_2 耦合。

对该电路进行直流工作点分析,记录该电路中晶体管 2N2222 的直流工作点,具体包括 I_{BQ},I_{CQ},I_{EQ},V_{BEQ},V_{CEQ} 等;判断电路工作在放大区、饱和区还是截止区?

对电路进行瞬态分析,设置节点 4 为瞬态分析的输出点,观察、记录并分析输出波形。

调整可调电阻 R_5 的阻值,从 200 kΩ 的 50% 调整到 20%,对电路进行直流工作点分析,记录该电路中晶体管 2N2222 的直流工作点,具体包括 I_{BQ},I_{CQ},I_{EQ},V_{BEQ},V_{CEQ} 等;判断电路工作在放大区、饱和区还是截止区。对电路进行瞬态分析,设置节点 4 为瞬态分析的输出点,观察、记录并分析输出波形。

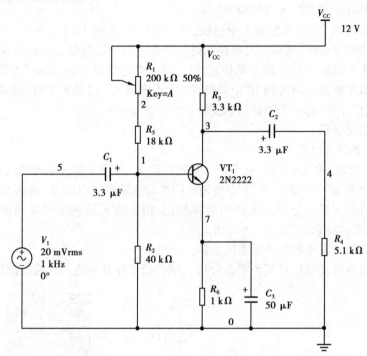

图 6.104　三极管基本共射放大电路

对电路进行交流分析,设置节点 4 为交流分析的输出点,起始扫描频率点为 1 Hz,停止频率点为 1 000 MHz,扫描类型为十倍频,每十倍频点数设置为 10,垂直刻度设置为对数。观察、记录并分析输出波形;在波形中找出电路的下限和上限截止频率。

用参数扫描叠加交流分析,设置节点 4 为交流分析的输出点,频率设置参数不变,以负载电阻 R_4 作为参数,从 1 kΩ 扫描至 5 kΩ,观察并记录输出波形;分析输出波形和负载电阻大小变化的关系。

对电路进行温度扫描分析,研究温度变化对静态工作点的影响,其分析参数设置为:温度变化范围 0~70 ℃,扫描温度增量为 10 ℃,并设 3 号节点的静态电压和 R_3 支路的静态电流为分析对象,观察、记录并分析输出波形。

实验 2　集成运放负反馈放大电路仿真实验

1) 实验目的
① 掌握集成运放负反馈放大电路的应用和分析。
② 掌握集成运放负反馈运算电路的应用和分析。
③ 掌握一阶有源滤波器电路的应用和分析。

2) 实验原理

集成运算放大器是应用十分广泛的模拟集成器件,具有高增益、高输入阻抗、低输出阻抗、高共模抑制比等特点。运放在加负反馈时工作于线性放大状态,因为"虚短"和"虚断"的特性,使得运算放大器广泛应用于各种运算电路,如信号的放大、加减、微分、积分和滤波等。

3) Multisim 相关基础

运算放大器的输入信号源和偏置电源都从图 6.105 的按钮 1 的电源和信号类器件中选取,其中,信号源选取"SIGNAL_VOLTAGE_SOURCES"类中的"AC_VOLTAGE";偏置电源选取"POWER_SOURCES"中的"DC_POWER"。

运算放大器从图 6.105 的按钮 5 中选取,具体型号名称为"741"。

互动仿真和瞬态分析,都可以对电路的时域特性进行计算和仿真。如图 6.105 所示,当输入信号的频率为 1 kHz,如果采用互动仿真,可以把互动仿真的"End Time"参数设置为 0.01s,这样可以在虚拟示波器上观察到 10 个周期的时域信号波形;如果采用瞬态扫描,同样可以把瞬态扫描的参数"结束时间(TSTOP)设置为 0.01 s"。

4) 实验内容与步骤

(1)反相比例放大电路

如图 6.105 所示,输入电压 V_i 在节点 3 通过电阻 R_1 作用于集成运放的反相输入端,故位于节点 2 的输出电压 V_o 与输入电压 V_i 反相。同相输入端通过电阻 R_3 接地,R_3 为补偿电阻,以保证集成运放输入级差分放大电路的对称性;其值为输入端接地时反相输入端总等效电阻,即各支路电阻的并联,因此 $R_3 = R_1 /\!/ R_2$。

①利用 Multisim 完成电路原理图的绘制。

②对该电路进行互动仿真或者瞬态分析,观察、记录并分析输入和输出波形。

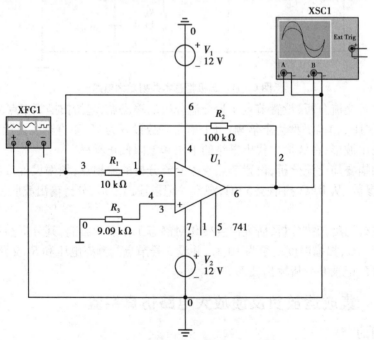

图 6.105 反相比例运算放大器电路

(2)加法运算电路

如图 6.106 所示,加法运算电路能实现多个输入信号的叠加,图中输出电压 V_o 在节点 2,

输入电压信号分别为 V_1 和 V_2。

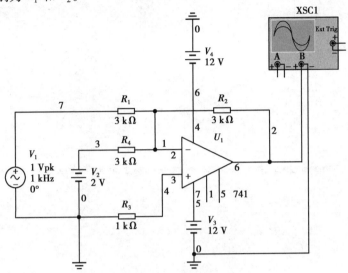

图 6.106　加法运算电路

①利用 Multisim 完成电路原理图的绘制。

②对该电路进行瞬态分析,观察、记录并分析输入和输出波形。

(3)有源滤波器电路

有源滤波器是在 RC 或 RL 滤波器的基础上加入运算放大器构成的电路,不仅能滤波而且能放大,具有体积小、效率高、频率特性好、带载能力强等优点。如图 6.107 所示为一阶有源低通滤波器实验电路,其频率响应特性可由交流分析等方法测量。

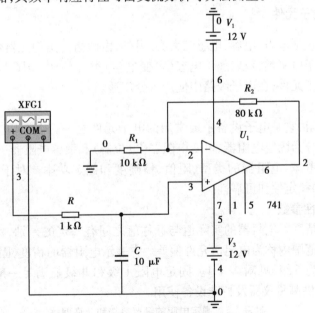

图 6.107　一阶有源滤波器电路

①利用 Multisim 完成电路原理图的绘制。

②对该电路进行交流扫描分析,观察、记录有源滤波器的频率特性曲线。

③找出滤波器的 3 dB 截止频率。

附　录

附录Ⅰ　常用电子元器件选用与分类

在电子线路实验和电子设计中要使用电子元器件。元器件知识是电子工程师的基础知识。这里主要介绍常用元器件的性能、规格、使用范围等。读者应熟悉常用元器件的性能,应能根据实验和设计需要查阅手册并合理选用元器件。下面分别介绍无源元件和有源元件。

Ⅰ.1.1　无源电子元件

无源电子元件包括电阻、电容、电感三大类,另外,由此衍生出的元器件数量和种类繁多,如开关和电位器属于电阻类,双联属于电容(可变电容)类,而变压器属于电感(互感)类。无源元件是基本的电子元件,在电子线路中使用十分广泛。

1)电阻器
电阻器简称电阻,它是电子设备中最常用的电子元件之一。根据用途不同和性能特点,一般可将电阻器划分为固定电阻器、可变电阻器(电位器)和敏感电阻器三大类。

选用电阻器应考虑:电阻器的类型、阻值、精确度和额定功率。对于要求严格的电路来说,必须考虑电阻的稳定性和可靠性。

2)电阻器的特性参数
①允许偏差及精度。电阻器的实际值与标称值之间有一定的差别,称为电阻值偏差,如果该偏差在允许的范围内称为电阻值允许偏差。它表示电阻器的精度,固定电阻的精度等级和允许偏差一般分为6级,见附表Ⅰ.1。固定电阻Ⅰ级和Ⅱ级能满足一般应用要求;02,01,005级的电阻器,仅供测量仪器及特殊设备使用。

附表Ⅰ.1　固定电阻的精度等级和允许偏差

类型	精密型			普通型		
精度等级	005	01	02	Ⅰ	Ⅱ	Ⅲ
允许偏差	±0.5%	±1%	±2%	±5%	±10%	±20%

②额定功率。电阻的额定功率是指在标准大气压和规定的环境温度下,电阻长期连续负荷而不改其性能的允许功率。额定功率分为1/20,1/8,1/4,1/2,1,2,5,10,20,…,500等19个等级,单位为W(瓦[特])。电阻的额定功率与体积的大小有关。电阻的体积越大,额定功率数值越大。在实际应用中,电阻的额定功率应大于电路中耗散功率的两倍。

③标称阻值及表示方法。由于大批量生产的电阻器不可能满足使用者对阻值的所有要求,为保证使用者能在一定的阻值范围内选用电阻器,就需要按照一定的科学规律设计电阻器的阻值数列。电阻的阻值是厂家按照这种标准系列生产的,附表I.2列出了各种偏差标准系列产品标称值。

附表 I.2　系列固定电阻的标称值

系列	误差与精度等级	电阻的标称值
E24	Ⅰ级:±5%	1.0,1.1,1.2,1.3,1.5,1.6,1.8,2.0,2.2,2.4,2.7,3.0,3.3,3.6,3.9,4.3,4.7,5.1,5.6,6.2,6.8,7.5,8.2,9.1
E12	Ⅱ级:±10%	1.0,1.2,1.5,1.8,2.2,2.7,3.9,4.7,5.6,6.8,8.2
E6	Ⅲ级:±20%	1.0,1.5,2.2,3.3,4.7,6.8

表 I.2 中所列数值分别乘以 $1,10,100,10^3,10^4,10^5,10^6,10^7$ 就可以得到 $1\ \Omega \sim 91\ M\Omega$ 的电阻值。注意,我们通常使用的电阻只能按标称值选取。

A.色环电阻。

电阻值及允许误差有 3 种表示方法,即直标法、文字符号法和色标法。

直标法是指在元件(电阻、电容)表面直接标志它的主要参数和技术性能的一种方法。阻值用阿拉伯数字,允许误差用百分数表示,如 $2\ k\Omega \pm 5\%$。

文字符号法是用数字与符号组合在一起表示元件的主要参数和技术性能的方法。组合规律是文字符号 Ω,K,M 前面的数字表示整数阻值,文字符号后面的数字表示小数点后面的小数阻值。允许误差用符号,J 为 $\pm 5\%$,K 为 $\pm 10\%$,M 为 $\pm 20\%$。例如,5Ω 1J 表示 $5.1\ \Omega \pm 5\%$。

文字符号法标志电阻值(和电容量)的单位标志符号,见附表 I.3。

附表 I.3　文字符号法标志电限值(和电容量)的单位标志符号

电阻值		电容值	
文字符号	单位及进位数	文字符号	单位及进位数
R	$\Omega(10^0\ \Omega)$	p	$pF(10^{-12}\ F)$
K	$k\Omega(10^3\ \Omega)$	n	$nF(10^{-9}\ F)$
M	$M\Omega(10^6\ \Omega)$	μ	$\mu F(10^{-6}\ F)$
G	$G\Omega(10^9\ \Omega)$	m	$mF(10^{-3}\ F)$
T	$T\Omega(10^{12}\ \Omega)$	F	$F(10^0\ F)$

文字符号法标志电阻器标称阻值举例,见附表 I.4。

附表 I.4　文字符号法标志电阻器标称阻值举例

文字符号	标称阻值	文字符号	标称阻值
R10	0.1 Ω	1M0	1 MΩ
R332	0.332 Ω	3M32	3.32 MΩ
1R0	1 Ω	10M	10 MΩ
3R32	3.32 Ω	33M2	33.2 MΩ
10R	10 Ω	100M	100 MΩ
33R2	33.2 Ω	332M	332 MΩ
100R	100 Ω	1G0	1 GΩ
332R	332 Ω	3G32	3.32 GΩ
1k0	1 kΩ	10G	10 GΩ
3k32	3.32 kΩ	33G2	33.2 GΩ
10k	10 kΩ	100G	100 GΩ
33k2	33.2 kΩ	332G	332 GΩ
100k	100 kΩ	1T0	1 TΩ
332k	332 kΩ	3T32	3.32 TΩ

文字符号法标志对称允许偏差符号,见附表 I.5。

附表 I.5　文字符号法标志对称允许偏差符号

允许偏差/%	文字符号	允许偏差/%	文字符号
±0.001	Y	±0.5	D
±0.002	X	±1	F
±0.005	E	±2	G
±0.01	L	±5	J
±0.02	P	±10	K
±0.05	W	±20	M
±0.1	B	±30	N
±0.25	C		

　　小型化电阻器一般采用色标法,用标在电阻体上不同颜色的色环作为标称阻值和允许误差的标记。色标法具有颜色醒目、标志清晰、无方向性的特点。

　　有两种色环标准。普通精度的电阻器用四色环表示。左边(与端部距离最近的)一色环,顺次向右为第二、第三、第四色环。各色环所代表的意义为:第一色环、第二色环代表阻值的第一、二位有效数字,第三色环表示第一、二位数之后加"0"的个数或者"×10"的次方数,第四色环代表阻值的允许误差。各色环颜色和数值对照见附表 I.6。精密电阻器则用五色环表示阻值及误差,见附表 I.7。附图 I.1 是四色环和五色环电阻的例子。

　　(a)用色标法表示的 27 kΩ±5% 的电阻器

　　(b)用色标法表示的 17.5 Ω±1% 的电阻器

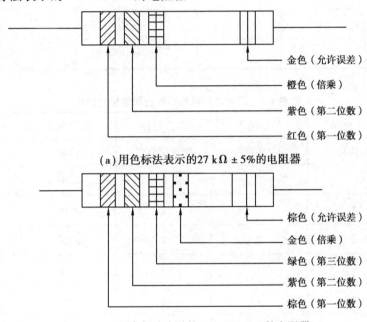

(a)用色标法表示的27 kΩ ± 5%的电阻器

(b)用色标法表示的17.5 kΩ ± 1%的电阻器

附图 I.1　四色环和五色环电阻

附表 I.6　普通精度电阻器色环颜色和数值对照表

精度	第一色环	第二色环	第三色环	第四色环
	第一位数字	第二位数字	×10 的次方数(倍乘)	误差范围
黑	—	0	$\times 10^0$	—
棕	1	1	$\times 10^1$	—
红	2	2	$\times 10^2$	—
橙	3	3	$\times 10^3$	—
黄	4	4	$\times 10^4$	—
绿	5	5	$\times 10^5$	—

续表

精度	第一色环	第二色环	第三色环	第四色环
	第一位数字	第二位数字	×10 的次方数(倍乘)	误差范围
蓝	6	6	×10^6	—
紫	7	7	×10^7	—
灰	8	8	×10^8	—
白	9	9	×10^9	—
金	—	—	×10^{-1}	±5%(J)
银	—	—	×10^{-2}	±10%(K)

附表 I.7　精密电阻器色环颜色和数值对照表

精度	第一色环	第二色环	第三色环	第四色环	第五色环
	第一位数字	第二位数字	第三位数字	倍乘	误差范围
黑	—	0	0	×10^0	—
棕	1	1	1	×10^1	±1%(F)
红	2	2	2	×10^2	±2%(G)
橙	3	3	3	×10^3	—
黄	4	4	4	×10^4	—
绿	5	5	5	×10^5	±0.5%(D)
蓝	6	6	6	×10^6	±0.25%(C)
紫	7	7	7	×10^7	±0.1%(B)
灰	8	8	8	×10^8	±0.05%(A)
白	9	9	9	×10^9	—
金	—	—	—	×10^{-1}	±5%(J)
银	—	—	—	×10^{-2}	±10%(K)
无					±20%(M)

B.贴片电阻。

片式固定电阻器是从 Chip Fixed Resistor 直接翻译过来的,俗称贴片电阻(SMD Resistor),是金属玻璃釉电阻器中的一种。将金属粉和玻璃釉粉混合,采用丝网印刷法印在基板上制成的电阻器。耐潮湿和高温,温度系数小。可大大节约电路空间成本,使设计更精细化。贴片电阻有各种封装,除了体积不同外,主要是不同封装,额定功率不一样。

附表 I.8　贴片电阻封装与额定功率

封装类型	0201	0402	0603	0805	1206
额定功率/W	1/20	1/16	1/10	1/8	1/4

经常见到的贴片电阻上的丝印有纯数字、数字与 R 组合、数字与除 R 之外的字母组合。下面介绍贴片电阻读数规律。

全为数字时:

3 位数,前 2 位为有效数字,第 3 位为倍乘。贴片电阻精度:±2%,±5%。

4 位数,前 3 位为有效数字,第 4 位为倍乘。贴片电阻精度:±0.1%,±0.5%,±1%。

例如,某电阻标注 120,那么这个电阻阻值就是($12×10^0$ Ω)= 12 Ω。某电阻标注 1201,那么这个电阻阻值就是($120×10^1$ Ω)= 1.2 kΩ。

如有字母 R:

那么 R 代表小数点,其他为有效数字,这种电阻没有倍乘,一般都是小电阻。

例如,某电阻标注 4R7,那么这个电阻的阻值就是 4.7 Ω。电阻精度为±2%或±5%,具体精度看电阻包装标签。

某电阻标注 10R2,那么这个电阻的阻值就是 10.2 Ω;某电阻标注 1R02,那么这个电阻的阻值就是 1.02 Ω;某电阻标注 R220,那么这个电阻的阻值就是 0.22 Ω。带 R 的 4 位数的贴片电阻精度一般为±1%,±2%,±5%,具体精度看电阻包装标签。

前两位是数字,最后一位是字母:

前两位是代码,查询附表 I.9 可以得到其有效数字,字母位是倍乘数值,通过查附表 I.10可得。

例如,某电阻标注 47B,查表可得 47 对应的有效数字为 301,B 的倍乘为 10 的 1 次方。所以贴片电阻的阻值为($301×10$ Ω)= 3 010 Ω。

某电阻标注 22A,查表可得 22 对应的有效数字为 165,A 的倍乘为 10 的 0 次方。所以贴片电阻的阻值为($165×10^0$ Ω)= 165 Ω。

附表 I.9　贴片电阻代码-阻值对应表

代码	有效值	代码	有效值	代码	有效值	代码	有效值	代码	有效值	代码	有效值
01	100	17	147	33	215	49	316	65	464	81	681
02	102	18	150	34	221	50	324	66	475	82	698
03	105	19	154	35	226	51	332	67	487	83	715
04	107	20	158	36	232	52	340	68	499	84	732
05	110	21	162	37	237	53	348	69	511	85	750
06	113	22	165	38	243	54	357	70	523	86	768
07	115	23	169	39	249	55	365	71	536	87	787

续表

代码	有效值	代码	有效值	代码	有效值	代码	有效值	代码	有效值	代码	有效值
08	118	24	174	40	255	56	374	72	549	88	806
09	121	25	178	41	261	57	383	73	562	89	825
10	124	26	182	42	267	58	392	74	576	90	845
11	127	27	187	43	274	59	402	75	590	91	866
12	130	28	191	44	280	60	412	76	604	92	887
13	133	29	196	45	287	61	422	77	619	93	909
14	137	30	200	46	294	62	432	78	634	94	931
15	140	31	205	47	301	63	442	79	649	95	963
16	143	32	210	48	309	64	453	80	665	96	976

附表 I.10　贴片电阻字母代码对照表

字母代码	A	B	C	D	E	F	G	H	X	Y	Z
倍数	10^0	10^1	10^2	10^3	10^4	10^5	10^6	10^7	10^{-1}	10^{-2}	10^{-3}

I.1.2　电阻器的命名法

电阻器和电位器的型号命名法,见附表 I.11。

附表 I.11　电阻器和电位器的型号命名法

第一部分		第二部分		第三部分		第四部分
用字母表示主称		用字母表示材料		用数字或字母表示分类		用数字表示序号
符号	意义	符号	意义	符号	意义	
R	电阻器	T	碳膜	1	普通	
W	电位器	P	硼碳膜	2	普通	
		U	硅碳膜	3	超高频	
		H	合成膜	4	高阻	
		I	玻璃釉膜	5	高温	
		J	金属膜(箔)	6	—	
		Y	氧化膜	7	精密	
		S	有机实芯	8	高压、特殊函数	

第一部分	第二部分		第三部分		第四部分
	N	无机实芯	9	特殊	
	X	线绕	G	高功率	
	R	热敏	T	可调	
	G	光敏	X	小型	
	M	压敏	L	测量用	
			W	微调	
			D	多圈	

I.1.3　常见电阻介绍

(1)实心碳质电阻

实心碳质电阻的优点是固有电容和电感小、制造工艺简单、成本低、过载性能好,适用于超高频范围。缺点是阻值精度差、阻值稳定性差、噪声比较大。碳质电阻常用色环表示阻值及精度,温度系数有正有负。

(2)薄膜电阻

薄膜电阻又分为碳膜电阻、金属膜电阻、金属氧化膜电阻。

碳膜电阻根据其碳膜形成的方法有多种:合成碳膜电阻性能与实心碳质电阻相似;硼碳膜电阻与前者比较有较高的精度($\pm0.5\%$),稳定性和温度系数更好;硅碳膜电阻高温性能好,体积比同样额定功率的碳膜电阻小。

金属膜电阻温度系数小、潮湿系数小、噪声小。金属膜电阻的精度可达$\pm0.5\%$,额定功率不超过 2 W,适用于高频电器。使用时在 10 MHz 以内有效电阻的阻值基本不变,在 400 MHz 频率以下对有效阻值没有多大影响。

金属氧化膜电阻有较宽的温度范围和很小的温度系数。工作温度可达 200 ℃以上,适用于较高温环境。

(3)线绕电阻

线绕电阻的优点是稳定性好、老化效应小、温度系数小、噪声小、额定功率大。但普通线绕电阻不宜应用于高频电路,线绕电阻的阻值通常从 0.1 Ω～56 kΩ。额定功率从 0.25～1 000 W,阻值与功率直接标在壳体上。其误差一般为$\pm0.5\%$～$\pm10\%$。

(4)电位器

电位器是一种具有 3 个端头的可变电阻器。电位器按照材料的不同可分为碳质、薄膜和线绕 3 种材料类型。它们的性能和特点分别与同类材料的固定电位器相似,所不同的只是电位器有可以改变阻值的可动触点,因而使用电位器时需要考虑它的阻值变化特性、接触的可靠性、材料的耐磨性。

非线绕电位器的阻值变化特性分为直线式(X形)、对数式(D形)、指数式(Z形)3种。线绕电位器的阻值变化一般都是直线式的。电位器可带开关,也可不带开关。

电位器的接触可靠性主要取决于材料的耐磨性。实心电位器受机器磨损后仍能工作,所以可靠性较高。电位器的阻值和功率一般标在壳体上,非线性电位器的功率一般小于2 W,线绕电位器的功率有2,3,5,10 W等几种。对某些特殊用途的电位器,还做成了多联式。

(5)保险电阻器

保险电阻器又称为熔断电阻器,一般情况下,起电阻和保险丝的双重作用。过流时(温度达到500～600℃时)自动熔断,可以起电路的保护作用。保险电阻一般阻值较小(零点几欧姆至3.3 kΩ),功率小(0.25～2 W),主要用于彩电、录像机等高档家用电器的电源电路中。

保险电阻器常用型号有RF10型(涂复型)、RF11型(瓷外壳型)、RRD0910型和RRD0911型(瓷外壳型)。RF10型电阻表面涂有灰色不燃涂料,其阻值用色环表示。RF11的阻值字母表示,例如1W10Ω,2W1Ω2等,也有不标功率只标阻值,如1Ω2,10Ω等。

I.1.4　敏感电阻器型号命名方法

根据现行标准《敏感元件型号命名方法》的规定,敏感元件的产品型号描述方法如下:

产品型号由下列4个部分组成:第一部分是主称,第二部分是类别,这两部分都分别用字母表示;第三部分是用途或特征,用字母或数字表示;第四部分是序号,用数字表示。

敏感电阻器命名方法见附表I.12。

序号部分用数字表示,对主称、类别、用途或特征相同,仅尺寸、性能指标略有差别,但尚未影响互换的产品给予同一型号;如果尺寸、性能指标已明显影响互换时,则在序号后面加字母作为区别代号,以示区别。

敏感元件应用举例,如附图I.2所示。

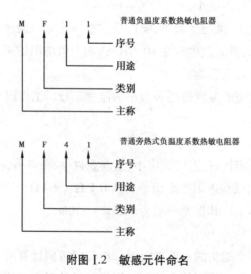

附图 I.2　敏感元件命名

附表 I.12　敏感电阻器命名方法

第一部分：主称		第二部分：类别		第三部分：用途或特征														第四部分：序号
				热敏电阻器		压敏电阻器		光敏电阻器		湿敏电阻器		气敏电阻器		磁敏元件		力敏元件		
字母	含义	字母	含义	数字	用途或特征	字母	用途或特征	数字	用途或特征	字母	用途或特征	字母	用途或特征	字母	用途或特征	数字	用途或特征	
M	敏感元件	Z	正温度系数热敏电阻器	1	普通用	W	稳压用	1	紫外光							1	硅应变片	
		F	负温度系数热敏电阻器	2	稳压用	G	高压保护用	2	紫外光							2	硅应变梁	
		Y	压敏电阻器	3	微波测量用	P	高频用	3	紫外光	C	测湿用	Y	烟敏	Z	电阻器	3	硅杯	
		s	湿敏电阻器	4	旁热式	N	高能用	4	可见光							4	硅蓝宝石	
		Q	气敏电阻器	5	测温式	K	高可靠用	5	可见光							5	多晶硅	
		G	光敏电阻器	6	控温用	L	防雷用	6	可见光							6	合金膜	
		C	磁敏电阻器	7	消磁用	H	灭弧用	7	红外光							7	集成化	
		L	力敏电阻器	8	线性用	Z	消噪用	8	红外光	K	控湿用	K	可燃性	W	电位器	8	压电晶体	
				9	恒温用	B	补偿用	9	红外光									
				0	特殊用	C	消磁用	0	特殊									

I.2.1 电容器

电容器是由其上、下导电极板和中间填充的电介质(为绝缘材料)所构成的。电容器在电路中可以用作耦合、滤波、振荡、补偿、定时等广泛的用途,是电子线路的基本元件之一。

I.2.2 电容器的特性参数

1)电容器型号命名法

电容器型号命名也分为 4 个部分,即主称、材料、分类和序号,见附表 I.13,注意表中没有列出序号部分。

附表 I.13 电容器型号命名法

第一部分		第二部分		第三部分	
主称(用字母表示)		材料(用字母表示)		分类(用字母表示)	
符号	意义	符号	意义	符号	意义
C	电容器	C	高频瓷	1	圆片(瓷介)
		T	低频瓷		非密封(云母)
		1	玻璃釉	2	箔式(电解)
		0	玻璃膜		管形(瓷介)
		Y	云母		非密封(云母)
		V	云母纸		箔式(电解)
		Z	纸介	3	迭式(瓷片)
		J	金属化纸		密封(云母)
		B	聚苯乙烯		烧结粉固体(电解)
		L	涤纶		
		Q	漆膜	4	密封(云母)
		H	复合介质		烧结粉固体(电解)
		D	铝电解	5	穿心(瓷介)
		A	钽电解	6	支柱(瓷介)
		N	铌电解	7	无极性(电解)
		G	合金电解	8	高压
		E	其他材料电解	9	高功率

2)电容器分类

固定电容器通常按介质材料分,可分为三大类:一是有机介质电容器;二是无机介质电容器;三是电解电容器。电容器的电性能、结构和用途在很大程度上取决于所用的电介质。

如果按照电容量是否可以调整,可分类为固定电容器、可变电容器和微调电容器三大类。固定电容器的电容量不能改变,如云母电容、电解电容等。可变电容器的电容量可以在一定的范围内调节,一般用于需要经常调整的电路中,如接收机的调谐回路。可变电容器可旋转的金属片称为动片,位置固定不变的金属片称为定片。可变电容器通常是由一组或多组同轴单元组成。前者称为单联,后者称为多联,如双联、三联等。微调电容器又称为半可变电容器或补偿电容器,这种电容器虽然可以补偿,但一般调节好后就固定不动了。

电容器的分类,见附表Ⅰ.14。

附表Ⅰ.14　电容器的分类

介质类型	电容器种类	主要介质	主电极	芯子结构
有机介质	纸介电容器	浸渍电容器纸	金属箔	卷绕形
	金属化纸介电容器		蒸发金属膜	
	塑料薄膜电容器	聚苯乙烯薄膜	金属箔或蒸发金属膜	
		聚四氟乙烯薄膜		
		聚丙烯薄膜		
		涤纶薄膜		
		聚碳酸酯薄膜		
		聚砜薄膜		
		漆膜		
无机介质	瓷介电Ⅰ类	金红石陶瓷片（Ⅰ类陶瓷）	烧渗银电极	片形叠片形
	瓷介电Ⅱ类	钛酸钡陶瓷片（Ⅱ类陶瓷）		
	云母及玻璃釉电容器	云母片	金属箔或烧渗银电极	
		玻璃釉片		
阀金属氧化膜	铝电解电容器	三氧化二铝膜	铝箔与电解质	箔式卷绕形,固体 烧结块形,液体 烧结块
	钽电解电容器	五氧化二膜	钽箔或烧结钽块与电解质	
	铌电解电容器	五氧化二铌膜	铌箔或烧结铌块与电解质	
空气介质 有机介质 无机介质	可变及半可变电容器	空气塑料薄膜	铝板或黄铜板	平板,圆筒 可变形
		云母片	烧渗银电极	
		玻璃片		
		陶瓷片		

Ⅰ.2.3　电容器的精度等级

电容器的准确度用实际电容量与标称电容量之间的偏差的百分数来表示。电容器的容许误差一般分为 7 个系数,见附表Ⅰ.15。

附表 I.15　电容器的误差系数

级别	02	I	II	III	IV	V	VI
允许偏差/%	±2	±5	±10	±20	+20	+50	+100
					−30	−20	−10

固定电容器的标称电容量系列见附表 I.16。电容器的标称电容量是表中的数值或表中数值乘以 10^n，n 为整数。

附表 I.16　固定电容器的容量标称值

类别	允许误差/%	容量标称值系列	
低介质、金属化低介质、低频无极性有机薄膜介质	±5	100 pF～1 μF	1.0,1.5,2.2,2.3,4.7,6.3
		1～100 μF	1,2,4,6,8,10,15,20
		其他	30,50,60,80,100
高频无极性有机薄膜介质、瓷介质、云母介质	±5	1.0,1.1,1.2,1.,1.5,1.6,1.8,2.0,2.2,2.4、2.7,3.0,3.3,3.6,3.9,4.3, 4.7,5.1,5.6,6.2,6.8,7.5,8.2,9.1	
	+10	1.0,1.2,1.5,1.8,2.2,2.7,3.3,3.9,4.7,5.6,6.8,8.2	
	±20	1.0,1.5,2.2,3.3,4.7,6.8	

钽、铌、铝等电解电容器的标称容量应符合附表 I.17 所列数值之一(或表列数值再乘以 10^n)(n 为正整数或负整数)。

附表 I.17　电解电容器的标称容量与允许偏差

标称电容量/μF	1,1.5,(2),2.2,(3),3.3,4.7,(5),6.8			
允许偏差/%	±10	±20	+50	+100
			−20	−10

I.2.4　电容器的额定电压

电容器的额定电压表示电容器在规定温度下长期使用所能承受的电压,电容器的额定电压一般都标在壳体上,实际应用时不允许外加在电容上的电压超过其额定值。附表 I.18 给出了固定电容器的额定电压系列。

附表 I.18　固定电容器的额定电压系列

1.6	4	6.3	10	16
25	32*	40	50*	53
100	125*	160	250	300*
400	450*	500	630	1 000
1 600	2 000	2 500	3 000	4 000
5 000	6 300	8 000	10 000	15 000
20 000	25 000	30 000	35 000	40 000*
45 000	50 000	60 000	80 000	100 000

注:有" * "者限电解电容器采用,数值下有"_"者建议优先选用。

有些手册中还给出了试验电压,其含义为一段时间内(如 5 s～1min)加以较大电压用以试验电容器绝缘强度,试验电压为额定电压的 2～3 倍。电容器的耐压取决于介质材料及厚度、温度等,有些电容的耐压还和频率有关。

I.2.5　电容器的频率特性

电容器的频率特性通常是指电容器的电参数随电场频率而变化的性质。频率高时电容器的分布参数,如极片电阻、引线和极片的接触电阻,极片的自身电感、引线电感等都将影响电容器的性能。附表 I.19 列出了部分电容器的最高使用频率范围。附表 I.20 列出了文字符号法标志电容器的标称容量举例。

附表 I.19　电容器的最高使用频率范围

电容器类型	最高使用频率/MHz	等效电感/nF
小型云母电容器	150～250	4～6
圆片型瓷介电容器	200～300	2～4
圆管型瓷介电容器	150～200	3～10
圆盘型瓷介电容器	2 000～3 000	1～1.5
小型纸介电容器(无感卷绕)	50～80	6～11
中型纸介电容器(<0.022 μF)	5～8	30～60

附表 I.20　文字符号法标志电容器的标称容量举例

标称电容器	文字符号	标称电容器	文字符号
0.1 pF	p12	1 μF	1μ0
0.332 pF	p332	3.32 μF	3μ32
1 pF	1p0	10 μF	10 μ
3.32 pF	3p32	33.2 μF	33μ2
10 pF	10p	100 μF	100 μ
33.2 pF	33p2	332 μF	332 μ
100 pF	100p	1 mF	1m0
332 pF	332p	3.32 mF	3m32
1 nF	1n0	10 mF	10m
3.32 nF	3n32	33.2 mF	33m2
10 nF	10n	100 mF	100m
33.2 nF	33n2	332 mF	332m
100 nF	100n	1 F	1F0
332 nF	332n	3.32 F	3F32

I.2.6 部分常见电容器外形和符号

1) 有机介质电容器

有机介质电容器包括纸介电容器、金属化纸介电容器、涤纶薄膜电容器。

纸介电容器是一种早期生产的电容,用于直流及低频电路中。缺点是稳定性不高。金属化纸介电容器的最大特点是高压击穿后有自愈作用,当电压恢复正常后仍能工作。涤纶薄膜电容器具有良好的介电性能,机械强度高、耐高温、吸水率低。它的电容量范围比额定电压范围宽,但吸收特性差、耐电性不高,当交流电压高于 300 V 时不如纸介电容器。

聚丙烯电容属于非极性有机介质电容,其高频绝缘性能好,电容量和损耗角正切值在很宽的范围内与频率的变化无关,受温度的影响小,介电强度随温度的上升而有所增加,这是其他介质材料所难以具备的。该电容器性能好、价格中等,多用于交流电路中。

2) 无机介质电容器

无机介质电容器指陶瓷、云母、玻璃膜电容器等。

云母电容器的主要特点是:介质损耗小、耐热性好、化学性能稳定,有较高的机械强度,固有电感小,常用于较高频率的电路,但其价格较高。

瓷介电容器介质损耗小,电容量随温度、频率、电压和时间的变化小,且稳定性高。主要用于高频电路,其容量范围不大,一般为 1~1 000 pF。瓷介电容器有低压低功率和高压高功率之分,其结构形式多种多样,有圆片型、穿芯式和管型。其表面涂有颜色标志表示温度系数的大小。正温系数的电容多用于滤波、旁路、隔直,负温系数的电容多用于振荡电路。温度系数很小的电容可用于精密仪表中。

独石电容器是瓷介电容器的一种,它使瓷介电容器进一步小型化。穿芯电容器是管型瓷介电容器的一种变形,多用于高频电路。玻璃釉电容器制造工艺和独石电容器相似,也是独石结构,它具有瓷介电容器的优点。因为玻璃釉的介质常数大,所以体积比同容量的瓷介电容小。其介电常数在很宽的范围内保持不变,并且有很高的品质因数,使用温度高。

玻璃膜电容器的制造工艺和玻璃釉电容相似,发展玻璃膜电容器是为了代替云母电容器。由于玻璃的成分可根据需要灵活改变,它的使用适应性强。而且按独石结构制造,其防潮性、抗震性、电容稳定性均高于云母电容,可在 200 ℃的温度下工作。

3) 电解电容器

电解电容器可分为两大类:铝电解电容和钽、铌电解电容。

电解电容的优点是电容量大,尤其是电压低时尤为突出;在工作过程中,可自动修补氧化膜,具有一定的自愈能力;可耐非常高的场强,工作场强高于其他电容器。铝电解电容价格便宜,适于各种用途。而钽电解电容器可靠性高、性能好,但价格较高,适用于高性能指标的电子设备。

电解电容的缺点是:一般电解电容均有极性,使用时接错有损坏的危险。电解电容工作电压有一定的上限值,如铝电解电容的最高额定电压为 500 V;液体钽电解电容最高可达 160 V;固体钽电容最高只有 63 V。电解电容的绝缘质量较差,一般用漏电流的大小来表示,但钽电容比铝电解电容要好得多。电解电容的损耗角正切较大,而且当温度和频率改变时,其电性能变化也较大。

固体钽电容承受冲击大电流的能力差,而铝电解电容在长期搁置后再用,不宜立即施加额定电压。固体钽电解电容比铝电解电容量略高,其体积比铝电解电容要小,其容量和 $\tan\delta$ 的频率特性在电解电容中为最佳。固体钽电解电容的漏电流用微安计算(高压铝电解电容用毫安计算),其电容量和 $\tan\delta$ 的温度特性在电解电容中也是最好的。固体钽电容没有漏液和产生气体导致爆炸的危险,但其价格较高。

4)可变电容器

可变电容器是通过改变电极片面积产生电容量值的变化,电极片由定片和动片组成。它所使用的电介质有空气、塑料薄膜、陶瓷、云母等。

空气可变电容器具有制造容易、精度高、性能稳定、高频性能好、旋转摩擦损耗小、无静电噪声等优点。但由于空气介质电容率小,因此,带来体积大、重量重、容易引起机震的缺点。为了弥补这一缺点,在定片上敷贴一层塑料薄膜介质,可以制成小型化高性能空气薄膜可变电容器。

塑料薄膜可变电容器以塑料薄膜为介质,主要特点是体积小、重量轻、价格便宜。尤其是用蒸发法形成介质的薄膜可变电容器,适于制成大型大容量电容。该电容的缺点是容易产生静态噪声、温度变化时性能不稳定、电容量精度较差。

5)微调电容器

微调电容器可分为薄膜微调电容器、陶瓷微调电容器、云母微调电容器以及玻璃微调电容器等。

薄膜微调电容器使用原材料价格便宜、便于大量生产,主要应用在收音机等民用产品。陶瓷微调电容器的特点是体积小、容量大、电容量呈直线变化;调整方便,调整后的电容量漂移小;耐冲击、振动性能好;由温度、湿度变化引起的电容量和特性变化小;长期使用后仍有很高的可靠性。

云母微调电容器的特点:属于小型大容量电容,耐高温性能良好;密封型云母可变电容的性能不受湿度变化影响,介质损耗小;电容量的稳定性好。

玻璃微调电容器以圆筒形的玻璃为介质,用调节螺钉移动玻璃内部的活塞型电极来改变电容量。广泛应用于对可靠性要求高的卫星通信、航空通信、广播发射机等,尤其适合在环境恶劣的条件下使用。其特点是:玻璃介质和可动电极(活塞)是精密加工而成的零件组合,调节机构具有自锁结构,故调节的精度高、Q 值高、高频特性优异;玻璃管与动电极之间无间隙,使用寿命长;使用温度范围广,在经过温度和湿度试验后,容量恢复特性好;体积小、可变容量范围广、抗冲击振动性能好。

I.3.1　电感器

电感器是用金属导线(漆包线、纱包线或镀银导线)绕在绝缘管上制成的,在线圈绝缘管心内装有导磁材料(如铁氧体、硅钢片等)。组成了各种高频扼流圈、低频扼流圈、固定扼流圈、可变扼流圈、变压器、互感器等以适应不同的使用场合。

I.3.2　电感器的参数和类别

1)电感线圈和变压器

电感线圈是组成电子线路的基本元件之一,可以在交流电路里做阻流、降压、交链、负载作用。当电感线圈和电容相配合时,可用作调谐、滤波、选频、分频、退耦等用途。

变压器是以互感形式进行电压变换的器件。变压器的种类繁多,一般按工作频率可以分为低频变压器、中频变压器和高频变压器三大类。一般变压器结构多采用芯式或壳式结构。大功率变压器以芯式结构为多,小功率变压器常采用壳式结构,而中频变压器一般采用工帽型、王帽型螺纹调杆型结构。芯式铁芯一般有两个线包,壳式铁芯一般只有一个线包。一般铁芯是由硅钢片、坡莫合金或铁氧体材料制成的。铁芯形状有"EI"型、"口"型、"F"型、"C"型等种类。

2）电感器的主要参数

电感器的主要参数有电感量和允许误差范围、品质因数、分布电容、稳定性等。

（1）电感量

电感量的大小要根据线圈在电路中的用途来确定。一般来说,应用于短波段的谐振回路,其电感量为十几微亨,中波段则为几百微亨,长波段为数千微亨。电感量的误差范围也取决于用途。用于滤波器或统调回路中的线圈,允许误差范围小;而一般的耦合线圈、扼流圈等,其允许误差值就大些。

（2）品质因数

品质因数用来表示线圈的质量。它是线圈在某一频率的交流电压下工作时,线圈所呈现的感抗 ωL 和线圈阻值 R 的比值,品质因数表达式为:

$$Q = \frac{2\pi f L}{R} = \frac{\omega L}{R}$$

式中 ω——角频率;

  L——电感。

当 ω 和 L 一定时,品质因数与线圈 R 有关,R 越大,Q 越小;反之,Q 值越大。在谐振回路中,线圈的 Q 值越高,回路的损耗就越小,因而回路的效率就越高,滤波性能也就越好。Q 值的提高,往往受到一些因素的限制,如导线的直流电阻、线圈架的介质损耗,以及由于屏蔽的铁芯引起的损耗,还有高频工作时的集肤效应。因此,实际上线圈的 Q 值不能做得很高,通常为十几至一百,最高也不过四五百。

（3）分布电容

线圈的匝与匝之间、线圈与地之间、线圈与屏蔽盒之间具有电容效应,这些电容统称为分布电容。分布电容的存在降低了线圈的品质因数,也影响了电路的稳定性,因此,一般希望线圈的分布电容尽可能小。

（4）稳定性

在温度、湿度等因素改变时,线圈的电感量以及品质因数随之改变。稳定性则表示线圈参数随外界条件的变化而改变的程度。

3）变压器的主要参数

变压器的种类繁多,不同类型的变压器具有不同的特性,因而也有一套相应的参数指标。

（1）变压器的效率

变压器的输出功率 P_2 和输入功率 P_1 之比叫作变压器的效率 η,即

$$\eta = \frac{P_2}{P_1} \times 100\%$$

当变压器输出功率 P_2 等于 P_1 时,变压器不产生损耗,效率 η 为 100%。实际上,变压器

不可能没有损耗。损耗主要是指变压器的铜损和铁损。铜损主要是指变压器线圈电阻所引起的损耗。铁损主要是指磁滞损耗和涡流损耗。变压器的效率与变压器的功率等级有密切关系。通常功率越大,损耗与输出功率相比就越小,效率也就越高。

（2）效率响应

效率响应是低频变压器的重要质量指标。由于变压器初级电感和漏感的影响,从而使信号产生失真。初级电感越小,低频端失真越大;漏感越大,高频端失真越大。因此,对于要求频率响应特性较宽的变压器,可以增加初级电感,展宽低频响应;而减小漏感可以展宽高频响应。

4）常用电感器简介

电感器包括固定电感器、高频阻流圈、低频阻流圈、天线线圈、振荡线圈、可调磁芯线圈、空心线圈、磁芯线圈、偏转线圈等。其中,固定电感器的电感量用色环表示,以示与其他电感器的区别,所以也称为"色码电感器"。虽然目前固定电感器大多是把电感量直接在电感器体上标出的,但习惯上还是称为"色码电感器"。色码电感器具有体积小、重量轻、结构牢固和安装方便等优点,因而广泛应用于电视机、录像机、录音机等电子设备的滤波、陷波、扼流、振荡、延迟等电路中。

固定电感器是将线圈绕制在软磁铁氧体的基体上构成的,这样能获得比空心线圈更大的电感量和较大的 Q 值。固定电感器有卧式和立式两种,电感器的外表涂有环氧树脂或其他包封材料作为保护层。附表 Ⅰ.21 列出了一些常见的固定电感器型号及性能。

附表 Ⅰ.21　固定电感器型号及性能外形尺寸系列

型号	外形尺寸系列	电流组别	电感量范围
LG1、LCX（卧式）	$\phi5,\phi6,\phi8,\phi10,\phi15$	A 组	10 μH～10 mH
		B 组	1 000 μH～10 mH
		C 组	1 μH～10 mH
		E 组	0.1 μH～560 mH
LG400（立式）	$\phi13$	D 组	10 μH～820 mH
LG402（立式）	$\phi9$	A 组	10 μH～820 mH
LG404（立式）	$\phi5,\phi8,\phi18$	A 组	10 μH～82 mH
		D 组	10 μH～820 mH

附表 Ⅰ.20 中,A 组、B 组、C 组、D 组、E 组分别表示最大直流工作电流为 50,150,300,700,1 600 mA。电感量允许误差用 Ⅰ 、Ⅰ 、Ⅲ 表示,分别为±5%,±10%,±20%。

Ⅰ.3.3　电感器型号命名方法

1）电感线圈型号命名方法

电感线圈以字母组成的型号、代号及其意义如下:

电感线圈型号由 4 个部分组成。第一部分是主称,用字母表示(其中 L 表示线圈,ZL 表示高频或低频阻流圈);第二部分是特征,用字母表示(其中 G 表示高频);第三部分是型式,也用字母表示(其中 X 表示小型);第四部分是区别代号,用字母表示。例如,LGX 表示小型高频电感线圈。

2) 中频变压器型号命名方法

中频变压器型号由 3 个部分组成,第一部分是主称,用字母表示;第二部分是尺寸,用数字表示;第三部分是级数,用数字表示。详见附表 I.22。

附表 I.22　中频变压器型号各部分的字母和数字所表示的意义

主称		尺寸		级数	
字母	名称、特征、用途	数字	外形尺寸/mm	数字	用于中放级数
T	中频变压器	1	7×7×12	1	第一级
L	线圈或振荡线圈	2	10×10×14	2	第二级
T	磁性瓷芯式	3	12×12×16	3	第三级
F	调幅收音机用	4	20×25×36		
S	短波段				

3) 一般变压器型号命名方法

一般变压器型号由 3 个部分组成,第一部分是主称,用字母表示;第二部分是功率,用数字表示,计量单位用 VA 或 W 表示,但 RB 型变压器除外;第三部分是序号,用数字表示。主称部分字母表示的意义见附表 I.23。

附表 I.23　变压器型号中主称部分字母表示的意义

字母	意义	字母	意义
DB	电源变压器	HB	灯丝变压器
CB	音频输出变压器	SB 或 ZB	音频(定阻式)输送变压器
RB	音频输入变压器	SB 或 EB	音频(定压式或自耦式)输送变压器
GB	高压变压器		

I.3.4　有源电子器件

有源电子器件是电子线路的核心器件,包括半导体分立元件和集成电路(IC)两大类电子工程师应熟悉的常见器件和通用器件,具备其命名、分类和特性的基本知识,能够根据工作需求查找手册和选用合适的元器件。器件知识也是电子工程师进行电子设计和维修的硬件基本功之一。

I.4.1　晶体二极管

晶体二极管(简称"二极管")是最简单的半导体器件,它是将一个 PN 结、两根电极引线用外壳封装而成的,是组成分立元件电子电路的核心器件。晶体二极管具有单向导电性,可用于整流、检波、稳压、混频电路中。

I.4.2　二极管的型号命名

二极管的型号命名规则见附表 I.24。

附表 I.24　二极管的型号命名

第一部分：用数字表示器件的电极数目		第二部分：用字母表示器件材料和极性		第三部分：用字母表示器件类别		第四部分：用数字表示器件序号		第五部分：用字母表示规格	
符号	意义	符号	意义	符号	意义	符号	意义	符号	意义
2	晶体二极管	A	N 型锗材料	P	普通管				
		B	P 型锗材料	V	微波管				
		C	N 型硅材料	W	稳压管				
		D*	P 型硅材料	C	参量管				
				Z	整流管				
				L	整流堆				
				－ S	隧道管				
				－ N	阻尼管				
				U	光电器件				
				K	开关管				

举例：N 型锗材料普通晶体二极管 2AP9C，各标注意义如下：

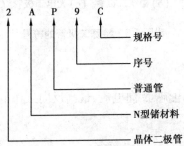

I.4.3　二极管的分类

根据功能的不同，二极管可分为普通二极管和特殊二极管。

（1）普通二极管的识别

普通二极管的外壳上均印有型号和标记，标记箭头所指方向为负极。有的二极管上只有一个色点，则有色点的一端为正极。若型号标记不清楚，可以借用万用表的欧姆挡作判断。因为万用表正端（+）红表笔接表内电池的负极，负端（-）黑表笔接表内电池的正极，所以根据 PN 结正向导通电阻小、反向截止电阻大的原理可以简单确定二极管的好坏和极性。具体做法是：选择万用表的欧姆挡，在 $R×100$ 电阻挡上测量锗管，在 $R×1$ kΩ 电阻挡上测量硅管；将红、黑表笔分别交换接触二极管的两端，若两次都有读值，且指示的阻值相差很大，说明该二极管单向导电性好,两次接触中阻值大(几百千欧以上)的那次红笔所接为二极管阳极;如果指示的阻值相差不大或没有读值,说明该二极管已损坏。

二极管所用的半导体材料分为硅和锗。硅管的正向导通电压为 0.6~0.8 V,锗管的正向导通电压为 0.1~0.3 V。所以只要测量二极管在正向导通时的电压降,即可判别该二极管所用的材料。

数字万用表用二极管挡或通断挡,然后可以按照上述相同方法检查二极管。

(2)特殊二极管。

常见的特殊二极管有以下几种。

①发光二极管(LED)。发光二极管具有单向导电性,只有在单向导通时才能发光,其符号如附图 I.3(a)所示。使用时,一般在发光二极管前串接一个电阻,以防止器件损坏。

②稳压二极管。稳压二极管是一种用特殊工艺制造的面接触型硅二极管,其符号如附图 I.3(b)所示。稳压二极管在电路中是反向连接的,在使用时要加限流电阻,它能使稳压二极管所接电路两端的电压稳定在规定的电压范围内。

③光电二极管。光电二极管又称为光敏二极管,它是一种将光信号转换成电信号的半导体器件,其符号如附图 I.3(c)所示。

④变容二极管。变容二极管是利用 PN 结电容效应工作的特殊二极管,其符号如图 I.3(d)所示。当变容二极管工作在反偏状态时,PN 结电容的数值随外加电压的大小而变化,因此,它可作为可变电容使用。变容二极管在高频电路中应用得很多,如自动调谐、调频、调相等。

(a)发光二极管　(b)稳压二极管　(c)光电二极管　(d)变容二极管

附图 I.3　特殊二极管的符号

I.4.4　二极管的性能参数

二极管的主要参数有额定电流、反向电流、最高反向工作电压等。

I.5.1　晶体三极管

晶体三极管(简称"三极管")是最常用的半导体器件之一,它是将两个 PN 结、3 根电极引线用外壳封装而成的,是组成分立元件电子电路的核心器件。晶体三极管具有电流放大作用,可用于电压、电流、功率放大电路或在数字电路中作为开关器件。

I.5.2　三极管的型号命名

三极管的型号命名规则,见附表 I.25。

附表 I.25　三极管的型号命名规则

第一部分：用数字表示器件的电极数目		第二部分：用字母表示器件材料和极性		第三部分：用字母表示器件的类别		第四部分：用数字表示器件序号	第五部分：用字母表示规格
符号	意义	符号	意义	符号	意义		
3	晶体三极管	A	PNP 型锗材料	X	低频小功率管		
		B	NPN 型锗材料	G	高频小功率管		
		C	PNP 型硅材料	D	低频大功率管		
		D	NPN 型硅材料	A	高频大功率管		
				T	晶体闸流管		
				Y	体效应器件		
				B	雪崩管		
				J	阶跃恢复管		
				CS	场效应器件		
				BT	半导体特殊器件		
				FH	复合管		
				PIN	PIN 型管		
				JG	激光器件		

例如，PNP 型锗材料低频小功率晶体三极管 3AX31A，各项标识如下：

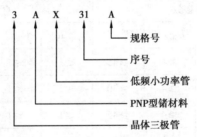

（图示标注）
- 规格号
- 序号
- 低频小功率管
- PNP型锗材料
- 晶体三极管

3　A　X　31　A

I.5.3　普通三极管极性的判断

（1）根据出厂标记判断

产品出厂时，都有相应的说明书，也可以在网络上查询并下载，如附图 I.4 所示为 9013 的数据手册上，管脚标识，平面背向我们，从左到右分别为 1 集电极、2 基极、3 发射极。

1　2　3

PIN1：Collector　　　PIN2：Base　　　PIN3：Emitter

附图 I.4　三极管 9013 管脚摘抄

（2）没有任何标记时的判断

判断基极的方法为：将万用表置于欧姆挡，先假设三极管的某极为"基极"，然后将黑表笔接在假设的基极上，红表笔分别接在另外两极上，如果测得的电阻值都很小（几千欧）或都很大（几十千欧），而对换表笔后测得两个电阻值都很大或都很小，则可确定假设的基极是正确的；如果测量的数值与上面不同，可另设一极为基极，再重复上面的方法。

当基极确定后，将黑表笔接基极，红表笔分别接另外两极，如果测得的值都很小，则该三极管为 NPN 型，若测得的值都很大，则该三极管为 PNP 型。

根据三极管正向应用时 β 值大，反向应用时 β 值小的特点，可进一步判断哪一个是集电极和哪一个是发射极。以 NPN 管为例，把红表笔接在假设的集电极上，黑表笔接在假设的发射极上，并用手捏住基极和集电极，通过人体，相当于在基极和集电极之间接入偏置电阻。读出表头所示基极和集电极之间的电阻值，然后将红、黑表笔反接重测。若第一次的阻值比第二次小，说明假设成立，红表笔所接为集电极，黑表笔所接为发射极。

如果要精确测量三极管，可以使用数字万用表 h_{FE} 挡或晶体管图示仪，它能精确地显示三极管的输入和输出特性曲线以及电流放大系数等。也可用数字表测量，方法是先假定 e,b,c 三端，然后将假定的三端插入数字表测试端。若测得 β 值较大，则管脚识别正确；若测得 β 值很小，则 e,b,c 可能假定错误。

Ⅰ.5.4 三极管的性能参数

三极管主要参数有电流放大系数、反向饱和电流、集电极最大允许电流和耗散功率等。通常根据使用场合和主要参数来选择晶体三极管。常用三极管的主要性能参数见附表 Ⅰ.26。

附表 Ⅰ.26　常用三极管的主要性能参数

型号	极限参数				直流参数				交流参数
	P_{cm}/W	I_{cm}/A	U_{ebo}/V	U_{ceo}/V	$I_{ceo}/\mu A$	U_{bc}/V	h_{FE}	U_{ce}/V	f_t/MHz
3DG130B	0.7	0.3	≥4	≥45	≤1	≤1	≥30	≤0.6	—
3DG130C	0.7	0.3	≥4	≥30	≤1	≤1	≥30	≤0.6	—
3DG130G	0.7	0.3	≥4	≥45	≤1	≤1	≥30	<0.6	—
9011	400	30	5	30	≤0.2	≤1	28~198	<0.3	>150
9012	625	500	−5	−20	≤1	≤1.2	64~202	<0.6	>150
9013	625	500	5	20	≤1	≤1.2	64~202	<0.6	—
9014	450	100	5	45	≤1	≤1	60~1 000	<0.3	>150
9015	450	100	−5	−45	≤1	≤1	60~600	<0.7	>100
9016	400	25	4	20	≤1	≤1	28~198	<0.3	>400
9018	400	50	5	15	≤0.1	≤1	28~198	<0.5	>1 100

I.6.1　场效应管的分类

场效应管是一种电压控制的半导体器件,它分为两大类:一类是结型场效应管,简称 J-FET;另一类是绝缘栅场效应管,也叫作金属-氧化物-半导体绝缘栅场效应管,简称 MOS-FET。同普通三极管有 NPN 和 PNP 两种极性类型一样,场效应管根据其沟道所采用的半导体材料的不同,可分为 N 型沟道和 P 型沟道两种。

I.6.2　场效应管的测量

一般采用万用表来测量场效应管。由于 MOS 场效应管的输入阻抗极高,为了不至于将其击穿,所以该类场效应管不宜采用万用表测量。

场效应管的 3 个管脚漏极(D)、栅极(G)和源极(S)与普通三极管的三极大致对应,所以判断的方法也基本相同。栅极的确定方法为:将万用表置于"$R×1\text{ k}\Omega$"挡,用黑表笔接触假定为栅极的管脚,然后用红表笔分别接触另外两个管脚;若测得阻值均较小,再将红、黑表笔交换测量一次,若测得阻值均较大,说明这是两个 PN 结,即原先黑表笔接触假定的栅极是正确的,且该管为 N 沟道场效应管;如红、黑表笔对调后测得的阻值均较小,则红表笔接的管脚为栅极,且该管为 P 沟道场效应管。栅极确定后,由于源极和漏极之间是导电沟道,万用表测量其正反电阻基本相同,因此,没必要判断剩余两极。

I.7.1　集成电路

集成电路是在半导体晶体管制造工艺的基础上发展起来的新型电子器件,它将晶体管和电阻、电容等元件同时制作在一块半导体硅片上,并按需要连接成具有某种功能的电路,然后加外壳封装成一个电路单元。集成运算放大器是集成电路中常见的器件,是一个具有两个不同相位的输入端、高增益的直流放大器。现已广泛用于收录机、电视机、扩音机及精密测量、自动控制领域中。常用的集成运算放大器有单运放 μA741(LM741,CP741 等均属同一型号产品)、双运放 μA747、四运放 LM324 等不同型号的运放。不同型号的管脚功能是不一样的,使用时需根据产品说明书,查明各管脚的具体功能。集成运放的管脚编号一般是:有缺口或小点的一方向左,从正左下端参考标识开始按逆时针顺序依次为 $1,2,3,\cdots$,的排列顺序,如附图 I.5 所示。

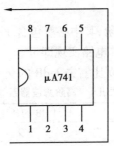

图 I.5　集成运放管脚读取方法

集成电路的型号命名

模拟集成电路的型号命名规则,见附表 I.27。

附表 I.27　模拟集成电路的型号命名规则

第一部分：用字母表示器件符合国家标准		第二部分：用字母表示器件的类型		第三部分：用数字表示器件的系列和品种代号	第四部分：用字母表示器件的工作温度范围		第五部分：用字母表示器件的封装类型	
符号	意义	符号	意义		符号	意义	符号	意义
		T	TTL		C	0~70 ℃	W	陶瓷扁平
		H	HTL		E	−40~85 ℃	B	塑料扁平
		E	ECL		R	−55~85 ℃	F	全密封扁平
		C	CMOS		M	−55~125 ℃	D	陶瓷直插
		F	线性放大器		—	—	P	塑料直插
C	中国	D	音响、电视电路				J	黑陶瓷直插
		W	稳压器				K	金属菱形
		J	接口电路				T *	金属圆形
		B	非线性电路				—	—
		M	存储器					
		μ	微型机电路					
		—	—					

附录 II　高阶滤波器系数表

　　附表 II.1 是高阶滤波器系数表。这个表格包含 3 阶到 10 阶。对不同类型的滤波器，都具有 2 列数据，分别为频率系数 $1/K$，以及品质因数 Q。表中 Q 值为空白的，表示该级为一阶滤波器。"xdB 切比雪夫"意味着通带内的振幅不超过 xdB。一般高阶的有源滤波器往往分解成多个 2 阶滤波器，如果是单数阶次还要加上 1 个 1 阶的滤波器。

　　下面以一个实际例子讲解高阶滤波器系数表的使用方法。

　　例如，设计一个 7 阶低通滤波器。要求，中频增益为 1 倍，截止频率为 1 000 Hz，切比雪夫型，1 dB 带内波动。用仿真软件实证。

　　首先，确定电路结构。因为是 7 阶，其中必然包含 1 个一阶低通滤波器，之后只要选择 3 个独立的二阶滤波器，用 SK 型 4 元件电路实现即可。

　　其次，在附表 II.1 中找到 7 阶和切比雪夫 1 dB 的交叉位置，如附表中方框所示。

附表 II.1　高阶滤波器系数表

阶数	1 dB 切比雪夫		
	$1/K$	Q	f_0/Hz
	0.202		202
7	0.472	1.297	472
	0.795	3.156	795
	0.980	10.900	980

可以计算出各级滤波器的特征频率,写于表格右侧。

最后,根据第 4 章实验 2 计算系数,并设计各块滤波器:

①对一阶低通滤波器,选择电容为 100 nF,得

$$R = \frac{1}{2\pi f_0 C} = \frac{1}{6.283\,2 \times 202 \times 100 \times 10^{-9}}\ \Omega = 7\,879\ \Omega$$

该阻值不是常用的电阻阻值,那么查询附表Ⅱ.2,选用邻近的 7 870 Ω。

②对 3 个二阶滤波器,设计方法相同,以 $Q = 1.297$,特征频率为 472 Hz 的第二级为例:选择 $C_1 = 1\ \mu F$,则 C_2 需小于 148 nF,选择 $C_2 = 147$ nF,可计算两个电阻值:$R_1 = 976\ \Omega$,$R_2 = 792\ \Omega$。由于 792 Ω 电阻不是一个市场上销售的电阻值,参阅附表Ⅱ.3,可选用最邻近的电阻来代替,$R_2 = 787\ \Omega$。

第三级 $C_1 = 1\ \mu F$,选用 $C_2 = 25$ nF,$R_1 = 1\,370\ \Omega$,$R_2 = 1\,150\ \Omega$。

第四级 $C_1 = 1\ \mu F$,选用 $C_2 = 2$ nF,$R_1 = 4\,530\ \Omega$,$R_2 = 2\,870\ \Omega$。

设计电路图,如附图Ⅱ.1 所示。

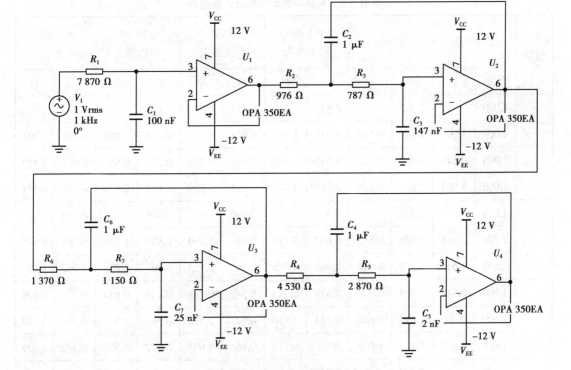

附图Ⅱ.1　阶低通滤波器

仿真结果如附图Ⅱ.2 所示,可见在 202 Hz 时有最大的带内衰减 -1 dB,其他几个特征频率点都没有超过 -1 dB。截止频率约为 1 007.5 Hz,符合设计要求。出现误差的原因:

①电阻电容并不是设计值,而是选用市场上能购买到的电阻电容。

②实际使用的集成运放不是理想的集成运放,也对滤波器的设计产生影响。

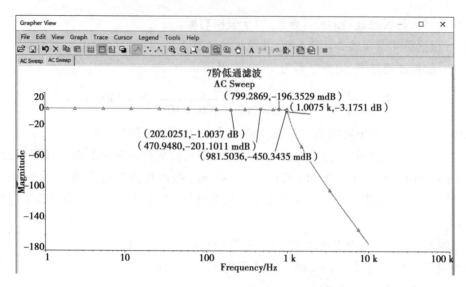

附图 Ⅱ.2　7 阶低通滤波器幅频特性

附表 Ⅱ.2　高阶有源滤波器设计系数表

阶数	巴特沃斯		贝塞尔		0.5 dB 切比雪夫		1 dB 切比雪夫		0.25 dB 切比雪夫		0.1 dB 切比雪夫	
	$1/K$	Q	$1/K$	Q	$1/K$	Q	$1/K$	Q	$1/K$	Q	$1/K$	Q
3	1.000		1.323		0.537		0.451		0.612		0.936	
	1.000	1.000	1.442	0.694	0.915	1.707	0.911	2.018	0.923	1.508	0.697	1.341
4	1.000	0.541	1.430	0.522	0.540	0.705	0.492	0.785	0.592	0.657	0.951	2.183
	1.000	1.307	1.604	0.805	0.932	2.941	0.925	3.559	0.946	2.536	0.651	0.619
5	1.000		1.502		0.342		0.280		0.401		0.475	
	1.000	0.618	1.556	0.563	0.652	1.178	0.634	1.399	0.673	1.036	0.703	0.915
	1.000	1.618	1.755	0.916	0.961	4.545	0.962	5.555	0.961	3.876	0.963	3.281
6	1.000	0.518	1.605	0.510	0.379	0.684	0.342	0.761	0.418	0.637	0.470	0.600
	1.000	0.707	1.690	0.611	0.734	1.810	0.723	2.198	0.748	1.556	0.764	1.332
	1.000	1.932	1.905	1.023	0.966	6.513	0.964	8.006	0.972	5.521	0.972	4.635
7	1.000		1.648		0.249		0.202		0.294		0.353	
	1.000	0.555	1.716	0.532	0.489	1.092	0.472	1.297	0.509	0.960	0.538	0.846
	1.000	0.802	1.822	0.661	0.799	2.576	0.795	3.156	0.804	2.191	0.813	1.847
	1.000	2.247	2.050	1.126	0.979	8.840	0.980	10.900	0.978	7.468	0.979	6.234

阶数	巴特沃斯		贝塞尔		0.5 dB 切比雪夫		1 dB 切比雪夫		0.25 dB 切比雪夫		0.1 dB 切比雪夫	
	1/K	Q	1/K	Q	1/K	Q	1/K	Q	1/K	Q	1/K	Q
8	1.000	0.510	1.778	0.506	0.289	0.677	0.260	0.753	0.321	0.630	0.363	0.593
	1.000	0.601	1.833	0.560	0.583	1.611	0.573	1.956	0.596	1.383	0.611	1.207
	1.000	0.900	1.953	0.711	0.839	3.466	0.835	4.267	0.845	2.931	0.850	2.453
	1.000	2.563	2.189	1.225	0.980	11.527	0.979	14.245	0.983	9.717	0.983	8.082
9	1.000		1.857		0.195		0.158		0.232		0.279	
	1.000	0.527	1.879	0.520	0.388	1.060	0.373	1.260	0.406	0.932	0.431	0.822
	1.000	0.653	1.948	0.589	0.661	2.213	0.656	2.713	0.667	1.881	0.678	1.585
	1.000	1.000	2.080	0.761	0.873	4.478	0.871	5.527	0.874	3.776	0.878	3.145
	1.000	2.879	2.322	1.322	0.987	14.583	0.987	18.022	0.986	12.266	0.986	10.180
10	1.000	0.506	1.942	0.504	0.234	0.673	0.209	0.749	0.259	0.627	0.294	0.590
	1.000	0.561	1.981	0.538	0.480	1.535	0.471	1.864	0.491	1.318	0.507	1.127
	1.000	0.707	2.063	0.620	0.717	2.891	0.713	3.560	0.723	2.445	0.730	2.043
	1.000	1.101	2.204	0.810	0.894	5.611	0.892	6.938	0.897	4.724	0.899	3.921
	1.000	3.196	2.450	1.415	0.987	17.994	0.986	22.280	0.989	15.120	0.989	12.516

附录Ⅲ　电阻电容选值表

电阻电容并不是所有值都可以选择的,根据精度不同有以下选择,如果计算出电阻没有在附表Ⅲ.1中,找最接近的电阻电容代替,所有值×10,×100,×1 k,×10 k,……就可以得到10 Ω,100 Ω,1 kΩ,10 kΩ……级别以内的电阻,电容是一样的选取方式。

附表 Ⅲ.1　电阻电容选值表

序号	1	2	3	4	5	6	7	8	9	10	11	12	13	14	15	16	17	18	19	20	21	22	23	24
E3	1								2.2								4.7							
E6	1				1.5				2.2				3.3				4.7				6.8			
E24	1.0	1.1	1.2	1.3	1.5	1.6	1.8	2.0	2.2	2.4	2.7	3.0	3.3	3.6	3.9	4.3	4.7	5.1	5.6	6.2	6.8	7.5	8.2	9.1
E72	1.00	1.10	1.21	1.30	1.50	1.62	1.82	2.00	2.21	2.43	2.74	3.01	3.32	3.65	3.92	4.32	4.75	5.11	5.62	6.34	6.81	7.50	8.25	9.31
	1.02	1.13	1.24	1.33	1.54	1.65	1.87	2.05	2.26	2.49	2.80	3.09	3.40	3.74	4.02	4.42	4.87	5.23	5.76	6.49	6.98	7.68	8.45	9.53
	1.05	1.15	1.27	1.37	1.58	1.69	1.91	2.10	2.32	2.55	2.87	3.16	3.48	3.83	4.12	4.53	4.99	5.36	5.90	6.65	7.15	7.87	8.66	9.76
	1.07	1.18		1.40		1.74	1.96	2	2.37	2.61	2.94	3.24	3.57		4.22	4.64		5.49	6.04		7.32	8.06	8.87	
				1.43		1.78			2.67										6.19				9.09	

参考文献

[1] 华成英. 模拟电子技术基础[M]. 5 版. 北京：高等教育出版社，2015.

[2] 冯军，谢嘉奎. 电子线路(线性部分)[M]. 6 版. 北京：高等教育出版社，2022.

[3] 王尧. 电子线路实践[M]. 2 版. 南京：东南大学出版社，2011.

[4] 高吉祥. 模拟电子线路与电源设计[M]. 北京：电子工业出版社，2019.

[5] 程春雨，商云晶，吴雅楠. 模拟电路实验与 Multisim 仿真实例教程[M]. 北京：电子工业出版社，2020.

[6] 熊伟，侯传教，梁青，等. 基于 Multisim 14 的电路仿真与创新[M]. 北京：清华大学出版社，2021.

[7] 赵全利，王霞，李会萍. Multisim 电路设计与仿真：基于 Multisim 14.0 平台[M]. 北京：机械工业出版社，2022.

[8] 劳五一，劳佳. 模拟电子电路分析、设计与仿真[M]. 北京：清华大学出版社，2007.

[9] 李宁. 模拟电路实验[M]. 北京：清华大学出版社，2011.

[10] 郭永贞. 模拟电路实验与 EDA 技术[M]. 2 版. 南京：东南大学出版社，2020.